U0249376

吕 舟 主编
清华大学国家遗产中心·博士文库
文化遗产保护理论研究系列

韩国建筑文化财保护历程

〔韩〕李贞娥 著

科学出版社
北京

内 容 简 介

在韩国，现代意义上的建筑文化财保护已有百年历史。本书以韩国木结构建筑文化财为主要对象，在保护制度、工程案例及保护理论方面，梳理从近代到现在韩国建筑文化财保护的历程，并研究其发展变化和特点，最后总结其发展分期。

本书适合建筑历史、文化遗产保护与管理等领域的专业人员以及高等院校相关专业的师生参考阅读，也可供文物保护爱好者阅读。

图书在版编目（CIP）数据

韩国建筑文化财保护历程 /（韩）李贞娥著. —北京：科学出版社.
2019.6
（清华大学国家遗产中心·博士文库 / 吕舟主编. 文化遗产保护理论研究系列）
ISBN 978-7-03-061365-3

Ⅰ. ①韩⋯　Ⅱ. ①李⋯　Ⅲ. ①建筑文化—文化遗产—保护—概况—韩国
Ⅳ. ① TU-093.126

中国版本图书馆 CIP 数据核字（2019）第 103621 号

责任编辑：吴书雷 / 责任校对：邹慧卿
责任印制：张　伟 / 封面设计：张　放

科 学 出 版 社 出版
北京东黄城根北街 16 号
邮政编码：100717
http://www.sciencep.com

北京摩诚则铭印刷科技有限公司 印刷
科学出版社发行　各地新华书店经销

＊

2019 年 6 月第　一　版　开本：720 × 1000　B5
2019 年 9 月第二次印刷　印张：17 1/4
字数：330 000
定价：168.00 元
（如有印装质量问题，我社负责调换）

序　言

　　文化遗产保护在当代社会中作为社会文明的反映，从可持续发展、经济、社会、政治、文化、道德等各个层面越来越深刻地影响着人们精神的成长、社会和自然环境的演化，也成为不同文明、文化间对话、沟通、理解和相互尊重的纽带。遗产保护是人类文明成长的一个成果。

　　回顾文化遗产保护发展的历史，关于保护对象价值的认识构成了文化遗产保护的基础。价值认识的发展和变化是推动文化遗产保护发展的动力。遗产价值认识在深度和广度两个层面不断变化，影响了文化遗产保护理论的生长和演化。价值认识是遗产保护理论的基石。从对艺术价值的认知，到对历史价值的关注，再到当今对于文化价值的理解，价值认知对文化遗产保护理论发展的作用，得到了清晰地展现。

　　遗产保护是一项人类的实践活动，它基于人类对于自身文明成果的珍视和文化的自觉，其本身也是人类文明的重要方面。文化遗产保护的实践展示了特定文化环境中对特定对象的保护在观念和方法上的丰富和多样性，这些实践又促使人们进一步思考文化遗产的价值、保护方法和所要实现的目标。文化遗产的保护正是在这样一个实践和理论交织推动的过程中不断发展和成长。

　　清华大学国家遗产中心致力于遗产保护理论研究和实践。在这样的研究和实践过程中形成了大量具有学术价值和实践意义的研究成果，这些研究成果又进一步在相关实践中被应用、检验和深化。在科学出版社文物考古分社的支持下，我们在清华大学国家遗产中心相关博士论文的基础上选择相关的研究成果，编辑形成文化遗产保护理论研究、文化遗产保护实践研究、文化线路三个系列学术著作，希望这些成果能够在更大程度上促进和推动文化遗产保护的发展。

《韩国建筑文化财保护历程》是李贞娥博士以她在清华大学期间完成的工学博士论文《韩国文化财保护制度与理论演进研究》修订而成的。这是一本系统研究韩国文化遗产保护体系发展过程的重要学术著作，填补了这方面研究的空白。

在中国现、当代文物保护中，把具有历史价值、艺术价值和科学价值的对象称为文物，并分为可移动文物和不可移动文物。在韩国则把需要保护的文化遗存称为文化财，日本亦是如此。文化财的概念反映了把文化遗存作为一种社会财富的观念，促进了社会对这些文化遗存的关注和保护。

20世纪90年代以后在国际文化遗产保护的语境中强调基于对文化多样性的尊重，对文化遗产的保护也应当考虑其作为一种文化行为，对文化多样性的反映。一些学者提出各国应当基于自身不同文化的背景，提出自己的文化遗产保护观念和方法。这种相对主义的观念给以世界遗产为代表的全球性文化遗产保护体系带来了新的挑战，促进人们思考文化遗产保护中的全球化体系与文化多样性的延续问题。对历史的回顾，使人们能够看清未来的方向。对各国文化遗产保护体系形成及发展过程的研究，认识促进其发展的内在和外在因素，理解这一体系与其文化背景、传统之间的关系，就具有了重要的学术价值。

东亚地区有自己独特的文化传统，东亚各国在文化上既存在着同一性，也存在着差异性和独特性。东亚各国在历史上通过密切的交往，相互影响；同时也由于环境、历史、文化的差异形成不同的文化观念。韩国文化遗产保护体系形成和发展的过程也反映了东亚地区文化的这种特征。《韩国建筑文化财保护历程》将这样特征，通过对韩国文化财保护法规、管理体系、保护实践和保护理论的发展呈现在读者的面前。

文化遗产的保护在今天呈现出更多的整体性，不可移动文物与可移动文物保护的结合，物质遗产与非物质遗产保护的结合，保护的对象和类型在不断的丰富，遗产保护与遗产环境保护的融合，保护与对保护对象价值阐释与展示的融合，文化遗产与自然环境保护的融合，保护与赋予遗产在社会生活中新的功能的结合……，这些使文化遗产呈现出更强的现实性和文化的意义。对文化遗产的保护作为一种文化行为也就更需要关注其展现出的文化自身的特色与价值。这也是李贞娥博士的《韩国建筑文化财保护历程》一书给读者的启示。

清华大学国家遗产中心主任　吕　舟
2019 年 5 月

目 录
Contents

序言 ·· 吕舟（i）

第一章 引言 ···（1）

一、研究背景及意义 ···（1）

（一）研究背景 ··（1）

（二）研究意义 ··（2）

二、相关概念的界定 ···（3）

三、研究内容 ···（5）

（一）主要内容 ··（5）

（二）重点和难点 ··（6）

四、研究现状及文献综述 ···（6）

（一）与文化财保护制度相关 ···································（6）

（二）与文化财保护工程相关 ···································（7）

（三）文化财保护理论相关研究 ·································（8）

五、研究方法 ···（9）

（一）文献研究方法 ··（9）

（二）案例研究分析方法 ·······································（10）

（三）田野调查方法 ···（10）

（四）历史研究方法 ···（10）

六、本书框架 ··（11）

第二章 建筑文化财保护制度演变 ·····························（12）

一、保护法律 ··（12）

（一）单类建筑的管理性规定（1902～1916年）··············（12）

（二）《古迹及遗物保存规则》（1916年）····················（16）

（三）《朝鲜宝物古迹名胜天然纪念物保存令》（1933 年）······（19）

（四）《文化财保护法》（1962 年至今）······（21）

（五）20 世纪 70 年代《文化财保护法》的修订 ······（24）

（六）20 世纪 80 年代《文化财保护法》的修订 ······（25）

（七）20 世纪 90 年代以后《文化财保护法》的修订 ······（26）

二、保护机构 ······（27）

（一）行政机构 ······（27）

（二）咨询机构 ······（35）

三、文化财调查 ······（44）

（一）关野贞的韩国古迹调查（1902～1915 年）······（44）

（二）朝鲜总督府的"古迹调查事业"（1916～1930 年）······（51）

（三）"朝鲜古迹研究会"的韩国古迹调查（1931～1945 年）

······（54）

（四）指定文化财的现状调查（1952 年～20 世纪 60 年代前半期）

······（55）

（五）非指定文化财的现状调查（20 世纪 60 年代后半期）······（57）

（六）不动产文化财地表调查五年计划（1971～1975 年）······（58）

（七）针对特定区域或特定主题的文化财调查（20 世纪 70 年代

后半期～）······（60）

四、保护对象的指定 ······（61）

（一）据《朝鲜宝物古迹名胜天然纪念物保存令》的文化财指定

······（61）

（二）1955 年"宝物"价值的重新评估与改称为"国宝"······（67）

（三）据《文化财保护法》的文化财指定 ······（69）

五、本章小结 ······（75）

第三章　建筑文化财的保护工程案例分析 ······（78）

一、《寺刹令》与《古迹及遗物保存规则》时期 ······（93）

（一）平壤普通门修缮（1913 年）······（93）

（二）江陵临瀛馆三门修缮（1915 年）······（96）

（三）荣州浮石寺无量寿殿及祖师堂修缮（1916～1919 年）

······（100）

（四）庆州佛国寺修缮工事（1919～1925 年）·················（106）

二、《朝鲜宝物古迹名胜天然纪念物保存令》时期·················（112）

（一）水原城长安门修缮工事（1936 年）·················（112）

（二）礼山修德寺大雄殿工事（1937～1940 年）·················（117）

三、解放后诸法令存续时期·················（126）

（一）康津无为寺极乐殿修理工事（1956 年）·················（126）

（二）首尔南大门重修工事（1961～1963 年）·················（131）

四、《文化财保护法》制定以后·················（137）

（一）安东凤停寺极乐殿复原工事（1969～1975 年）·················（137）

（二）金提金山寺弥勒殿修理工事（1988～1994 年）·················（142）

五、本章小结·················（148）

第四章　建筑文化财保护理论的相关学术展开·················（151）

一、关于价值探讨·················（151）

（一）价值认识与保护对象的扩大·················（151）

（二）关于传统讨论·················（155）

（三）关于保护与开发的矛盾·················（160）

（四）关于价值和真实性的关注·················（165）

二、关于保护原则与方针·················（175）

（一）《古迹及遗物保存规则》时期——结构加固·················（176）

（二）《朝鲜宝物古迹名胜天然纪念物保存令》时期——

保存形式·················（179）

（三）解放后诸法令存续时期——保存现状·················（183）

（四）自《文化财保护法》制定至 20 世纪 90 年代中期——

保存原形·················（185）

（五）20 世纪 90 年代中期至今——"维持原形"·················（193）

三、本章小结·················（199）

第五章　结论·················（202）

一、韩国建筑文化财保护发展分期·················（202）

（一）20 世纪初～1945 年：形成期·················（202）

（二）1945～1962 年：调整期·················（205）

（三）1962 年～20 世纪 90 年代中期：建立发展期·················（205）

（四）20 世纪 90 年代中期至今：完善期 ························ （207）

二、韩国建筑文化财保护研究总结 ························ （208）

三、本研究的学术创新之处 ························ （210）

四、需进一步开展的研究工作 ························ （211）

参考文献 ························ （213）

附录 A　韩国建筑文化财保护相关大事表 ·········· （227）

附录 B　关野贞对韩国建筑文化财的评估表 ·········· （234）

附录 C　韩国"国宝"中木结构建筑名录 ·········· （245）

附录 D　韩国"宝物"中木结构建筑名录 ·········· （246）

附录 E　韩国"国宝"和"宝物"木结构建筑文化财主要
修缮表（1952～2001 年） ·········· （252）

后记 ························ （264）

第一章

引　言

一、研究背景及意义

（一）研究背景①

　　西方建筑遗产保护的思想根源可以追溯到文艺复兴时期甚至更早，而具有现代意义的建筑遗产保护概念，一般认为产生于 18 世纪启蒙运动后的欧洲，并随着 20 世纪中叶国际保护组织的成立和相关宪章宣言的发布而逐步得到完善。然而，国际上遗产保护概念仍属于新兴概念，保护对象的范围正在扩大，保护原则和目的也在持续发展变化，保护理论一直处于不断探讨当中，遗产保护领域尚不存在绝对的视角或方法。近期一些国家和地区基于其各自不同的历史文化背景，提出了符合自身特点的保护原则和方法，国际社会对此予以关注。

　　韩国将文化财作为公共财并采取具有现代意义的保护措施，已有一百余年的历史。虽然韩国在 19 世纪末大韩帝国时期通过改革采用了一些近代制度，但是由于后来沦为日本的殖民地而整体上走过了被动的近代化之路。在此过程中现代意义上的保护概念引入韩国，保护制度初步形成。后来经过韩国解放、政府成立及韩国战争，建筑文化财保护的重点始终放在抢险加固，文化财保护领域急需的研究不是思想理论研究而是工程技术研究。20 世纪 70 年代以后随着建筑历史研究成果的积累，建筑文化财保护研究也有相当的发展，

---

　　① 本论文是国家自然科学基金支持项目"《中国文物古迹保护准则》实施十年回顾与中国文化遗产保护准则未来发展方向的探索"的子项目（项目批准号：51178234）。

但保护研究仍然偏重于工程相关的保护科学技术。20世纪90年代韩国加入国际保护活动之后，对国际保护历史与理论方面的研究逐渐扩大，至今已积累了较为丰富的研究成果，对价值和原则等国际保护理论也有了一定了解。然而，在韩国建筑文化财保护发展变化、"原状"概念的解释、韩国自身文化财保护历史及思想等研究领域，尚缺乏系统的研究。这对了解韩国建筑文化财保护的整体面貌带来困难。

从近期韩国进行的一些建筑文化财修缮工程来看，从行政、咨询、执行的整体工作程序，到调查、施工、记录等具体操作，以长时间的修缮经验为基础的韩国建筑文化财保护在制度与工程实践上均取得了可喜成果。但同时也可以看出韩国建筑文化财保护所面临的局限，比如尚未建立自己的保护理论来对保护中的重要判断提供理论依据。韩国经过20世纪30年代和60~70年代对重要文化财进行重点修缮的小高潮，目前再次逐步开展重点修缮。在这种情况下，对韩国建筑文化财保护的制度演变和重要工程的历史意义及思想发展的整个历程进行梳理和反思有着现实意义。

另外，随着近期一些国家和地区开始制定符合自身遗产特点的保护原则和保护方法，韩国也致力于制定符合韩国历史与文化的保护原则，而清楚认识韩国文化财保护原则的形成与演变历程是保护原则制定的重要前提之一。这也将为韩国文化财保护理论框架的建立和文化财保护未来发展方向的确定提供依据。

虽然中国与韩国近代经历了不同的文化遗产保护历程，形成了不同的保护体系，但两国均以木结构建筑为主，在制度、措施及思想等诸方面可以互相借鉴。进而，以相互了解为基础，对国际社会的新兴学科——世界遗产学，尤其是木结构建筑遗产保护理念进行共同探索和发展。

（二）研究意义

1. 韩国建筑文化财保护发展历程的梳理和总结

在多样化与国际化等文化财保护的新环境之下，对韩国建筑文化财保护走过的一百多年的历史，首次进行相关史料的系统梳理，总结韩国建筑文化财保护的发展历程。

2. 韩国建筑文化财保护在制度、案例和理论上的完整认识

韩国建筑文化财保护的制度和实践水平强于理论水平。本研究旨在弥补理论研究不足的现状，并通过制度、案例及理论的综合分析，明确各时期文化财保护在整个保护历史中的定位，完整地认识韩国文化财保护的变迁和其意义。

3. 为韩国文化财保护学的发展奠定基础

作为理论和制度及实践的综合体现，韩国文化财保护学处于起步阶段，本研究旨在为奠定学科发展提供基础工作，并在国际化的文化财保护环境中、为建立韩国文化财保护理论与编制韩国文化财保护原则提供依据。

二、相关概念的界定

对本文中所涉及的主要概念统一界定如下。

"韩国"：1897 年朝鲜政府将国名改为"大韩帝国"，简称"韩国"。1910 年韩日强制合并，韩国沦为日本的殖民地之后，日本将"韩国"国名改回为"朝鲜"。1945 年解放后，1948 年朝鲜半岛以"休战线"为准在南北地区分别成立大韩民国政府（简称"韩国"）和朝鲜民族主义人民共和国政府（简称"朝鲜"）。在本书中，除专有名词外，如"朝鲜时代"、"朝鲜总督府"，统一使用"韩国"。而在空间上，以 1950 年韩国战争为准，涉及其以后时期时，"韩国"指休战线以南的"大韩民国"。

"近代"与"现代"：韩国史对"近代"的时间界定存在不同观点，通常认为，其起点介于 1863 年兴宣大院君执政至 1894 年甲午改革之间，终点介于 1919 年三一独立运动至 1960 年四一九革命之间。鉴于文化财保护行为带有公共活动的性质且与政府体系和制度有着十分密切的关系，本文将韩国"近代"时间范围划定为：自 1894 年"甲午改革"建立近代国家体系开始，至 1945 年第二次世界大战的结束与韩国解放，而 1945 年至今视为韩国"现代"。本书研究的时间范围为近代和现代，即 1894 年至今，主要包括大韩帝国时期（1897～1910 年）、日帝强占期（1910～1945 年）和大韩民国（1945 年至今）。

"日帝强占期"：是指 1910 年 8 月 29 日至 1945 年 8 月 15 日，韩国沦为日本殖民地的时期。还有称之为"殖民时期"、"日帝黑暗期"、"倭政时期",在中国所称"朝鲜日治时期"等,本文统一使用"日帝强占期"。

"文化财":是指文化的产物,在韩国 20 世纪 20 年代后期开始出现,而这是德国文化哲学中的"Kulturgut"概念通过日本介绍到韩国的[1][1]。解放后 1960 年 11 月 10 日在韩国制定《文化财保存委员会规定》并成立"文化财保存委员会"时首次正式使用,在 1962 年《文化财保护法》公布后普及使用[2]。韩国现行《文化财保护法》第二条规定:"在本法,'文化财'是指具有历史、艺术、学术或景观价值的,人为或自然形成的国家、民族或世界的遗产。"在本书,"文化财"是指广义的文化遗产,作为各类文化遗产的统称来使用。由于韩国在 1962 年《文化财保护法》制定之前,没有公认的文化遗产的统称,因此,为了避免不必要的混乱,本书中对文化遗产的统称,不论时代为何,统一使用"文化财"。

"指定文化财":按照《文化财保护法》规定的一定程序,被列入为法定保护对象的文化财。按指定主体,由文化财厅来指定的有国宝、宝物、史迹、名胜、天然纪念物、重要民俗文化财和重要无形文化财,由市、道来指定的有市道指定有形文化财、市道指定纪念物、市道指定民俗文化财、市道指定无形文化财及文化财材料。

"保存(conservation)":是指为维持文化财价值而进行的全部活动,又使用"保护",而在韩国普遍使用"保存"。据 2009 年文化财厅公布的《历史建筑与遗址的修理复原及管理的一般原则》,"保存"行为包括:"修理"、"补强"、"修复"、"复原"与"移建","修理"是指为维持文化财的重要价值,对破损部分按原状进行修缮的行为;"补强"是指为维持文化财的价值而采取的现状加固;"修复"是指文化财的局部被遗失或受损时,经过考证恢复原有形式的行为;"复原"是指文化财的重要价值或原形被遗失时,经过考证全部或局部恢复文化财原有形式或特定时期形式的行为;"移建"是指以尽量保存文化财原形为前提,迁移保护的行为。

---

① "文化财"一词在日本 20 世纪 50 年代制定日本《文化财保护法》后正式开始使用。

三、研究内容

（一）主要内容

本书以韩国近代至今的木结构建筑文化财为主要研究对象，从保护制度和工程案例及保护理论等方面，梳理韩国建筑文化财保护的历程，研究韩国建筑文化财保护的发展变化及其特点，总结其发展分期。一般来说，保护理论是为制度建立和措施行为提供思想基础的，然而在韩国文化财保护领域，制度和实践的经验强于理论认识。因此，本研究先从保护制度和保护实践的分析着手，以其成果为基础，对保护理论进行研究。

由于文化财保护具有政府主导的公共事业性质，梳理不同历史阶段的保护制度是文化财保护研究的基础。制度研究从保护法律、保护机构、文化财调查和保护对象指定的四个方面，通过对各时期保护法律和相关机构制度的梳理，以及对各时期文化财调查对象和保护指定对象变迁的分析，了解各时期制度中的文化财价值认识和保护思想。

修缮是文化财保护思想和方法的体现。本书以韩国文化财保护发展史为线索，对各时期典型工程案例进行研究，从修缮原则、修缮方针、修缮措施、现状变更等角度出发，分析其具体内容和历史意义。修缮相关材料尽量找出工程的第一手资料，如韩国国立中央博物馆馆藏朝鲜总督府档案、国家记录院所藏20世纪中期工程相关记录、修理报告书等，完整了解修缮内容，准确分析修缮意义。

目前在韩国文化财保护的研究成果中关于保护理论的研究较少，亟待进一步研究。价值认识是保护行为的开始，又是保护理论的核心，本文从价值认识入手，分析韩国文化财价值认识变化的过程以及各时期相关讨论的焦点，探讨其对韩国文化财保护的影响。同时，通过研究各时期对保护原则的文字记录以及具体工程实践，分析韩国建筑文化财保护原则的发展演变，剖析保护原则的具体含义。

本研究对查阅到的资料进行了多角度的分析，从历史演变的角度，针对某一现象或资料，既纵向与其他时间阶段进行比较，又横向与其他现象进行比较，从而得出时代背景、制度、思想等方面的综合解释，尽量分析其互相之间的历史关系，最后总结出韩国建筑文化财的保护特点和发展分期。

（二）重点和难点

本文重点是对韩国建筑文化财保护进行梳理与研究，通过韩国建筑文化财保护制度和主要工程及价值与原则的梳理与分析，揭示韩国建筑文化财保护的整体历程，归纳韩国建筑文化财保护分期及各时期的特点，总结韩国建筑文化财保护发展的方向。

由于首次进行韩国文化财保护的整体历程研究，本书难点之一在于韩国保护史研究框架的建立，通过对上百年积累的韩国文化财保护相关庞大资料进行系统梳理，结合历史意义解释等方法，实现整个研究体系的建构；难点之二在于日帝强占期韩国文化财保护与日本文化财保护之间互相影响，而这方面研究尚不充分，需要将韩国与日本两国文化财保护相结合进行研究，才能完整阐释出韩国建筑文化财保护的整体历程。

四、研究现状及文献综述

韩国建筑文化财保护相关的已有研究，偏重于日帝强占期的保护法律、行政机构和文化财调查等保护制度与相关重要修缮工程，以及解放后以保护法律为主的保护制度与个别文化财修缮工程。而文化财指定标准和指定目录的变化、对文化财保护产生实际影响的咨询机构的活动、从保护史的角度分析个别工程的意义等方面，一直缺乏系统的研究。特别是韩国建筑文化财保护价值与保护原则的保护理论方面，研究成果十分稀少。本书涉及的研究现状及文献综述包括：关于文化财保护制度的研究成果；关于文化财保护工程的研究成果；关于文化财价值与保护原则的研究成果。

（一）与文化财保护制度相关

吴世卓《文化财保护法原论》[3]回顾了韩国文化财保护相关法律，论述了从日帝强占期的《古迹及遗物保存规则》《朝鲜宝物古迹名胜天然纪念物保存令》直至《文化财保护法》等法律的特征，并对现行《文化财保护法》的问题进行分析，探讨在国际化、信息化的新环境下《文化财保护法》的修改方向。

针对日帝强占期韩国文化财保护制度的研究，已有一定的研究成果。2005 年首尔大学姜贤的《日帝强占期建筑文化财保存研究》[4]认为，日帝强占期建筑文化财保护奠定了韩国文化财保护的基础，并对解放后的韩国文化财保护产生很大影响。以这一认识为出发点，本书从调查研究、修缮工程及保护制度三个方面，对日帝强占期韩国建筑文化财保护进行了详细的论述，探讨了日帝强占期建筑文化财保护的整体性质。

淑明女子大学李顺子的《日帝强占期古迹调查事业研究》[5]，以朝鲜总督府发行的古迹调查报告书为中心，研究了日帝强占期日本进行韩国古迹调查的内容与其思想。本书结合古迹调查实际案例，关注古迹调查过程中对韩国古迹遗物的掠夺性发掘和收集现象，剖析了古迹调查事业的两面性。

明知大学赵贤贞的《韩国建造物文化财保存史研究——以 1910 年以后修缮的木结构建筑为主》[6]，对 1910 年至今韩国建筑文化财保护制度的历程进行了回顾。论文以保护法律和重要工程为线索划分韩国建筑文化财保护的分期，对各时期保护法律和保护行政的发展演变进行了较为整体的论述，并介绍各时期的代表工程，梳理了韩国文化财保护制度发展变化的基本概况。

在中国，苑利的《韩国文化遗产保护运动的历史与基本特征》[7]，回顾韩国文化遗产保护史，并分析了《文化财保护法》所反映的韩国文化财保护工作的特点：日本模式的采用、严格的管理体系与奖惩制度、对无形文化遗产的关注、强调法律的可操作性。

（二）与文化财保护工程相关

申荣勋的《日政期文化财保存事业录》[8]对日帝强占期朝鲜总督府所发保护工程补助金的相关档案资料首次进行了系统梳理，于 20 世纪 70 年代开启了日帝强占期保护工程相关研究。

弘益大学金在国的《日帝强占期对高丽时代建筑物保存研究》[9]以日帝强占期对四座高丽时代建筑进行的修缮工程为研究对象，先对指定体系和修缮补助金等保护制度进行梳理，与当时社会经济背景的分析结合，以修缮经费、施工措施、咨询机构的活动及修缮方针等研究为基础，从外观保护和结构加固两个方面剖析了四座高丽时代建筑的具体修缮内容与意义，并对高丽时代建筑保护提出了自己的建议。

早稻田大学金敏淑的《关于在殖民地朝鲜对历史建造物保存与修理工事研究——以修德寺大雄殿为中心》[10]，以日本相关机构所藏《小川敬吉资料》为线索，对日帝强占期保护工程及人物、特别是1933年以后对宝物建筑的修缮工程相关记录进行介绍和评述。接着对修德寺大雄殿修缮内容进行梳理，分析韩国建筑文化财修缮中小川敬吉的历史贡献。另外，金敏淑的《从〈清交〉看20世纪30年代至40年代韩国建造物文化财的保存与修理》[11]作为日帝强占期建筑文化财保护相关重要资料，首次介绍了当时日本文化财保护杂志《清交》，通过分析《清交》中韩国建筑文化财修缮工程及工程相关者的记录，揭示了20世纪30年代至40年代韩国建筑文化财保护相关的韩国和日本专家的分布及交流情况。

东国大学金汉昇的《木造建筑文化财保存方法研究》[12]，从法律与指定及破坏因素方面，对木结构建筑文化财保存的现状与问题进行简单分析，对木结构建筑文化财的管理方法提出了自己的建议。

赵贤贞、金王植的《从佛教建筑文化财来看保存工程演变研究》[13]，以80座指定为国宝或宝物的重要佛教建筑文化财为对象，研究了它们在至今100年间进行的修缮工程。文章通过对落架程度、工程周期及现状变更程度的统计分析，探讨了佛教文化财修缮工程内容的演变及其原因。

明知大学Jang Yun-jin①的《从国际保护原则看木造建造物文化财保存工事案例研究》[14]，从国际保护原则的角度，在勘察调查、修缮技术、日常管理和记录、林地保护等方面，对韩国木结构建筑文化财保护和修缮工程进行了综合评估。

崔钟德、Bak So-hyeon的《2000年至2003年间景福宫勤政殿修理的影响因素和修理特点研究》[15]，梳理了景福宫勤政殿修缮的主要内容及其影响因素，从修缮方针、修缮咨询委员会的决策过程、修理标准示方书等方面进行分析，总结了勤政殿修缮的特点。

（三）文化财保护理论相关研究

张庆浩在《建造物文化财的补修复原方向》[16]中，明确了文化财因不断被改造而变化的事实，而这与保护行为之间存在矛盾，因此，

---

① 韩国人作者名，除了确认其汉字的，均写韩文的英文标准拼音。

他提出了应将"保存原形"和结构加固及现实要求相结合来进行修缮。

李泰宁在《文化财保存科学的发展与补修伦理规范》[17]中，介绍了从维欧勒·勒·杜克（E. Viollet-le-Duc）和拉斯金（J. Ruskin）到布兰迪（C. Brandi）的欧洲近现代保护理论的演变，并明确了现在国际保护原则的重点在于尊重历代痕迹并保护整个历史层次。

金奉建在《文化财补修理论》[18]中，对于韩国使用的保护措施相关术语，主张根据其干预程度明确术语含义。另外，从形式（style）、技术（skill）、材料（material）和程序（procedure）等方面，阐释了现代国际保护宪章与文件所提出的保护方法。

Lee Su-jeong 在《从发展变化的现代保护理论的角度看保存原形原则》[19]中，从发展变化的角度梳理现代国际保护理论研究的特点，对于在现代国际保护理论中的保存原形原则，从原形界定、价值和真实性方面进行分析。另外，Lee Su-jeong 在《试论文化遗产保护原则制定中的价值定义及方法论》[20]中，提出价值既是保护文化遗产的原因，又是保护对象和保护方法，基于此，文章对价值的国际研究内容和倾向进行分析，并研究了韩国文化遗产价值的多样性，为制定以价值为核心的韩国保护原则提出了自己的建议。

五、研 究 方 法

（一）文献研究方法

文献的收集和阅览是开展本研究的基础，特别是为了完整了解韩国文化财保护历程，文献的全面阅览和系统梳理十分重要。本研究所需文献除了相关报告书、书籍、论文、媒体报道等，还需要对制度和工程的原始资料进行整理，资料大致分为两个时期，一是日帝强占期的相关记录；二是解放后的相关记录。

日帝强占期与保护制度和工程相关的记录中，最重要的是韩国国立中央博物馆所藏的朝鲜总督府博物馆档案，这是日帝强占期保护工程的重要基础资料，而其资料十分庞大，需要多角度的查阅。对这些资料的查阅有三种方法：一是通过韩国国立中央博物馆编辑出版的资料目录了解资料情况并申请阅览，如《光复以前博物馆资料目录集》（1997 年）[21]，不过这些目录并不全面；二是通过最近国立中央博物馆官方网公开的朝鲜总督府相关档案搜查阅览，但是网上公开的资料也只是一部分；三是在国立中央博物馆网上直接申请相关档案的阅览，到国立中央博物馆直接阅览。通过这些方法，笔者得到了相当多的日帝强占期资料，包括保护工程记录、相关委员会的会议录及保护行政文件等，这为清晰认识日帝强占期文化财保护提供了珍贵的基础资料。解放后与保护相关的记录，除了相关机构所出版的近期资料之外，还包括韩国国家记录院所藏的 20 世纪 50 年代至 60 年代相关记录，这些记录可申请阅览，以全面了解韩国文化财的保护历程。

本书通过对这些基础文献的归纳和整理，全面展开对韩国建筑文化财保护历史过程的研究。

（二）案例研究分析方法

案例研究作为一种实证研究，通过事实研究，可以分析出其中所体现的思想。特别是在韩国文化财保护的理论相关研究尚不充分的情况下，通过案例研究可以在一定程度上弥补理论研究中素材的不足。本研究对在韩国文化财保护发展过程中具有重要意义的文化财保护工程案例的工程内容及其意义进行分析，以期完整认识韩国建筑文化财保护的发展变化。

（三）田野调查方法

本研究中对工程案例的分析，除了工程相关资料的阅览分析，还采用了现场调查方式。对曾经进行重要保护工程的建筑文化财的现场踏勘，包括江陵临瀛馆、荣州浮石寺、庆州佛国寺、水原华城、礼山修德寺、康津无为寺、首尔崇礼门、安东凤停寺和金提金山寺，核对工程内容，调查工程后发生的残损与使用上的改造，同时访谈文化财管理者了解工程和管理情况。

（四）历史研究方法

本书中对韩国建筑文化财保护制度和保护理论发展变化的研究，采用历史研究方法。通过对保护历史的深入研究和相关史料的考证，对保护制度和保护理论进行分析和挖掘，对其变化的前因后果进行考证，得出韩国建筑文化财保护历史的梳理和评价。

六、本书框架

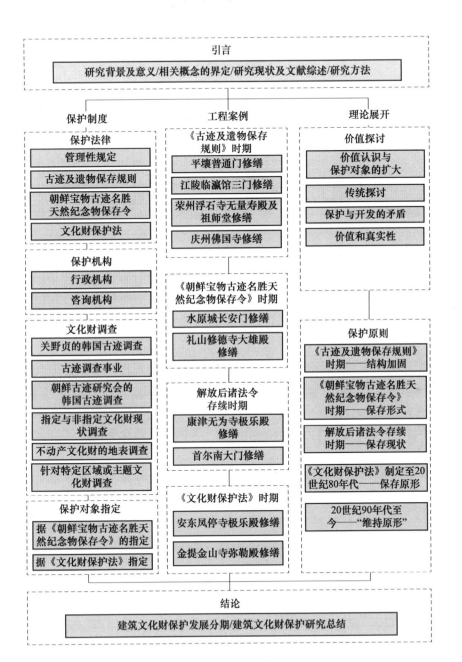

第二章
建筑文化财保护制度演变

　　文化财保护一般具有公共性目的，多由政府主导展开，特别是在文化财保护制度起步阶段，政府主导性更为明显。因此，通过分析各时期政府所建立的文化财保护相关制度，可以了解该制度的形成、演变及其中所包含的主要思想。

　　韩国具有现代意义的文化财保护体系形成于日帝强占期，是以大韩帝国制度为基础、在日本人主导下建立的。随着 1945 年第二次世界大战结束，韩国也从日本殖民统治中解放出来，但 1950 年韩国战争爆发，韩国国内社会动荡，文化财保护制度并未得到重新建立，而只是根据新的历史观和价值观，对日帝强占期确定的文化财指定标准及指定等级等方面进行了一些调整，大体上延续了之前的文化财保护体系。后来，随着对日帝强占期文化财政策研究的深入与韩国建筑史研究成果的积累及文化财价值认识的多样化，韩国文化财保护制度经过多次的改制而发展至今。

　　本书将从保护法律、保护机构、文化财调查及保护对象指定四个方面，分析韩国建筑文化财保护制度体系及其演变。

一、保护法律

（一）单类建筑的管理性规定（1902～1916 年）

　　在韩国，具有现代意义的早期文化财保护相关法律，是针对寺院或乡校等单类文化财的管理和保护所颁布的相关规定。其中，重要者有：《国内寺刹现行细则》（1902 年）、《乡校财产管理规定》（1910 年）及《寺刹令》（1911 年）（表 2.1）。

《国内寺刹现行细则》公布于大韩帝国光武二年（1902年）7月，旨在实现寺刹所有财产的有效管理。《国内寺刹现行细则》是韩国将寺院建筑作为公共财产后涉及其管理的最早的法律规定，但是其可否看作最早的现代意义上的文化财保护法律呢？这依然存在争议。《国内寺刹现行细则》共有36条，规定了寺院的功能、僧侣组织的构成、寺院的等级划分等寺院管理相关内容。其中，寺院所有财产相关条款有：

第二十五条　对于一般寺刹所管下列事项，应该编制档案三份，一份置于本寺，一份报于本道首寺，一份报于管理署，以防奸僧辈弄奸偷卖等事：一.佛弥勒位数、舍利塔和浮屠数；二.寺宇间数及盖瓦、盖草、盖石、盖铁；三.钟磬、佛器及寺内常住汁物等数；四.流来金玉器物；五.御笔及名画；六.田与畬耕数、斗落数及所出壳数并所在地名；七.寺院区域的四标与所有山林；八.附近的废寺遗墟与所有山林。

第二十六条　尽量守护上列诸件，若有破失，将破失者征纳。

第二十七条　寺刹所属公土为公用，僧侣不可私用……

表2.1　近代时期文化财保护相关主要法律（来源：自绘）

公布时间	法律法规
1902.7	国内寺刹现行细则
1907.7.30	关于城墙处理委员会的文件（内阁令第1号）
1910.4.28	乡校财产管理规定（学府令第2号）
1911.2.14	关于寺刹宝物目录牒调制的文件
1911.6.3	寺刹令（朝鲜总督府令第7号）
1911.7.8	寺刹令施行规则
1911.10.10	关于史迹调查资料搜集的文件
1911.11.29	关于古碑、石塔、石佛、其他石材雕刻及建设物保存管理的文件
1913.1.25	关于土木工事执行时古坟发掘的措施的文件
1914.3.19	关于寺刹殿堂等建筑的文件
1915.8.16	神社寺院规则（朝鲜总督府令第82号）
1916.7.4	古迹及遗物保存规则（朝鲜总督府令第52号）
	关于古迹及遗物的文件（训令第30号）
	古迹调查委员会规定（训令第29号）
	古迹及遗物调查事务心得（内训第13号）
1920.6.29	乡校财产管理规定（朝鲜总督府训令第91号）

公布时间	法律法规
1933.8.9	朝鲜宝物古迹名胜天然纪念物保存令（朝鲜总督府制令第 6 号）
1933.12.15	朝鲜宝物古迹名胜天然纪念物保存令 施行规则（朝鲜总督府令第 136 号）
	朝鲜宝物古迹名胜天然纪念物保存令 施行手续（朝鲜总督府训令第 42 号）
	朝鲜总督府宝物古迹名胜天然纪念物保存会 议事规则（朝鲜总督府训令第 43 号）
1936.8.11	寺院规则（朝鲜总督府令第 81 号）、神社规则（朝鲜总督府令第 76 号）

据这些条款可知，寺院财产种类有：佛像、舍利塔、建筑、佛器、书籍、寺院田地与林地及附近废寺遗迹等。《国内寺刹现行细则》规定，对寺院财产编制三份档案后分开保管，禁止任意处理寺院财产而尽量保护。《国内寺刹现行细则》特别指出，寺院所属土地为公用，禁止私用。

《国内寺刹现行细则》表明，当时社会已经有了将寺院财产当作公共财产的认识，并为了防止寺院财产的遗失和私卖建立了初步的制度性措施。但是，该细则的保护对象仅限寺院财产，而且其保护价值的认定仅基于宗教和使用价值、而未基于历史、艺术等客观文化财价值，另外，编制档案之外没有规定其他保护措施。基于这些原因，将《国内寺刹现行细则》视为韩国最早的现代意义上的文化财保护法，有一定局限性。

《乡校财产管理规定》公布于 1910 年，也是大韩帝国时期公布的文化财保护相关规定。在《乡校财产管理规定》的前言中提到："今日对该财产不讲究其管理，以慕圣育英为本旨而设立的乡校财产，将来难免散逸耗尽"，可见《乡校财产管理规定》的制定基于文化危机感，其目的在于防止乡校财产的散失。《乡校财产管理规定》共有八条，其中，与文化财保护有关的条款有：

第一条　乡校财产在观察使的监督下，由府尹、郡守管理，……
第二条　乡校财产不得买卖、转让、交换、抵押和消费，……
第三条　由乡校财产而发生收入，用于乡校所在地方内公立学校或观察使所定学校的经费，以及在观察使的同意之下，可用于乡校和文庙的修缮费或亨祀费。
第四条　府尹、郡守编制乡校财产簿，将其副本提交给观察使。

该《乡校财产管理规定》虽然很短，但是，基于公共财产的价值认识和文化危机感，明确了财产管理的责任主体，规定了要编制档案并禁止了一些行为内容。尤其是，该规定保障了修缮费的来源，显示了大韩帝国末期保持现状方式的乡校文化财保护政策。

与《国内寺刹现行细则》相同，该《乡校财产管理规定》也只针对乡校的单类建筑，其价值认识也限于纪念价值与经济价值，但是由于该《乡校财产管理规定》提出并制度化了可实现的具体保护方法，因此该《乡校财产管理规定》可以认为韩国最早的针对单类建筑的现代文化财保护法律。

韩国成为日本殖民地后，朝鲜总督府①于1911年6月3日公布了《寺刹令》，同年7月8日公布了《寺刹令施行规则》。《寺刹令》是在日本殖民统治之下，为了殖民地寺院管理方便而制定的，规定了韩国30座重要寺院的运营和财产管理上的重要决定均需要取得朝鲜总督的许可。《寺刹令》共有7条，《寺刹令施行规则》有8条，其中与寺院保护相关条款有：

《寺刹令》

第一条　寺刹若要合并、迁建、废止，应得朝鲜总督的许可，……

第四条　寺刹应该有主持，主持代表寺院，管理寺刹所有一切财产，并负责寺务和佛事。

第五条　寺刹所有土地、森林、建筑、佛像、石物、古籍、其他贵重品，非得朝鲜总督的许可不能处理。

《寺刹令施行规则》

第二条　下列寺院主持的任职，应得朝鲜总督的认可，……其他寺刹主持的任职，应得地方长官的认可。

第七条　主持对寺刹所有土地、森林、建筑、佛像、石物、古籍、古画、梵钟、经卷、佛器、佛具与其他贵重品编制目录，主持任职后5个月之内，应将目录提交给朝鲜总督。若前项财产有增建或移动，应该在5天内报给朝鲜总督。

---

① 朝鲜总督府，是在日帝强占期由日本在韩国建立的最高统治机构。

在制定《寺刹令》的同一年，朝鲜总督府还公布了《关于寺刹宝物目录牒调查的文件》（1911 年 2 月 14 日）、《关于史迹调查资料搜集的文件》（1911 年 10 月 10 日）等一系列文化财调查相关文件，并指派关野贞等日本学者开展韩国文化财调查。在日帝强占初期的 20 世纪 10 年代初，日本通过对韩国文化财的调查和梳理，力求对韩国文化财分布和数量进行整体了解。《寺刹令》中所谓寺院所有财产应该编制目录并上报的相关条款，即体现了当时的这种政策方向。关于价值认识和保护，从《寺刹令》所列寺院财产的顺序上看，其价值认识仍偏重于经济价值及宗教价值，对寺院财产的维护或修缮则毫无涉及。因此，可以说《寺刹令》是在日帝强占初期朝鲜总督府为了解并掌握寺院财产而制定的管理性规定，而不是保护性规定。

（二）《古迹及遗物保存规则》（1916 年）

20 世纪 10 年代初，朝鲜总督府还公布了《关于古碑、石塔、石佛、其他石材雕刻及建设物保存管理的文件》（1911 年 11 月 29 日）、《关于土木工事执行时古坟发掘相关措施的文件》（1913 年 1 月 25 日），《关于寺刹殿堂等建筑的文件》（1913 年 3 月 19 日）等文化财管理和保护相关文件。以这些文件为基础，1916 年 7 月 4 日公布了《古迹及遗物保存规则》（以下简称《保存规则》），这是韩国最早的综合性文化财保护法。《保存规则》共有 8 条，其中重要条款有：

第一条 古迹是指包含贝冢、石器、骨角器类的土地或穴居等史前遗迹和古坟，以及都城、宫殿、城垣、关门、交通路、驿站、烽燧、官府、祠宇、坛庙、寺刹、陶窑等遗址和战迹，其他与史事有关的遗迹。

第二条 朝鲜总督府应该备置古迹和遗物台账，并对前条所列古迹和遗物中具有保存价值者，按照下列事项，进行调查和登记。1. 名称；2. 种类和形象、尺寸；3. 所在地；4. 所有者、管理者的地址、姓名或名称；5. 现状；6. 历史沿革；7. 管理保存方法。

第五条 对在古迹和遗物台账被登记的物件，进行现状变更、搬迁、修缮或处理时，或者修建对其保存可能会产生影响的设施时，该物件的所有者或管理者应具备下列事项，经警察署长，取得朝鲜总督的许可。1. 登记编号和名称；2. 变更、搬迁、修缮、处理，或者修建设施的目的；3.变更、搬迁、修缮，或者修建设施时其方法和设计图及费用估算；4.变更、搬迁、修缮、处理，或者修建设施的时间。

与之前的文化财相关法律相比，《保存规则》有如下特征：首先，《保存规则》是韩国最早的综合性文化财保护法，以多样类型的文化财为对象，进行了文化财分类，反映着当时文化财概念的扩大。从《古迹及遗物保存规则》的名称可以看出，《保存规则》将文化财划分为"古迹"和"遗物"两类，据第一条规定，"古迹"包括从史前遗址到都城、寺院、陶窑等建筑，主要是指不可移动文化财。关于"遗物"，《保存规则》并没有界定，但在同一天由朝鲜总督府公布的补充性文件《关于古迹及遗物的文件》中，有"古迹，或者与历史、工艺有关的遗物，其他工艺品"的阐述，大概可以判断"遗物"是指可移动文化财。从此可知，《保存规则》以可移动性为标准对文化财进行了大类划分。《保存规则》中的文化财认识及其划分，是基于1909年开始的以关野贞为主导的韩国文化财普查式调查成果[22]。

其次，《保存规则》强调文化财的调查、收集和记录。《保存规则》第二条规定要编制古迹和遗物台账，第三条规定如果有发现遗址或遗物，立即报给警察署长。朝鲜总督府公布《保存规则》的同时，还制定了《古迹调查委员会规定》，并在朝鲜总督府下设立了"古迹调查委员会"，负责古迹和遗物的调查、收集、保存相关业务。《保存规则》如此重视文化财的调查、收集和记录，其原因与20世纪10年代在全韩国范围流行的盗掘有关。当时还频繁发生朝鲜总督府的高级官员与日本人古董商勾结，在警察的护卫之下对庆州、公州等地的古坟和遗址进行了掠夺性考古发掘。在这样的背景下，《保存规则》的真正目的在于尽量控制肆意发掘，将发掘与古迹调查事业一元化，合法收集发掘到的遗物。

然而，从1924年编制的《古迹与遗物台账》来看，当时被登记的文化财共有192件，均分为"遗物"类。其中，石塔、石桥、砖塔、幢竿、石碑、佛像、钟等共占180件，而都城、宫殿、关门等《保存规则》第一条所列的古迹、绘画、古籍等遗物没有列入。这说明，当时《保存规则》的保存对象局限性还很大。对此，在1931年召开的古建筑保存相关座谈会上，朝鲜总督府宗教科长发言说过：由于国有古迹及遗物由"古迹调查委员会"来决定处理，寺院所有的古迹和遗物则据《寺刹令》通过朝鲜总督的许可处理，因此这二者均没有在《古迹与遗物台账》登记[4]87。由此可知，据《保存规则》被登记保存的文化财只限于不属于国有或寺院所有的露天文化财以及其他遗物。另外，从《古迹与遗物台账》中所列"遗物"的对象来看，《保存规则》对"移动性"的标准与现代意义的文化财保护概念有所不同。现代文化财保护思想中，移动性与"原址保护原则"结合，根据被移动后其价值是否受到影响为准来判断其可移动性，而《保存规则》以移动的物理可能性为准，因此《保存规则》认为石塔、砖塔，甚至木结构建筑均归类于可以被解体移动的"遗物"①。

最后，关于被登记的文化财的现状变更和处理，《保存规则》第五条规定，应该要取得朝鲜总督许可。众所周知，日本在1891年修缮东大寺大佛殿时，采用钢筋加固屋顶内部结构和木柱内部等，采取了大胆的现状变更措施，但这些变更以尽量不影响外观为前提。在韩国《保存规则》中涉及的需要许可的现状变更，与日本有很大不同，不是指修缮中的现状改变，而是指所有者可能会做的现状破坏、迁移、改造、任意修缮等。《古迹与遗物台账》中木结构建筑并未列入，而实际上这一时期朝鲜总督府主持的木结构建筑修缮，以结构加固为由发生了许多的现状变更，甚至有些修缮严重影响到了古建筑的原有外观。②

《保存规则》是综合性文化财保护法，文化财认识范围比较全面，对当时社会的文化财保护意识的产生起到了很大作用。但是，其保护对象及保护措施相关内容还存在极大的局限，这与《保存规则》的制定背景和目的有关。1910年韩日强制合并后，朝鲜总督府着手进行韩国古迹调查，1915年出版的《朝鲜古迹图谱》第一卷和第二卷使其更加积极地开展古迹调查工作，并于1916年开展了以陵墓和遗址的考古发掘为主的"古迹调查五年计划"。《保存规则》就在这一时期制定公布，可知其主要目的在于保障陵墓和遗址调查，并合法收集出土遗物[4]87，而不在于文化财的保护。

---

① 例如，庆天寺址十层石塔，建于高丽忠穆王四年（1348年），于1907年在日本人警察的卫护下，日本官内大臣将它解体搬出到日本。于1910年朝鲜陷入殖民地后，朝鲜总督府将朝鲜主官——景福官改成公园为理由，拍卖了景福官内四千余间木结构建筑，全部被拆迁。

② 修缮中对现状变更的控制，在1933年制定《朝鲜宝物古迹名胜天然纪念物保存令》，并1934年起开始指定文化财之后才有了制度上的控制。

（三）《朝鲜宝物古迹名胜天然纪念物保存令》（1933年）

朝鲜总督府于1933年8月9日公布了《朝鲜宝物古迹名胜天然纪念物保存令》（以下简称《保存令》），同年12月15日制定了《朝鲜宝物古迹名胜天然纪念物保存令施行规则》与《朝鲜宝物古迹名胜天然纪念物保存令施行手续》。并据《保存令》组织"朝鲜总督府宝物古迹名胜天然纪念物保存会"，制定了保存会的"议事规则"，《古迹及遗物保存规则》与相关法律被废止。

《保存令》作为一份综合性文化财保护法规，以1919年日本《史迹名胜天然纪念物保存法》与1929年日本《国宝保存法》的先行经验为基础，将两份法律的内容合并修改，制定而成。其内容与日本法律基本一致，但是，日本文化财指定的最高等级是"国宝"，而韩国文化财指定的最高等级下调规定为"宝物"。

《保存令》共有24条，其中重要条款有：

第一条　建造物、典籍、书迹、绘画、雕刻、工艺品、与其他物件中，历史的证据者或艺术的规范者，由朝鲜总督可以指定为宝物；贝冢、古墓、寺址、城址、窑址与其他遗迹，景胜之地或动物、植物、地质、矿物与其他，作为学术研究资料认定为需要保存者，可以由朝鲜总督指定为古迹、名胜或天然纪念物。

第四条　除取得朝鲜总督许可的以外，不得出口或移出宝物。朝鲜总督如要许可前项，应该通过保存会的咨询。

第五条　宝物、古迹、名胜或天然纪念物的现状变更或对其保存可能产生影响的行为，应该取得朝鲜总督的许可。

第六条　为了保存宝物、古迹、名胜或天然纪念物，朝鲜总督可以禁止或限制特定行为，也可以命令修建所需设施。修建前项设施的经费，在国库预算范围之内可以进行部分补助。

从韩国文化财保护史的角度看，《保存令》有如下特征：

首先，关于文化财认定范围，《保存规则》仅对古迹与遗物文化财档案做出规定，而《保存令》不仅包括"宝物"和"古迹"等人工文化财，还包括了"名胜"和"天然纪念物"的景观及自然遗产，建构了更加广泛的综合性文化财概念。

其次，关于文化财分类方式，《保存令》以文化财类型、价值等几种标准来划分指定文化财的类型，具体有："宝物"、"古迹"、"名胜"、"天然纪念物"。其中，"宝物"与"古迹、名胜"的划分是以能否移动为准的，"宝物"是指相对可移动的地上遗物，"古迹、名胜"是指不可移动的地表或地下遗址①。"古迹"和"名胜"则根据其主要价值进行划分，前者的主要价值在于历史价值，而后者在于景观及场所价值。"天然纪念物"以人为制造还是自然形成为标准进行划分。这样的文化财分类方式，可能形成于将日本的两份法律——《史迹名胜天然纪念物保存法》和《国宝保存法》合并而制定《保存令》的过程中，并影响到了韩国解放后韩国《文化财保护法》中文化财指定的分类体系。该分类方式有利于明确文化财的指定性质，但是由于多种分类标准同时存在，难免层次不明、划分模糊，有时类型重复。

再次，关于文化财的指定，1934 年 8 月 27 日朝鲜总督府根据《保存令》首次指定了宝物 153 项、古迹 13 项、天然纪念物 3 项，共 169 项。经过十多次不定期的补充指定，至 1943 年 12 月 30 日指定数量达 716 项。20 世纪 30 年代，朝鲜总督府基本结束了古迹调查，下一步需要建立其保护和管理制度。通过《保存令》的公布及宝物、古迹等的指定，朝鲜总督府开展了具有针对性的修缮补助等保护措施，建立了"重点保护主义"式保护政策。这种以被指定物为对象的保护政策，有利于管理保护对象的选择和保护措施的施行。但是，指定过程中的价值判断，容易受到判断主体的历史观与政治目的等因素的影响，而未被指定的保护对象则被轻易弃于保护范围之外。事实正是如此，在朝鲜总督府来指定的保护对象中，不少是基于韩国文化停滞论、日鲜同祖论等殖民史观被指定，而朝鲜或大韩帝国政府的象征物或与抗日相关的遗址遗物则未被指定、遭到了严重的破坏，如宫殿、陵墓、衙署、学校等。

最后，关于现状变更，《保存令》第五条规定现状变更需要取得朝鲜总督的许可。《保存令》以文化财的指定保存为宗旨，《保存令》中的"现状变更"主要是指修缮中可能发生的对外观或结构的改造。虽然《保存令》公布后在韩国木结构建筑修缮中采取全部落架的仍然较

---

① 经过《古迹和遗物台账》的编制，以及 20 世纪 20 年代和 30 年代考古发掘等，在日帝强占期将建筑作为可移动文化财来看的观念已经形成。详见，参考文献［22］。

多，发生现状变更的可能性也较大。但在重要建筑的修缮中如果发生需要现状变更，由工程'技师'或现场'技手'[①]现状变更的理由书、设计方案等资料提交给朝鲜总督府，通过"朝鲜总督府宝物古迹名胜天然纪念物保存委员会"的咨询后才被采用，现状变更得到了一定程度的控制。

《保存令》是以指定保存为目的的文化财保护法，采取了"广义的文化财概念"，不仅包括具有历史、艺术价值的人工遗产，还包括景观及自然物。同时，《保存令》采取了对指定对象进行保护的"重点保护主义"。这均影响到了解放后韩国的文化财保护法律。

（四）《文化财保护法》（1962年至今）

1945年8月15日解放后，韩国成立"美陆军在韩司令部军政厅（1945～1948年，以下简称'美军政厅'）"，废止了日帝强占期制定的一些恶法，如《政治犯处罚法》、《出版法》、《神社法》等，同时公布"军政法令第21号"使其他法律得以存续。因此1933年制定的《朝鲜宝物古迹名胜天然纪念物保存令》仍然有效。1948年大韩民国政府成立，1950年3月制定的文化财保护相关法律因当年6月发生韩国战争而没有落实，到1962年1月《文化财保护法》才得到公布。

文化财保护法的制定过程中，解放后的韩国面临的最大问题是如何定位旧皇室财产，以及如何保护或处理？日帝强占期间大韩帝国皇室表面上仍然存在，皇室所有财产由"李王职"管理。解放后"李王职"被废止，为了处理和管理其财产在1950年4月制定了《旧王宫财产处分法》，战后1954年9月改为《旧皇室财产法》。《旧王宫财产处分法》规定，所有皇室财产归为国有，其中需要"永久保存"的留为国有，包括建筑、园林、陵墓及艺术品等，其他财产一部分出售或出租，一部分财产让与旧皇室家族使用。由此可知，《旧王宫财产处分法》是从经济和管理的角度出发，为了"处理"旧皇室所有财产而制定的。《旧皇室财产法》则将"大韩帝国皇室的财产"定为"历史的、古典的文化财"，其他内容与《旧王宫财产处分法》一致。经过这两份法律，解放后旧皇室留下的文化遗产的定位有所提高，但是仍然没有

---

① 技师一般是得到大学教育的的建筑专家，技手是受到高等建筑教育的人员或者有丰富的工程经验的匠人。

得到充分的保护（表 2.2）。

1962 年制定的《文化财保护法》是解放后韩国制定的文化财保护相关综合法律，其保护对象不仅包括 1933 年《朝鲜宝物古迹名胜天然纪念物保存令》所定的指定物，还包括了 1954 年《旧皇室财产法》所定的旧皇室遗产，扩大了文化财认识与指定保护对象认定范围，提高了保护管理的有效性。《文化财保护法》公布后，另两份法律被废止。

表 2.2　解放后文化财保护相关主要法律（来源：自绘）

时间	法律法规
1945.11.2	美军政法令第 21 号 法律、诸命令的存续：1933 年《宝物古迹名胜天然纪念物保存令》存续
1948.7.1	制宪宪法 附则第 100 条：《宝物古迹名胜天然纪念物保存令》存续
1950.4.8	旧王宫财产处分法
1954.9.23	旧皇室财产法
1962.1.10	文化财保护法（法律第 961 号）
1962.3.27	文化财委员会规定（阁令第 577 号）
1962.6.26	文化财保护法施行令（阁令第 843 号）
1964.2.15	文化财保护法施行规则（文教部令第 135 号）
1970.12.31	指定文化财修理技术者、技能者及修理业者的登录规定
1974.3	文化财修理标准示方书
1984.12.31	传统建造物保存法（1999.1.21 废止）
1987.11.28	传统寺刹保存法
1988.5.28	传统寺刹保存法施行令
1997.12.8	文化遗产宪章
2004.3.5	关于古都保存的特别法
2005.3.5	关于古都保存的特别法施行令
2005.3.5	关于古都保存的特别法施行规则
2009.9	关于历史建造物与遗址的修理、复原及管理的一般原则
2010.2.4	关于埋藏文化财保护及调查的法律
2011.1.28	关于埋藏文化财保护及调查的法律施行令
2011.2.16	关于埋藏文化财保护及调查的法律施行规则
2010.2.4	关于文化财修理等的法律
2011.1.26	关于文化财修理等的法律施行令
2011.2.1	关于文化财修理等的法律施行规则

《文化财保护法》的制定目的在于"保存并利用文化财,提高国民文化,为人类文化发展做贡献"[23]。"文化财"一词自此开始作为法律用语使用,指代文化的产物。《文化财保护法》共73条,第二条对文化财进行了分类定义,分为四类:有形文化财;无形文化财;纪念物;民俗资料。文化财中具有一定价值的,按其类型分别可以指定为国宝或宝物;重要无形文化财;史迹、名胜、天然纪念物;重要民俗资料。其中,有形文化财和纪念物是1933年《保存令》的延续,而无形文化财和民俗资料是在《文化财保护法》中新加的。这样的文化财分类和指定类型,基本沿用至今(表2.3)。

第三条规定,为了调查和审议文化财保存、管理及利用相关事项,文教部下设"文化财委员会",对文化财的指定和解除、指定文化财的管理与修缮及恢复、指定文化财的现状变更等问题进行评审并"议决"①。另外,在《文化财保护法》公布的同一年,还制定了《文化财保护法施行令》《文化财保护法施行规则》,并根据《文化财保护法》,1963年10月21日制定了《文化财管理特别会计法》,保障了文化财保护财政,开启了20世纪60年代建筑文化财修缮的小高潮。

表2.3 《文化财保护法》中的文化财定义(来源:自绘)

文化财分类	有形文化财	无形文化财	纪念物	民俗资料
内容	建造物、典籍、古籍、绘画、雕刻、工艺品、其他文化所产有形物及考古资料	喜剧、音乐、舞蹈、工艺技术、其他文化所产无形物	贝冢、古坟、城址、宫址、窑址、文化层、其他史迹址、景胜址、动物、植物、矿物	衣食住、生意、信仰、例行活动等风俗和习惯,以及衣服、用具、民居、其他物件
价值标准	历史、艺术价值高的	历史、艺术价值高的	历史、艺术、学术或欣赏价值高的	为了了解国民生活不可缺的
指定类型	国宝、宝物	重要无形文化财	史迹、名胜、天然纪念物	重要民俗资料(现称"重要民俗文化财")
与1933年《保存令》中的指定类型比较	宝物	—	古迹、名胜、天然纪念物	—

---

① "议决"具有行政上强制性。这时期委员会作为"议决"机构,其权限较强,这在政治、社会不稳定的背景下,为了由中央来有效控制文化财的保护而规定的。

23

1962 年公布至今，随着文化财保护相关政策的变化及相关制度的修改，《文化财保护法》经过了十多次的大小修订。其中，对文化财保护产生较大影响的重要修订有 1970 年 8 月 10 日第五次修订、1982 年 12 月 31 日第七次全面修订、1999 年 1 月 29 日第十七次修订与 2010 年 2 月 4 日《文化财保护法》分法。

（五）20 世纪 70 年代《文化财保护法》的修订

1970 年第五次修订对韩国文化财保护产生了重大影响。此次修改中，"文化财委员会"的议事行为从"议决"调整为"审议"①。20 世纪 60 年代后半叶韩国开始进入了经济高速发展时期，在城市化开发与文化财保护之间的矛盾面前，文化财委员会多次采取了反对开发而进行保护的措施。而文化财委员会改为"审议"机构则意味着，解放和战争等社会不稳定时期建立的以保护为主的文化财政策，转向以经济开发为主。

另外，随着对地方文化财保护的逐步认识，这次修订增加了"地方文化财"的指定和保护相关条款，为具有区域性价值的文化财保护提供了法律依据。这反映了保护体系由中央集中管理向地方分配管理的转变。

20 世纪 70 年代，韩国中央政府全面开展国土开发事业，此过程中发现了很多埋藏遗址和遗物。据 1981 年统计，20 世纪 60 年代的 10 年间开发中发现的埋藏文化财归属国库及补偿相关案件，共有 430 件，而 70 年代则共有 2153 件[2]96。1973 年 2 月 5 日第六次《文化财保护法》修订就反映了当时这种情况，并规定：对建设中所发现的埋藏文化财可以进行考古发掘，其所需经费由建设施行业者承担。但是由于出现了很多隐藏工程中发现文化财的现象，其实效性还是很有局限。

另外，20 世纪 60 年代建筑文化财修缮时，针对一些重要的建筑修缮工程，文化财委员会派遣监督人员前往修缮现场，负责对修缮建筑的历史和样式原形研究、现状变更的控制及修缮记录等重要任务。这种模式的形成来源于日帝强占期的监督官制，解放后 1961 年江陵临瀛馆和江陵文庙修缮时遇到的失控工程现场的经验[24]。但是，在 20 世纪 60 年代后半叶建筑修缮的高峰时期，由于韩国各地同时开展了很多建筑修缮工程，能派送的监督人员数有限，因此文教部于 1970 年 12

---

① "审议"只有咨询意义，没有强制性。

月 31 日制定了《指定文化财修理技术者、技能者及修理业者 ① 的登录规定》，来管理激增的文化财修缮从事者的基本资格，以保持修缮水平。根据该规定，技术者须通过一定程序后方可正式登录。

（六）20 世纪 80 年代《文化财保护法》的修订

国土开发与文化财保护的矛盾越来越多，建筑文化财与埋藏文化财保护所面临的诸多问题亟待解决。借 1981 年标榜文化国家的第五共和国政府（1981～1988 年）出台之机，1982 年《文化财保护法》进行了较为全面的修订，完善了文化财指定用语与体系，并修改不合理的条款，提高了可操作性。对文化财指定用语，修改之前分为"指定文化财"、"地方文化财"和"指定文化财以外文化财"，通过修订改为"国家指定文化财"、"市道指定文化财"和"文化财资料"，明确了其等级关系与含义，并改善了管理体系（图 2.1）。

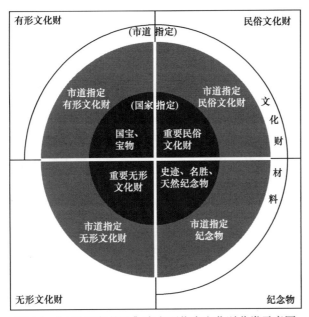

图 2.1 《文化财保护法》中主要指定文化财分类示意图

（来源：自绘）

---

① 文化财修理技术者负责文化财修缮中的技术相关业务，并指导监督文化财修理技能者，文化财修理技能者是指具有现场实务技能的人员。

另外，为了保护在城市化过程中成片被拆毁的传统村落以及因尚未指定而处在制度保护范围之外的民居、寺院、乡校、书院、亭子等文化财，1984 年 12 月 31 日制定了《传统建造物保护法》[①]。1982 年的《文化财保护法》修订与相关法律的修改或制定，反映了《文化财保护法》制定实施二十年的反思，对以开发为主的文化政策进行了一定的调整。

（七）20 世纪 90 年代以后《文化财保护法》的修订

　　20 世纪 90 年代，国际保护理论的发展推动了韩国对文化财保护理论的反思，带来了制度上的完善。1999 年 1 月 29 日的《文化财保护法》修订，补充了文化财的法律定义，明确了文化财保护基本原则，第二条补充了文化财的定义："在本法中'文化财'是指人为或自然形成的、具有历史、艺术、学术或景观价值的国家、民族或世界的遗产"，新设了"第二条之二"："文化财的保护、管理与利用，以维持原状为基本原则"。"维持原状"或"保存原状"，20 世纪 60 年代就已经被普遍认为是韩国文化财保护的基本原则，而在法律层次上却没有明示规定，通过 1999 年的修订才成为法定原则。这引发了对保护原则的进一步的研究和解释，并于 2009 年 9 月 3 日制定了《关于历史建筑物与遗址的修理、复原及管理的一般原则》。这也表明，韩国文化财保护体系从以修缮和管理经验为基础逐步转向为以保护理论为基础。

　　关于建设中所发现埋藏文化财的发掘，到 1995 年通过《文化财保护法施行令》的修改，规定了其发掘经费在政府预算范围之内由国家或地方自治政府承担。另外，1999 年《文化财保护法》修订规定，在文化财边界之外五百米范围内要进行建设工程时，提前编制建设活动对文化财保护会产生的"影响评价"。还有通过《文化财保护法施行令》的修改，规定了对三万平方米以上规模的建设工程，提前应该进行文化财"地表调查"。后来 2001 年《文化财保护法》修订时，新设对近代文化遗产的"登录文化财"制度，并建立对文化财修缮施工结果进行评价的制度而完善了修缮质量管理体系。总之，20 世纪末在韩国文化财相关行政受到了更多的重视，对文化财保护的理论研究及制度完善，均有了进一步的发展。

　　《文化财保护法》1962 年制定以来，历经 34 次大小修订，其过程

[①]　该法在 1999 年 1 月 21 日废止。

中行政环境发生了很大的变化，立法体系复杂化，文化财保护对象多样化，管理体系多边化。因此，为了提高文化财保护法的可操作性和针对性，经过 21 世纪初的草案编制和几次修改，2010 年 2 月 5 日对《文化财保护法》进行了全面的修订和分法。将《文化财保护法》以文化财的指定与管理为主要内容重新调整，其中与埋藏文化财、文化财修理相关的内容划出，重新制定《关于埋藏文化财保护及调查的法律》和《关于文化财修理等的法律》。

《关于文化财修理等的法律》是针对指定文化财的测绘、修理、监理以及文化财修理业的登录与技术管理的法律，详细规定了文化财修理技术者的资格管理、修理报告书的编制、修理中咨询事项等。该法与《文化财保护法》同样是在韩国法律体系内最高等级的专项法律，充分反映了文化财修理的重要性和专业性。经过近几年的实施，目前准备部分修订，补充文化财修理业者的工作评估及其公示制度等，以此提高文化财修理质量。

二、保 护 机 构

（一）行政机构

1. 大韩帝国时期——寺祠局

1894 年"甲午改革"以后，韩国的中央行政机构分为宫内省与议政府，分管皇室事务与国政事务，开始具备了近代行政体系。议政府与建筑相关的主要部门有：工务衙门属下的"建筑局"，主管公署建筑的营缮业务；学务衙门属下的"成均馆及乡校书院"，主管圣贤的庙堂与经籍的管理；内务衙门属下的"寺祠局"，主管寺院、祠堂等[25]。另外，设置"殿阁司"，负责宫殿等建筑的日常管理。其中，"建筑局"和"殿阁司"管理的公署和宫殿建筑，当时尚未认定为具有纪念价值或历史价值而需要保护的历史建筑。"成均馆及乡校书院"管理的圣贤祠堂和经籍，虽然当时已形成作为"古迹"的保护认知，但其教育上的使用功能仍然更重要。因此，从文化财管理的角度看，这一时期最有关联的部门可以说是"寺祠局"。在朝鲜时代没有设专管寺庙和祠堂

---

① "寺祠局掌国内岳渎寺刹神祠参议一员卫生局长兼之主事二员……成均馆及庠校书院事务局掌保守先圣先贤祠庙及经籍等事务参议一员主事二员。"

的政府部门，而在"甲午改革"后新设"寺祠局"，反映了当时社会对寺院和祠堂作为公共财的价值认识逐渐开始。1895年"乙未改革"时，寺院和祠堂的管理事务由内部属下的"大臣官房"负责，1905年"乙巳条约"①后改到内部地方局属下的"府郡课"，后来再调整归于"社寺课"。在"乙巳条约"后一段时间，府郡课或社寺课的课长仍为韩国人，但是1910年签订"韩日并合条约"韩国沦为殖民地之后，社寺课事务基本由日本人控制。

"寺祠局"是近代韩国为了专门管理寺院和祠堂而设立的最早机构，负责对寺院和祠堂所有财产和遗物进行现状调查。虽然这些调查没有延续到修缮等实际保护行为，但给日帝强占期朝鲜总督府的相关部门提供了基础资料（表2.4）。

表2.4 甲午改革后中央官制中建筑相关部门与所管建筑类型表（来源：自绘）

	1894年	1895年	1896年	1902年	1905年	1906年	1907年	1908年	所管建筑类型
宫内省	殿阁司	济用院/营善司	主殿司，营缮司		营缮司		制度局		宫殿建筑
	宗伯府							掌礼院/殿亨课	坛庙，陵墓
				警卫院/管理署					城堡
议政府	内务衙门/寺社局	内部/大臣官房			内部/地方局/府郡课			内部/地方局/社寺课	寺院，祠堂，神社
	学务衙门/成均馆及乡校书院事务局							学部/学务局	教育建筑
	工务衙门/建筑局	内部/土木局			内部/地方局/土木课	度支部/建筑所			衙署，其他建筑

① 乙巳条约，是在1905年日本帝国与大韩帝国签订的不平等条约，内容包括剥夺韩国的外交权，设置统监府控制韩国。

2. 日帝强占期——朝鲜总督府学务局和李王职

1910 年 8 月 22 日签订"韩日并合条约"，日本为了实现对朝鲜半岛的殖民统治，设置了驻韩的日本行政机构——朝鲜总督府，并于同年 9 月 30 日公布了《朝鲜总督府及所属官署官制》。据该官制朝鲜总督府由一个总督官方和五个部组成，五部有：总务部、内务部、度支部、农工商部和司法部，缩小了大韩帝国的中央行政全力，并新设总务部和司法部。其中，与建设及修缮相关的部门，是总务部所属的会计局和内务部所属的地方课和学务课。日帝强占期间，朝鲜总督府官制经过了多次调整，其中对建筑修缮及文化财调查保护相关部门产生较大影响的，是 1915 年、1921 年和 1932 年的调整。

从文化财保护工作的角度，在整个日帝强占期的官制调整中，1921 年的官制调整具有重要意义。首先，在"学务局"下新设了"古迹调查课"，专管古迹、古社寺、名胜及天然纪念物等的调查和保护业务及博物馆相关业务。自 1916 年开始到 1921 年结束的第一次"古迹调查五年计划"，得到了十分丰富的考古发掘成果。尤其是，1921 年对庆州金冠冢的发掘中发现了新罗时代金冠，引起了社会的关注，直接影响到了"考古调查课"的建立[5] 90。其次，将由内务部负责的寺院管理相关业务，转移到"学务局"内新设的"宗教课"。因此，"学务局"业务范围从原有的成均馆和乡校管理，扩大到寺院和神社等宗教建筑的管理以及古迹调查和保护，成为文化财的调查和保护相关专门机构。但是，"古迹调查课"只延续了 3 年，到 1924 年被废止，古迹调查和保存相关业务由"学务局宗教课"和"朝鲜总督府博物馆"分别管理，直到 1932 年的官制调整。

1932 年的官制调整，将博物馆、儒学和乡校、宗教、寺院管理相关业务，及宝物、古迹、名胜、天然纪念物的调查、保护和修缮监督相关业务，均放在"学务局社会课"。这是一次充分反映文化财保护管理专业性的调整，明确了"学务局"作为文化财保护机构的性质，同时为 1933 年《朝鲜宝物古迹名胜天然纪念物保存令》的公布和"朝鲜总督府宝物古迹名胜天然纪念物保存会"制度的建立做好了准备。从此，朝鲜总督府文化财相关行政从以调查为主转向以指定保护为主，带来了 20 世纪 30 年代中叶古建筑修缮的一个小高潮。但是，在 1936 年日本侵华的前一年，朝鲜总督府为了准备战时体系，基本没有安排古建筑修缮相关预算，直到 1938 年才有小幅度恢复（表 2.5）。

表 2.5 日帝强占期朝鲜总督府内建筑相关部门及其业务变化表

（来源：根据参考文献［4］100-109，重新梳理）

时间	相关部门		业务中与文化财保护相关内容	备注
1910. 10.1	总务部 会计局	营缮课	营缮相关事务	修缮立项和设计；修缮的监督
	内部部 地方局	地方课	宗教及亨祀相关事务	寺院的管理；古迹调查事业
	内部部 学务局	学务课	学校、幼儿园、图书馆及其他学制相关事务	乡校的管理
1915. 5.1	总督官方 总务局	总务课	博物馆相关事务	古迹调查事业
	总督官方 土木局	营缮课	营缮相关；地方营缮工事的监督相关；官有财产的整备相关事务	修缮的监督
	内务部	第一课	地方费相关；神社和寺院相关；宗教和亨祀相关事务	寺院、神社的管理
	内务部 学务局	学务课	学校、幼儿园、图书馆相关；经学院相关事务	成均馆、乡校的管理
1921. 10.21	官方 土木部	建筑课	营缮相关；地方营缮工事的监督相关	修缮的监督
	学务局	学务课	学校、幼儿园、图书馆相关；经学院相关事务	成均馆、乡校的管理
		宗教课	神社及寺院相关；宗教和亨祀相关事务	寺院、神社的管理
		古迹调查课	古迹、古社寺、名胜及天然纪念物等的调查及保存相关；博物馆相关事务	古迹调查及保护
1932. 2.13	学务局	社会课	图书馆及博物馆相关；经学院及明伦学院相关；乡校财产管理相关；宗教及亨祀相关；寺院相关；宝物古迹名胜天然纪念物的调查和保护相关	成均馆、乡校的管理；寺院的管理；古迹调查及保护；修缮工程和其监督

　　总体来说，大韩帝国时期"寺祠局"是专门管理寺院和祠堂所有财产和遗物的最早机构，在日帝强占期延续为"地方课"或"内务部第一课"等。而"学务局"在日帝强占期原是专管乡校相关事务的，后来随着古迹调查的全面开展，鉴于古迹调查所具有的学术性质，"学务局"的业务逐渐扩大，到1921年接管了寺院的管理及古迹调查业务，成为文化财调查和保护的专门机构（图2.2）。

修缮	修缮	修缮	修缮
寺院，古迹调查	寺院	寺院	寺院
乡校	乡校	乡校	乡校
	古迹调查	古迹调查	古迹调查
1910年	1915年	1921年	1932年

图2.2　朝鲜总督府"学务局"业务范围的变化

（来源：自绘）

另外，大韩帝国时期管理皇室事务的机构——宫内省，1910年调整为日本宫内省所属的"李王职"，分管宫殿、坛庙及陵墓。这些建筑虽然实际上由朝鲜总督府任意改造使用，表面上却并不属于朝鲜总督府"学务局"的管理范围之内，在整个日帝强占期因没有得到指定保护而遭到了破坏。

3. 解放后——文化财管理局、文化财厅

1945年在韩国成立的"美军政厅"，在当年10月5日解散朝鲜总督府中枢院，接管了6个官方、6个内局和2个外局。1946年3月将"学务局"改为"文教部"，在"文教部"下设"教化局文化设施课"负责文化财相关业务[①][26]，1947年6月，"教化局"改为"文化局"。后来，按照1948年7月17日《政府组织法》（法律第1号），"文教部"所属机构改为1室5局22课。其中，"文化局教导课"负责"青少年指导；古迹、名胜、天然纪念物、国宝；成均馆、乡校、书院；宗教、儒道、各种宗教、儒林团体；殿陵、寺院；博物馆、图书馆；动物园、植物园；其他育英团体的管理及教化相关事项"，8月15日大韩民国政府成立后作为文化财相关机构。后来1955年2月17日"文教部职制改编"（大统领令第1000号）时，"文化局教导课"调整为"文化局文化保存课"，逐渐具备了文化财管理专门行政机构的面貌。

另外，1945年"美军政厅"将在日帝强占期管理大韩帝国皇室财产的"李王职"改为"旧王宫事务厅"[②]，开始管理过去大韩帝国皇室所有的宫殿建筑、陵墓、坛庙等庞大财产。按照1950年制定的《旧王宫财产处分法》（法律第119号），将皇室所有财产均归为国有，这意味

---

① 美军厅法令第64号《朝鲜政府各部署的名称》。

② 美军厅法令第26号。

着国家开始管理皇室财产，其管理机构"旧王宫事务厅"的性质则为国家行政机构之一，而不是皇室相关的独立机构。随着 1954 年《旧王宫财产处分法》改为《旧皇室财产法》，1955 年 6 月 8 日"旧王宫事务厅"改为"旧皇室财产事务总局"，在事务总局之下设置了总务课、经理课、营缮课、昌庆院、德寿宫美术馆、景福宫事务所和宗庙事务所及几处山林保护所。其中，营缮课负责"各宫、殿、阁、庙、坛、陵、苑、墓和其他建筑的建设、修缮和管理相关事项"。

"旧皇室财产事务总局"在总局长之下，由书记官、主事、山林主事、技师等 117 人构成。这与 1955 年"文教部"所属全部人员 84 人相比，规模更大，远超过"文教部"下设的"文化保存课"。从财政方面看，据《旧皇室财产法》，除了"要永久保存的"财产外，可以出售或出租其他财产，保障了坚实的财政基础。因此，"旧皇室财产事务总局"是 20 世纪中期韩国文化财保护的实际上的行政中心，其丰富的财产成为在 20 世纪 60 年代开展的木结构建筑修缮等韩国文化财保护行政所需财政的来源。

文化财保护和管理行政分别由两个机构"文教部文化保存课"和"旧皇室财产事务总局"负责，这是日帝强占期文化财行政制度的延续。由于同样的文化财却分别由两个机构来管理，管理目的和措施均不同，难于期待文化财相关行政的一贯性和效率性。这一两分化的文化财行政，在 1962 年制定《文化财保护法》、对文化财行政进行综合调整之际，得到了改善。

1961 年 10 月 2 日，"文教部文化保存课"和"旧皇室财产事务总局"被合并，作为文教部的外局①，新设了"文化财管理局"。据《文化财管理局职制》，"文化财管理局"专管与文化财相关事务，由"三课五所"组成：书务课、文化财课、管理课；昌庆宫管理所、昌德宫管理所、德寿宫管理所、景福宫管理所、宗庙管理所。这与 1961 年"旧皇室财产事务总局"的组织构成——"四课五所"②基本相同，可知，"文化财管理局"是以"旧皇室财产事务总局"为基础、扩大管理对象并进行局部调整而成立。

---

① 外局，是在韩国行政组织内一种机构，所属于"部"。但与在"部"之下的"内局"不同，在机构规模和业务内容上具有特殊性的中央行政机构。

② 具体有：总务课、文化课、管理课、营缮课、昌庆院、德寿宫美术馆、昌德宫事务所、景福宫事务所、宗庙事务所。

1969 年 11 月 5 日在"文化财管理局"下设"文化财研究室"①,加强了文化财的调查研究和保存技术开发力量。1977 年 1 月 19 日,文化财管理局下新设"文化财补修课",开始分管"指定文化财的修缮、复原相关工作,地方文化财的修缮设计方针相关工作,宫、陵、苑内设施设计相关工作,以及修缮报告书的编制相关工作"。1978 年 3 月 7日,文化财管理局内"文化财管理官"的工作内容调整为"与文化财保存管理运营计划相关工作、修缮和复原工程的综合计划和调整相关工作、修缮技术开发相关工作"。这一时期的调整,是以在 20 世纪 60年代和 70 年代全国开展的建筑文化财修缮和复原的经验为基础,为了规范化修缮工程、完善修缮体系、建立综合性保护计划而进行的(表 2.6)。

表 2.6　解放后文化财管理相关行政机构的演变(来源:自绘)

年份	中央行政机构	皇室财产相关机构
1945	10 月,美军政厅接管朝鲜总督府"学务局"	11 月 8 日,"李王职"改为"旧王宫事务厅"
1946	3 月 29 日,"学务局"改为"文教部",在"文教部"下设"教化局 文化设施课"负责了文化财相关业务	—
1947	6 月,韩国过渡政府成立,将"教化局"改为"文化局"	—
1948	7 月 17 日,"文教部 文化局 教导课"负责:青少年指导;古迹、名胜、天然纪念物、国宝;成均馆、乡校、书院;宗教、儒道、各种宗教、儒林团体;殿陵、寺院;博物馆、图书馆;动物园、植物园;其他育英团体的管理及教化相关事项。 8 月 15 日,成立大韩民国政府	—
1955	2 月 17 日,"文教部 文化局"下新设"文化保存课"负责文化财相关业务	6 月 8 日,"旧王宫事务厅"改为"旧皇室财产事务总局"
1961	10 月 2 日,"文教部 文化局 文化保存课"与"旧皇室财产事务总局"合并,新设"文化财管理局",为"文教部"的外局	
1969	11 月 5 日,"文化财管理局"内新设"文化财研究室(现"国立文化财研究所")"	
1999	5 月 24 日,"文化财管理局"升格为"文化财厅"	
2004	3 月,文化财厅上调为"次官级"厅	

---

①　1974 年改为"文化财研究所",现"国立文化财研究所"。

文化财管理局自 1961 年成立，历经多次组织调整，至 1994 年形成了机构历史上员工最多、最为细分的庞大组织体系，具体包括：文化财计划官 1 人；总务课、有形文化财课、无形文化财课、纪念物课、财产管理课、宫苑管理课、文化财补修课，共 7 课；国立文化财研究所和 5 处地方研究所，共 6 所；展览馆 2 处；其他多处管理所。后来随着地方自治制度的扩大，1995 年开始其规模逐渐缩小，工作内容偏重于综合性管理（图 2.3）。

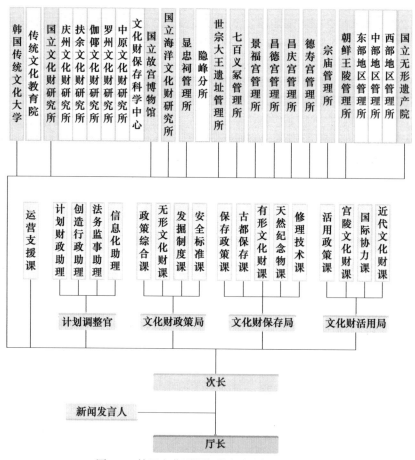

图 2.3　韩国文化财厅机构组织图（2014 年）

（来源：文化财厅网）

韩国将 1997 年定为"文化遗产年"，公布《文化遗产宪章》，倡导社会对文化遗产保护、管理和利用的关注，加强文化遗产保护工作。在这样的背景下，1999 年 5 月 24 日，在改编《政府组织法》时，"文化财管理局"升格为"文化财厅",又在 2004 年 3 月文化财厅上调为"次官级"厅[①]。其机构体系经过几次改编,目前[②]设有:4 处下部组织——运营支援课、文化财政策局、文化财保存局、文化财活用局;9 处所属机关——韩国传统文化大学校、国立故宫博物馆、国立海洋文化财研究所、国立无形遗产院,及其他 5 处管理所;1 处所属责任运营机关——国立文化财研究所(表 2.7)。

表 2.7　韩国文化财管理相关行主要行政机构演变表(来源:自绘)

时间	中央文化财行政机构	皇室文化财相关行政机构
1984~1910 年	议政府 / 寺祠局 议政府 / 成均馆及乡校书院事务局 议政府 / 建筑局	宫内省 / 殿阁司 宫内省 / 宗伯所
1910~1945 年	朝鲜总督府 / 学务局 朝鲜总督府 / 土木局	日本宫内省 / 李王职
1945~1961 年	文教部 / 文化局 / 教导课 (1955 年改为文教部 / 文化局 / 文化保存课)	旧王宫事务厅 (1955 年改为旧皇室财产事务总局)
1961~1999 年	文教部 / 文化财管理局	
1999 年至今	文教部 / 文化财厅	

(二)咨询机构

1.《古迹及遗物保存规则》时期——古迹调查委员会

1916 年公布《古迹及遗物保存规则》的同一天,朝鲜总督府制定了《古迹调查委员会规定》。据《古迹调查委员会规定》而成立的"古迹调查委员会"是日帝强占期间首次成立的文化财相关咨询机构。据该规定第五条,古迹调查委员会审议:"古迹与遗物的调查相关事项;

---

① 文化财厅的"厅长"的职级从"一级公务员"提升为"次官"。次官是韩国中央行政机关中的各院、部、处长官的副职。1999 年的政府组织改编,将原为"文化观光部"之外局的"文化财管理局"升级为"文化财厅",不过由于厅长的职级是"一级特别定职公务员",其权限仍有局限。到了 2004 年,厅长的职级改为"次官"。

② 2015 年 1 月 6 日至现在。

古迹保存和遗物搜集相关事项；可能对古迹、遗物、名胜地产生影响的设施相关事项；古籍调查与搜集相关事项"。1916年至1932年，古迹调查委员会共召开36次会议，评审86项案件[27]。其中，古迹与遗物的调查和登记相关的议案，包括每年的古迹调查计划、调查报告、对个案的登记和取消等有46项，占半数以上，这与前述《古迹及遗物保存规则》的实际目的在于保障古迹遗物调查并合法收集出土文化财有关。另外，关于古迹保存的议案，包括古迹保存工程施行标准的制定、对个案的修缮、迁移、卖出等的决定等，共有31项（表2.8、图2.4）。

表2.8　自1916年至1932年"古迹调查委员会"议案的分类统计（来源：自绘）

议案内容	议案数（项）
古迹与遗物的调查相关事项（包括登记）	46
古迹保存相关事项	31
遗物搜集相关事项	8
对古迹、遗物、名胜地可能产生影响的设施相关事项	1
古籍调查与搜集相关事项	0
合计	86

图2.4　"第一回古迹调查委员会"记录（1916年）

（来源：参考文献［28］）

1916年"古迹调查委员"由学者、公务员等组成，重要人员有：关野贞（东京帝国大学教授）、今西陇（京城帝国大学教授）、鸟居龙藏（博物馆协议员）、黑板胜美（博物馆协议员）、小田省吾（学务局事务官）、谷井济一（土木局嘱托）等。当时刘正秀（中枢院参议）、刘猛（中枢院参议）等少数韩国人也有参加，但是他们只是作为官员参加，实际上对古迹调查和其价值判断及登记由日本学者主导决定。

经过 1922 年和 1923 年的改编，古迹调查委员人数逐渐增加，日本建筑历史领域的学者参与进去，古迹调查委员给他们提供了研究韩国建筑历史的机会，同时通过他们的介入将当时日本学界的学术成果介绍到韩国（图 2.5）。

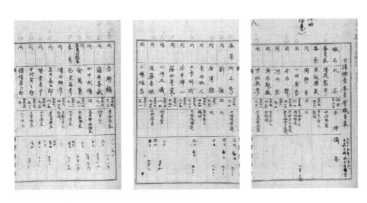

图 2.5 "古迹调查委员会职员表"记录（1926 年）

（来源：参考文献［29］）

2.《朝鲜宝物古迹名胜天然纪念物保存令》时期——朝鲜总督府宝物古迹名胜天然纪念物保存会

朝鲜总督府 1933 年 8 月 9 日公布《朝鲜宝物古迹名胜天然纪念物保存令》后，8 月 12 日公布了《朝鲜总督府宝物古迹名胜天然纪念物保存会官制》（以下简称为《保存会官制》），12 月 5 日制定了《朝鲜总督府宝物古迹名胜天然纪念物保存会议事规则》（以下简称为《保存会议事规则》）。

据《保存会官制》第一条，"朝鲜总督府宝物古迹名胜天然纪念物保存会"（以下简称为"保存会"）对宝物、古迹、名胜和天然纪念物的保存相关重要事项进行调查和审议。第二条和第三条规定：保存会由 1 名议长和 40 名以下的委员组成，出于调查和审议特别案件的需要，可以设临时委员。议长由朝鲜总督府政务总监来任命，委员和临时委员则根据朝鲜总督的推荐由内阁来任命。据《保存会议事规则》第一条：保存会分为第一部和第二部。第一部掌管宝物和古迹相关事项，第二部掌管名胜和天然纪念物相关事项。关于议事决定，《保存会议事规则》规定了较为具体的过程，第六条规定：议事决定应由出席委员和临时委员的过半数通过，当赞成票和反对票相等时，由议长来决定。第四条规定：总会和部会由会长召集会议，但部会案件中简单得可以不召开会议而向部委员或部临时委员提交书面说明，得三分之二以上委员的同意即可以通过。[30]

保存会最重要的成果应该是指定保护对象的公布。在1934年至1943年保存会召开了7次总会[31]。1934年5月1日总会选定保护对象，并于1934年8月27日首次公布了宝物、古迹、名胜和天然纪念物的名录，共169件，到1943年12月30日的最后公布，共有716件被指定（图2.6）。

另外，保存会对重要修缮工程中的现状变更进行了审议。例如，1936年修缮清平寺极乐殿和回转门时，在屋顶内部积心材①中发现了早期椽木，其长度比当时椽木长约9寸。因此，其工事监督人杉山信三将其书面报给黑板胜美等保存会委员，得到同意之后进行了现状变更。[32]

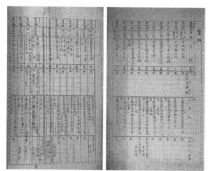

(a)1934年"宝物古迹名胜　　　　　(b)"昭和九年五月一日第一回
天然纪念物指定目录"初稿　　　　　保存会总会咨问物件"记录

图2.6　"宝物古迹名胜天然纪念物指定目录"初稿和"昭和九年五月一日第一回
保存会总会咨问物件"记录

（来源：参考文献［33］）

关于保存会的人员构成，除了自1916年起参加古迹调查委员会的委员关野贞、黑板胜美、小田省吾以及后来加入古迹调查委员会的滨田耕作（博物馆协议员）、原田淑人（东京帝国大学教授）、池内宏（东京帝国大学教授）、藤田亮策（京城帝国大学教授）等人以外，天沼俊一（京都帝国大学教授）、藤岛亥治郎（朝鲜总督府内务局建筑课

---

① 积心材，又称积心木，是指在韩国建筑的屋顶内部檐椽和脑椽交接之处，为了压住椽头，同时为了得到屋面的曲线，铺抹灰背之前在望板上堆积的木材。在很多情况下，将在修缮过程中不再用的旧木材使用为积心材。

技师）、梅原末治（朝鲜总督府）等人新加入为保存会委员。保存会委员有了韩国学者和艺术家的参与，如李能和（历史学者、朝鲜史编修会委员）、金蓉镇（书画家）、崔南善（历史学者、朝鲜史编修会委员）等。但是，由于他们仍只占少数且实地调查有限，他们意见的反映存在一定的局限。

3. 解放后诸法令存续时期——国宝古迹名胜天然纪念物保存会

如前所述，解放后根据"军政法令第 21 号"的公布，《保存令》继续有效。因此，据该《保存令》而成立的"朝鲜总督府宝物古迹名胜天然纪念物保存会"也延续了其大致体系，仅重新委任了委员，并改称为"宝物古迹名胜天然纪念物保存会"。宝物古迹名胜天然纪念物保存会在 1946 年 4 月 12 日召开了第三届全体会议，决定了古迹爱好运动的开展、对被毁的古迹进行修缮和整治保护等内容[34]。但是由于解放不久社会仍不稳定，这些决案的实施面临很多局限。例如，宝物古迹名胜天然纪念物保存会要求在 1947 年政府预算中列入古迹修缮费，而美军厅政以财政不足为由拒绝[35]。不难推测，出于政治、经济等原因，当时宝物古迹名胜天然纪念物保存会的文化财保护工作很难得到落实。

1948 年大韩民国政府成立后，1952 年 12 月 19 日在战争的混乱中成立了"国宝古迹名胜天然纪念物临时保存会"，对战中文化财保护做了最起码的行政咨询工作。国宝古迹名胜天然纪念物临时保存会分为两部，当时文教部的次长徐增秀为议长，第一部 20 人，第二部 13 人[31]。委员的主要学术领域有考古学、国画、史学、社会学、建筑学等。其中作为建筑专家被委任的是现代建筑师，没有建筑史学专家的参与。临时保存会主要工作是战中文化财保护的咨询。

战后 1955 年 6 月 28 日，"国宝古迹名胜天然纪念物保存会"正式成立，隶属于文教部，近代著名画家高羲东（1886～1965）为议长，第一部 12 人，第二部 8 人。国宝古迹名胜天然纪念物保存会开始了对指定文化财的战后破坏调查和恢复工作以及文化财指定工作。第一，关于文化财的指定和调查，将日帝强占期的指定名称"宝物"改为"国宝"，并对已有指定文化财进行了局部调整。例如在 1955 年 11 月 4 日第二届总会中，将日帝强占期被指定的"三田渡碑"撤销。在 1956 年 6 月 4 日第六届部会时，为了解申报指定的 51 处文化财的现状并进行价值判断，组织 15 个专家的 5 个调查队，进行实地考察[36]。第二，对战后文化财破损情况进行了调查。据 1955 年的不完全统计，解放后指定文化财位于韩国的（不包括朝鲜），共 592 件：其中，战后全部破损的 19 件，严重破损的 33 件，局部破损的 36 件，共 88 件受到不同程度的破坏。对尚未指定的文化财，则调查到：全部破损的 57 件，严重破损的 48 件，局部破损的 22 件，共 127 件受到不同程度的破损[31]。第三，对关于重要文化财建筑的修缮进行了评审。例如，1956年 2 月 14 日第三届部会决定了对无为寺极乐殿进行修缮，并对成均馆文庙和陶山书院等的修缮进行了评审。在 1958 年 7 月 8 日第十八届总会，首次选定了"文化财补修业资格者"6 人，包括大韩帝国时期的最后宫殿工匠赵元载等，以实现修缮技术的规范化[37]。国宝古迹名胜天然纪念物保存会作为文化财保护管理相关最高专家机构，自 1955 年成立至 1959 年，共召开 29 次保存会议，对文化财保护面临的许多现实问题作出重要决定。

1960 年 11 月 10 日，制定《文化财保存委员会规定》，1961 年 1月 26 日正式成立"文化财保存委员会"[38]，代替了国宝古迹名胜天然纪念物保存会。据《文化财保存委员会规定》第一条规定，委员会职权是：回应文教部长官的咨询，对文化财进行调查、研究和审议。审议内容有：文化财保存相关政策、文化财保存预算的编制和执行相关方针、文化财指定和撤销及现状变更相关事项。委员会以高羲东为议长，国立中央博物馆馆长金载元为副议长，由 40 人组成，分为 3 个分课：第一分课分管国宝和古迹，第二分课分管名胜和天然纪念物，第三分课分管无形文化财。第一分课有考古、美术等专家，作为建筑专家的委员是当时韩国著名的现代建筑师金重业，但是由于当时在韩国建筑领域没有权威的建筑史学专家，因此委员会仍然没有建筑史学专家的参与。

文化财保存委员会在 1961 年召开了 12 次会议，对此前因经济、程序原因没有得到评审的许多重要建筑的修缮进行了评审。1961 年 7月 29 日、9 月 4 日、12 月 1 日的三次会议上，涉及的主要修缮有：浮石寺无量寿殿和其他四座建筑的屋顶修缮，社稷坛正门的迁移，东庙外门和内门的修缮，华严寺觉皇殿屋顶修缮，海印寺藏经板殿的消防设施工程，以及观德亭、陶山书院、通度寺大雄殿、观龙寺大雄殿、禅云寺大雄殿、济州广寒楼、来苏寺大雄殿、金山寺弥勒殿、双峰寺大雄殿、丽水镇南馆等修缮[39]，从此开始了解放后第一个建筑文化财修缮的高峰期。随着 1961 年 10 月新设文化财管理局等政府机构的重大调整和 1962 年 1 月《文化财保护法》的公布，1962 年 3 月文化财保存委员会改为"文化财委员会"再次重新出发。文化财保存委员会在之前委员会的基础上，完善了委员制度和议事程序（表 2.9）。

表 2.9　解放后文化财保护相关委员会的机构变化表（来源：自绘）

年份	内容
1945	10 月，重新成立"宝物古迹名胜天然纪念物保存会"
1952	12 月，战时成立"国宝古迹名胜天然纪念物临时保存委员会"
1955	6 月 28 日，成立"国宝古迹名胜天然纪念物保存会"
1960	11 月 10 日，制定《文化财保存委员会规定》，成立"文化财保存委员会"
1962	1 月 10 日，公布《文化财保护法》 3 月 27 日，制定《文化财委员会规定》 4 月 15 日，成立"文化财委员会"
1970	"文化财委员会"的议事行为，从"议决"调整为"审议"

4.《文化财保护法》制定以后——文化财委员会

"文化财委员会"是根据 1962 年 3 月 27 日《文化财委员会规定》而成立的。由于之前委员会只是咨询机构而没有行政决定权，因此会议决定的事项不一定被行政机构所采取。然而，《文化财保护法》将新成立的文化财委员会所做的议事行为规定为"议决"不是"审议"，赋予了"文化财委员会"更大权限。在 1970 年议事行为改回为"审议"之前，这是自日帝强占期的相关委员会成立至今，委员会权限最强的一段时期，反映了解放和战争对文化财造成的严重破坏以及政府保护文化财的迫切需求。

"文化财委员会"以历史学者金庠基（1901～1977）为委员长，由 3 个分课、17 个委员组成。其中有形文化财分课的委员有 8 人，具体有：金庠基（历史学者、首尔文理大学教授）、李弘植（1909～1970，历史学者、高丽大学教授）、金斗锺（1896～1988，医学史家、书志学者、淑明女子大学校长）、金重业（1922～1988，建筑师）、黄寿永（1918～2011，美术史学者、考古学者、东国大学教授）、金载元（1909～1990，考古学者、国立中央博物馆馆长）、金元龙（1922～1993，考古学者、国立中央博物馆学艺官）、李相伯（1904～1966，历史学者）[31]。可见，委员由受到儒学教育的元老级专家替换为受到近代教育的一代专家。但是，仍然没有建筑史学专家的参与，唯一的建筑专家金重业也在 1965 年离开委员会。当时通过实地调查和修缮，积累了一些古代建筑的知识者也只有金庠基、金载元、黄寿永等几个人，他们原来均为考古学者。韩国古代建筑专家直到 20 世纪 60 年代末经过实地考察和修缮等一定实践后才逐渐参与到委员会中，这是韩国解放后培养出来的第一批建筑历史专家，包括：郑寅国（1916～1975）、尹张燮（1925～）。尹武炳（1924～2010）、金正基（1930～2015）、朱南哲（1939～）。

文化财委员会成立后最重要的议案是按照新制定的《文化财保护法》重新建立文化财指定标准，并对已有指定文化财重新进行价值评估与指定。因此 20 世纪 60 年代初，文化财委员会对已有文化财的现状和价值开展了系统调查，到 1962 年 12 月 20 日公布了首批"国宝"名录，翌年公布了首批"宝物"和"史迹"等的名录。这些名录所列对象成为韩国文化财保护政策的主要对象，经过后来的陆续补充指定保持至今。

关于文化财建筑的修缮，文化财委员会对修缮工程中的修缮程度、施工方案、现状变更、复原形式等需要做重要判断的环节，通过开会决定后予以通知。例如，崇礼门修缮、石窟岩修缮的重要修缮现场，派遣监督官到现场常驻，每个重要环节由文化财委员会会议决定。尤其是，崇礼门修缮工程（1961.7～1963.5）中的文化财委员会议事决定过程、木结构建筑修缮方针决策、建筑修缮工程中人员组织和现场运行等方面，给刚成立的文化财委员会提供了宝贵的经验。另外，文化财委员会对没有获得认可而擅自进行的修缮行为，调查后予以法律制裁，如法住寺八相殿的修缮、社稷坛正门迁移中的现状改造等。另外，在文化财保护与城市化建设发生矛盾时，文化财委员会根据其"议决"权，主张文化财的保护，例如，反对宗庙内建立国立剧场、反对德寿宫正门大汉门的迁移等。

20 世纪 60 年代末，城市化开发和文化财保护之间的矛盾越来越突出。政府借《政府组织法》修改的契机，重新选任文化财委员会委员后，通过 1970 年 8 月 10 日《文化财保护法》第五次修订，将文化财委员会议事行为从"议决"改为"审议"。从此，文化财委员会的会议所决定内容失去了强制性，委员会的权威受到了较大影响。20世纪70年代韩国进入快速经济发展和城市化时期，但是由于没有从文化财保护的角度制约行政决定的机构，造成了土地开发中建筑文化财和埋藏文化财受到较大程度的破坏。

随着文化财类型的多样化和相关法律的修改等文化财保护行政环境的变化，文化财委员会的分课构成和审议内容有所改变。2015年设有9个分课：建筑文化财分课、动产文化财分课、史迹分课、无形文化财分课、天然纪念物分课、埋藏文化财分课、近代文化财分课、民俗文化财分课和世界遗产分课，由80人以下的委员和200人以下的专门委员组成，委员任期为两年，可以连任。解放后以宝物古迹名胜天然纪念物保存会为前身而成立的文化财委员会，自1970年起作为文化财行政相关的最高"审议"机构，其至今40多年担任了重要角色。

关于文化财委员会议事行为的法定地位，由于文化财委员会作为一个提供专业知识的机构，其议事行为应该独立于行政活动及决策，而且由于委员会是一个追求公正性、公平性和合理性的民主机构，其应该具备中立性、协调性，因此目前普遍认为文化财委员会议事行为应该就是"审议"。据2003年对152名文化财委员会委员进行的问卷调查结果显示，大多数的现任委员认同该委员会作为咨询机构的法定地位。这可能与法律责任有关[40]，如果文化财委员会行为是"议决"，其执行结果的法律责任在于文化财委员会，如果行为是"审议"，其责任则在于最后决定的文化财厅长。这时候只有按照审议内容来决策，其造成的结果才可以追究文化财委员会的法律责任，而如果文化财厅没有按文化财委员会的审议内容来决策，则造成的结果不能追究文化财委员会的法律责任。据1997年至2002年文化财委员会相关统计，审议决定的事项基本都被文化财厅接受[40]171。可以说，实际上文化财委员会在履行"议决"功能时，仍然保持着文化财行政相关的最高专家机构的权威。另外，文化财委员会的议事决定方式是出席委员的过半数决定制，这实际上存在难于追问具体责任所在的缺点。因此，《文化财委员会规定》规定编制会议记录，不牵涉到隐私保护的会议记录基本公开，明确法律责任所在。

三、文化财调查

在本节，按照文化财调查的主体与调查目的和对象，将在日帝强占期的韩国文化财调查分为三个时期进行分析：第一期，1902年至1915年，关野贞的韩国古迹调查时期；第二期，1916年至1930年，朝鲜总督府的"古迹调查事业"时期；第三期，1931年至1945年，"朝鲜古迹研究会"时期。接着，将解放后文化财调查分为四个阶段进行了梳理：第一期，1952年至20世纪60年代前半期，对指定文化财的现状调查；第二期，20世纪60年代后半期，对非指定文化财的现状调查；第三期，20世纪70年代前半期，对不动产文化财地表调查；第四期，20世纪80年代以后，针对特定区域或特定主题的文化财调查。

（一）关野贞的韩国古迹调查（1902～1915年）

对韩国文化财进行的最早的近代学术调查，是日本官派学考古学者八木奘三郎在1900年进行的韩国实地考察。八木奘三郎回日本后在《史学界》发表了游记式的文章《韩国探险日记》[41]，但是，由于他的调查是从人类学的角度进行的，也没有留下学术报告，因此目前韩国和日本学界普遍将关野贞在1902年进行的韩国古建筑调查看作日本官派韩国古迹调查的开始[5] 20。

关野贞（1868～1935）1895年毕业于日本东京帝国大学工科大学造家学，毕业后曾经担任日本奈良县技师，对日本境内350多座神社和寺院建筑进行了调查[4]。通过这些调查，他对日本古代建筑及其实地考察方式十分熟悉。1902年关野贞接受日本明治政府的委托，开始对韩国古代建筑进行实地考察。从此开始一直到20世纪20年代，关野贞作为实地考察人员和古迹保存委员会的委员，参与到了韩国古代建筑和遗址等文化财的调查和保护。他的考察成果对文化财研究和保护均产生了重要的影响。

关野贞在1902年至1920年间对韩国古代建筑和遗址实地考察。其中，1916年至1920年，关野贞作为古迹调查委员会的委员参与了朝鲜总督府"古迹调查事业"。关于"古迹调查事业"，将在下一节具体分析。本节以自1902年至1915年时期关野贞韩国古代建筑和遗址的调查为研究对象，分析了关野贞以个人名义接受日本在韩设立的统治机构——"统监府（1906～1910）"或"朝鲜总督府（1910～1945）"
之委托、自行计划而开展的考察活动，其调查可分为两个时期（图2.7）。

第一时期，是1902年关野贞受日本政府的委托，以东京帝国大学
助教授的身份进行的。关野贞1902年6月27日从日本东京出发，7月
5日抵达韩国仁川，经过首尔、开城及庆州，8月30日由釜山离开韩
国，耗时62天的时间，对韩国的三个古都及其周边地区进行了调查。

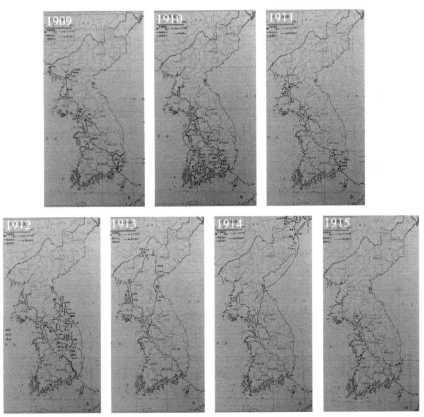

图 2.7　1909～1915 年关野贞调查路线示意图

（来源：参考文献［43］）

关于其调查的目的和方法，当时东京帝国大学工科大学校辰野金
吾校长给关野贞要求："以韩国建筑史研究为目的，即便调查深度不
深，也应以更广阔的视野考察多个地区"［42］。辰野金吾的这一要求充
分说明了关野贞韩国古迹调查的普查式性质。关野贞在短短62天时间
内，对15个韩国城市、60多处的建筑及遗址进行了调查，包括宫殿、
园林、陵墓、城郭、寺院、文庙、高丽时代宫殿址、住宅及石碑、佛

像等。这一时期的调查成果，在 1904 年出版为《韩国建筑调查报告》。这是最早的一份具有近代意义的韩国建筑史研究相关著作，并在韩日强制合并后成为关野贞和其他日本学者系统开展韩国古迹调查的基础。

第二时期，1909 年至 1915 年，关野贞组织调查组，对朝鲜半岛正式开展系统调查。1909 年，统监府委托关野贞调查古迹，其主要目的是"将古建筑物改造使用为新行政设施，并将被破坏的或有破坏而危险的，按照重要性进行保存"[44]。从此，关野贞和他的助手栗山俊一、谷井济一以及朝鲜总督府安排的一些技师、工匠、宪兵等共同组成调查组，利用每年的 9 月或 10 月直到 12 月这段时间，调查了韩国全国地区。其中，1914 年，关野贞受到日本文部省的邀请做计划去欧洲留学①[5]41，因此当年的韩国古迹调查由今西龙和谷井济一负责，到翌年关野贞再次开始参与（图 2.8）。

(a)1912年古迹调查略报告　　(b)朝鲜古迹调查表　　(c)朝鲜文化遗迹其二

图 2.8　1912 年古迹调查略报告、朝鲜古迹调查表与朝鲜文化遗迹其二

（来源：（a）参考文献［45］；（b）参考文献［46］；（c）参考文献［47］）

这一时期关野贞调查的对象包括木结构建筑、砖石建筑、石刻、遗址及遗物等，包含了当时认定的各类文化财。调查初期，关野贞的调查重点在于木结构建筑，但是通过几年的普查性调查、对韩国木结构建筑有了整体的了解之后，从 1913 年起他的调查重点对象逐渐向考古遗址的发掘和遗物的收集转换，主导了以古墓发掘为主的 1916 年"古迹调查五年计划"。可以说，关野贞对木结构建筑的调查到 1912 年

---

① 但是由于当年 3 月关野贞父亲去世，到 1918 年才出发。

基本结束。据笔者统计，关野贞 1909 年至 1912 年间考察了 70 多个城市内的木结构建筑 759 座、遗址 76 处、石质建筑及石刻 196 座、可移动遗物 108 件，共 1139 个（表 2.10）。

表 2.10　1902～1915 年关野贞对韩国古迹调查内容及其报告

（来源：根据参考文献［4］44、参考文献［43］31-43，笔者重新梳理）

时间	调查城市	重要调查建筑与遗址	相关报告
1902.7.5～1902.9.4	（日本）—韩国：京城—开城—丰德（京畿道）—京城 —仁川—釜山、东莱、梁山 —庆州、永川、大邱、伽倻山、漆原、马山浦（庆尚道）—釜山 —（日本）	（京城）景福宫、昌庆宫、文庙等；（开城）城郭、满月台、废敬天寺址等；（梁山）通度寺；（庆州）佛国寺、太宗武烈王陵、西岳书院等	关野贞《韩国建筑调查报告》东京帝国大学工科大学学术报告，1904
1909.9.19～1909.12.27	（日本）—韩国：京城—开城—黄州（黄海道）—平壤、新义州、新安州、宁边、平壤（平安道）—京城 —江华岛、广州、扬州、水原（京畿道）—公州、恩津、扶余（忠清道）—大邱、永川、庆州、蔚山、梁山（庆尚道）—釜山—（日本）	（京城）南大门、文庙、成均馆、宗庙、昌庆宫、昌德宫、景福宫、东大门等；（开城）满月台、南大门等；（平壤）大同江古坟发掘等；（宁边）妙香山普贤寺等；（水原）水原城郭等；（庆州）佛国寺等	关野贞《韩国艺术之研究》度支部建筑所，1910
1910.9.22～1910.12.7	（日本）—韩国：釜山—京城—开城 —平壤（平安道）—京城—沃川、报恩（忠清道）—星州、陕川 海印寺、高灵、昌宁、灵山、咸安、晋州、河东（庆尚道）—求礼、南原、谷城、玉果、昌平、光州、绫州、罗州、木浦、灵岸、海南、群山、全州、金堤、益山（全罗道）—京城 – 釜山—（日本）	（京城）东大门、庆熙宫等；（平壤）大同江边东、西坟发掘、安鹤宫址等；（陕川）海印寺；（高灵）伽倻古坟发掘；（灵岸）道岬寺；（全州）文庙、旧道厅、乡校、南固山城等；（金堤）金山寺等；（益山）废弥勒寺、弥勒山城等	关野贞《韩国艺术之研究续编》朝鲜总督府，1911
1911.9.13～1911.11.5	（日本）—韩国：京城—广州、高阳（忠清道）—开城 —平壤、龙冈、江西、江东、成川、凤山（平安道）—京城 —庆州、大邱（庆尚道）—釜山 —（日本）	（京城）李王家博物馆；（龙冈）黄山麓古坟；（江东）汉王墓发掘；（成川）客舍、郡厅、文庙等；（庆州）南山城址、九黄里废寺址等；（大邱）桐华寺	《大正三年（1914年）古迹调查报告》朝鲜总督府，1914

时间	调查城市	重要调查建筑与遗址	相关报告
1912.9.18～ 1912.12.12	（日本）—韩国：京城 —江西、凤山（平安道）—京城 —春川、样口、金刚山、高城、杆城、襄阳、江陵、平昌、原州（江原道）—骊州（京畿道）—忠州（忠清道）—丰基、顺兴、春阳、礼安、安东、醴泉、闻庆、咸昌、尚州（庆尚道）—釜山 —（日本）	（江西）遇贤里三墓等；（金刚山）长安寺、榆岾寺等；（江陵）乌竹轩、客舍、文庙等；（平昌）五台山月精寺等；（骊州）世宗英陵、孝宗宁陵、邑西三重石塔等；（礼安）陶山书院等；（安东）邑周边砖塔、文庙等	《大正三年（1914年）古迹调查报告》朝鲜总督府，1914
1913.9～ 1913.12.4	（日本）—韩国：镇南浦、安城洞、平壤、满浦（平安道）—通沟（中国东北地区）—咸兴（咸镜道）—安边（江原道）—京城 —平壤、龙岗、平壤（平安道）—京城	（镇南浦）梅山里狩冢等；（安城洞）安城洞大冢等；（通沟）通沟城、将军冢、太王陵等；（咸兴）五老里道藏洞山南冢等；（平壤）梧野里古坟等	《大正三年（1914年）古迹调查报告》朝鲜总督府，1914
1914.9.3～ 1914.11	（日本）—韩国：龙岗（平安道）—殷栗（黄海道）—（中段记录不明）—庆源、钟城、会宁（咸镜道）—京城	（龙岗）城采洞古坟；（钟城）石器时代遗物散布地、龙井水南和北村的高句丽式古坟等	
1915.5～ 1915.7.24	—京城 —开城 —京城 —庆州（庆尚道）—扶余（忠清道）、公州 —京城	（开城）高丽时代古坟；（庆州）皇南里剑冢、金环冢等；（扶余）王凌古坟、扶苏山城等；（公州）公州山城	

对于1909年的调查结果，于1910年在《韩国艺术之研究》一书中整理出版，内容包括《朝鲜建筑调查略报告》及《朝鲜文化的遗迹》。1911年又出版《韩国艺术之研究续编》，收录了1910年所进行调查的成果《略报告》。1910年至1913年的调查成果，1914年由朝鲜总督府合集出版成《大正三年古迹调查报告》，内容包括1910年调查相关的《朝鲜文化的遗迹其二》，1911年调查的《朝鲜古迹调查报告书》及1912年调查的《大正元年古迹调查略报告》和《朝鲜文化的遗迹其三》等。除此之外，关野贞及其他参与调查的个人发表了相关文章，包括：关野贞、栗山俊一、谷井济一的《韩红叶》1909；关野贞的《朝鲜东部的遗迹》建筑杂志（318）1913；谷井济一的《在朝鲜平壤附近新发现的乐浪郡的遗迹》考古学杂志（4.8）1914；关野贞的《百济的遗迹》考古学杂志（6.3）1915等。

按照1909年统监府度支部的韩国古迹调查要求，关野贞对调查对象进行了价值评估，评估结果分成四个级别："甲为最主要保存的；乙为次要保存的；丙为可以保存的；丁为保存需求最低的"[48]。据笔者统计，从1909年到1912年调查到的1139个古迹中，木结构建筑有759个，占67%，其中48%评价为最低的"丁"级，而遗址、砖石建筑及石刻、遗物类，共有380个，占34%，其中评价为"甲"级的有102个，占27%，"乙"级的有208个，占55%（表2.11、表2.12）。

表2.11　1909~1912年关野贞调查到的韩国古迹统计

（来源：根据参考文献［5］31-38、参考文献［48］，笔者统计）

分级	木结构建筑	遗址	砖石建筑及石刻	遗物	合计（个）
甲	15	26	50	26	117
乙	129	49	114	45	337
丙	251	1	29	30	311
丁	364	0	3	7	374
合计	759	76	196	108	1139

表2.12　1909~1912年关野贞调查到的韩国木结构建筑的分级评估

（来源：笔者统计）

分级	宫殿	城郭城楼	祠庙祭坛	寺刹	乡校书院	官衙客舍	亭台楼	其他	合计（个）
甲	6	4	2	2	0	0	0	1	15
乙	7	5	20	58	17	14	4	4	129
合计	13	9	22	60	17	14	4	5	144
百分比	9%	6%	15%	42%	12%	10%	3%	3%	

这可能有几方面的原因：①关于木结构建筑的评估，日本境内早期木结构建筑的保存现状较好，现存数量众多，而韩国境内则只有几座高丽时代木结构建筑保存下来，其他大部分为朝鲜时代遗存，关野贞从历史和艺术价值的角度，进行了更为严格的评估，并给了较低评价。②由于统监府要求将古建筑物改用为新行政设施，关野贞可能更关注木结构建筑的使用价值，而非保护价值。相对而言，关于遗址类的评估，包括关野贞在内的当时日本学者，基于皇国史观，对韩国古代史和遗址发掘十分关注，这可能影响到关野贞在古迹调查中对遗址类的价值评估。而关于砖石建筑及石刻的评估，早期砖石建筑在日本相对稀少，因此，关野贞可能对砖石建筑及石刻类赋予了较高的评价。

关野贞 1902 年至 1915 年间进行的韩国古迹考察对韩国建筑史及美术史的研究和保护做出了重大贡献。但是，他对韩国古迹研究的思想出发点在于皇国主义和殖民主义史观。而从 1902 年日本和韩国的情况看，日本明治政府之所以委托关野贞进行古迹调查，其目的是通过了解韩国历史来建立和统治殖民地。这成为后来学界批评关野贞等御用学者的原因之一。一些日本学者也批评 1904 年出版的《韩国建筑调查报告》是建设殖民地前期所做的文化调查，如："《韩国建筑调查报告》是否是用于日本侵占韩国后毁灭韩国文化的基础资料呢？是不是对庞大的韩国文化财进行记录以作掠夺之用呢？"[49]；从《韩国建筑调查报告》的目的、内容及当时情况来看，这本书的编制可能与日本对韩国的占领有关。[50]

以普查式的韩国古迹调查所得资料为基础，关野贞后来陆续发表了许多相关的报告及著作，包括《朝鲜古迹图谱》十五册（1915～1935 年）及《朝鲜美术史》（1932 年）等（表 2.13）。虽然《朝鲜美术史》在日帝强占期已经受到了"古物登录台账"或"物品目录性美术史"的批评[51]，但是，关野贞的韩国古迹调查报告和著作作为最早的近代意义上的韩国建筑研究，是日帝强占期韩国古迹情况的重要资料，对韩国古迹的价值认识产生了巨大影响，为日帝强占期乃至解放后学者的韩国建筑史研究都提供了珍贵的基础资料。

表 2.13　1915～1935 年出版的《朝鲜古迹图谱》目录（来源：参考文献［4］61）

出版时间（年）	书名	主要内容
1915	朝鲜古迹图谱 一	乐浪郡及带方郡时代；高句丽时代（国内城地区）
	朝鲜古迹图谱 二	高句丽时代（平壤长安城地区）
1916	朝鲜古迹图谱 三	马韩时代；百济时代；任那时代；沃沮时代；濊时代；古新罗时代；三国时代佛像
	朝鲜古迹图谱 四	新罗统一时代（一）
1917	朝鲜古迹图谱 五	新罗统一时代（二）
1918	朝鲜古迹图谱 六	高丽时代（一）
1920	朝鲜古迹图谱 七	高丽时代（二）
1928	朝鲜古迹图谱 八	高丽时代（三）
1929	朝鲜古迹图谱 九	高丽时代（四）
1930	朝鲜古迹图谱 十	朝鲜时代（四宫及附属建物）

出版时间（年）	书名	主要内容
1931	朝鲜古迹图谱 十一	朝鲜时代（城郭；坛及庙祀；学校及文庙；客舍；史库；书院及先儒住宅；王凌）
1932	朝鲜古迹图谱 十二	朝鲜时代（佛寺建筑其一；补加高丽时代佛寺建筑）
1933	朝鲜古迹图谱 十三	朝鲜时代（佛寺建筑其二；塔婆；墓塔；石碑；桥梁）
1934	朝鲜古迹图谱 十四	朝鲜时代（绘画）
1935	朝鲜古迹图谱 十五	朝鲜时代（陶瓷器）

（二）朝鲜总督府的"古迹调查事业"（1916～1930 年）

以前期关野贞等学者进行的韩国古迹调查的成果为基础，朝鲜总督府在 1916 年制定《古迹及遗物保存规则》并组织古迹调查委员会后，全面开展了"古迹调查事业"。"古迹调查事业五年计划（1916～1920 年）"是其开始的标志之一。"古迹调查事业五年计划"不是针对建筑等地上文化财或建筑遗址的，而是针对朝鲜时代以前古墓的发掘，其目的在于推进韩国古代史的研究和陪葬品等遗物的收集。因此，该计划中调查发掘的时代范围是韩国古代至高丽时代，地域范围为朝鲜半岛全部。其中，以汉四郡之一的乐浪郡与日本主张"任那日本府说"[①]的相关地伽倻地区为重要调查地点，由古迹调查委员会委员关野贞、黑板胜美、谷井济一、今西龙、滨田耕作、原田淑人等人分队进行了调查。"古迹调查事业五年计划"的调查内容和参与人员，如表 2.14。

在"古迹调查事业五年计划"结束之际，1919 年发起了"3.1 抗日独立运动"。朝鲜总督府将之前的"武断统治"政策改为"文化统治"政策，以 1921 年庆州金冠冢的发掘为转折点，在朝鲜总督府的学务局新设了"古迹调查课"专管古迹调查相关业务。但是由于财政紧缩的原因，1923 年"古迹调查课"被废止，古迹调查的规模也逐渐缩小，

---

① 原称"任那倭府说"，是 19 世纪开始日本主张在 4 世纪后叶大和倭统治朝鲜半岛南部，在伽倻设置倭府至 6 世纪之说，为殖民侵略辩护在日本学界流行。2010 年韩日学界共同正式发表了声明，该说法不符合事实。

表 2.14 1916～1920 年"古迹调查五年计划"的内容及其报告

（来源：根据参考文献［5］63-88，笔者重新梳理）

时间	调查时代范围	调查地区	调查人员	相关报告
第一年（1916.8～1917.3）	汉四郡、高句丽	黄海道古坟64基、平安南道古坟186基、平安北道古坟50基	关野贞、黑板胜美、今西龙、鸟居龙藏，分成四组调查。其他有谷井济一、栗山俊一、小场恒吉、野守建、小川敬吉等助手参与	《大正五年朝鲜古迹调查报告》朝鲜总督府，1917
第二年（1917.5～1918.1）	三韩、伽倻、百济	京畿道、忠清南道、庆尚南道、庆尚北道；前年未完成的地区	关野贞、黑板胜美、今西龙、鸟居龙藏、谷井济一，分成五组调查	《大正六年古迹调查报告》朝鲜总督府，1920
第三年（1918.4～1919.3）	新罗	庆尚北道庆州、庆尚南道、全罗南道；前年未完成的地区	黑板胜美、原田淑人、滨田耕作、谷井济一，分成四组进行一般调查。池内宏进行特别调查	《大正七年古迹调查报告》朝鲜总督府，1922
第四年（1919.4～1920.3）	新罗；濊貊、沃沮、渤海、女真；史前时代；朝鲜时代	庆尚北道、江原道、全罗北道、全罗南道；前年未完成的地区	黑板胜美、原田淑人、滨田耕作、谷井济一、梅原末治、池内宏，分成六组调查	《大正八年古迹调查报告》
第五年（1920.10～1921）	伽倻、史前时代等	庆尚南道、平安南道	关野贞、谷井济一、滨田耕作、梅原末治、林汉韶等人	《大正九年度古迹调查报告》，1923

只有由总督府委托的若干名"嘱托"人员和总督府所属两名"技手"人员继续调查至 1931 年。[52]

朝鲜总督府将"古迹调查事业"的发掘成果出版成报告。"古迹调查五年计划"第一年的发掘成果，在 1917 年合集出版成《大正五年（1916 年）古迹调查报告》，包括 1916 年 8 月至 1917 年 3 月在京畿道和平安南道进行的个别发掘调查的相关报告七篇，如关野贞的《平安北道大同郡、顺天郡、龙岗郡古迹调查报告书》。计划第二年的调查成果于 1920 年合集出版为《大正六年（1917 年）古迹调查报告》，包括今西龙的《庆尚北道善山郡、达城郡、高灵郡、星州郡、金泉郡、庆尚南道咸安郡、昌宁郡调查报告》等五篇报告。计划第三年的调查成果在 1922 年合集出版为《大正七年（1918 年）古迹调查报告》，只收录了两篇报告。对 1919 年进行的调查，自 1922 年开始将各单项调查报告整理出版。但出版的报告数量较少，例如 1919 年进行的调查成果，于 1922 年出版《大正八年（1919 年）古迹调查报告》，发掘报告只收录了《咸镜南道咸兴郡的高丽时代古城址——附平定郡的长城》。对 1921 年"古迹调查五年计划"结束后进行的古迹调查，将文本和图版分开陆续出版了。虽然直至 1940 年基本保持了每年出版少数报告，但是与实际发掘到的遗迹数量相比，古迹调查报告的数量十分有限。

朝鲜总督府开展"古迹调查事业"的目的非常明确，是基于皇国史观和殖民史观，为日本统治韩国进行辩护。这可以通过其以乐浪郡地区和伽倻地区为主的调查对象选定明显看出来。

关于发掘调查方式和出土遗物的保存，由于计划发掘对象很多，而调查时间有限，大规模的古坟也只用三、四天就发掘完成，因此实际上不是学术性发掘，而是掠夺性发掘。例如，1916 年只在一个月时间内就发掘了乐浪郡地区的 10 座古墓。发掘过程中出土的遗物非常多，例如谷井济一发掘的罗州和昌宁地区古墓数量高达 100 座，其出土遗物多达马车 20 辆、货车 2 辆的规模[5] 79。但是，由于遗物管理不严，大部分遗物通过朝鲜总督府或者直接被搬到日本[1]，甚至有些遗物直接倒卖给收藏家。朝鲜总督府博物馆的许多藏品也在日帝强占期被运到日本，成为日本国宝或重要美术品[2]。

在没有建立保护体系的情况下开展的古墓发掘活动对韩国古墓造成了不可恢复的严重破坏。1916 年在平壤附近的石岩里 9 号坟，出土了纯金制铰具等一百多件珍贵陪葬品。这一消息导致了 20 世纪 10 年代到 30 年代长达二十余年的猖狂的古墓盗掘、非专业挖掘和倒卖[5] 66-67，而由于其背后常有日本高级官员参与，朝鲜总督府对盗掘及倒卖没有严密查控，这更进一步加剧了对许多古墓的严重破坏及其陪葬品的流失。例如，据 1916 年朝鲜总督府山林课调查，当时庆尚南道咸安的一个地区内，有古墓"38 座，其中 23 座完整"，但 1917 年调查发现，38

① 1915 年至 1917 年黑板胜美古坟发掘中挖掘到的遗物，介绍到《朝鲜古迹徒步》第三卷，目前在日本东京帝国大学所藏。

② 例如，朝鲜总督府博物馆藏昌宁校洞第 31 号坟和梁山夫妇冢所出土遗物在 1938 年搬出到日本东京博物馆，后来被指定为日本国宝或重要美术品。

座古墓中，完全被盗掘的有 19 座，有盗掘痕迹或封土流失的也有 10 座，可见当时古墓盗掘十分严重。[5]77

（三）"朝鲜古迹研究会"的韩国古迹调查（1931～1945 年）

20 世纪 30 年代，由于日本入侵中国东北地区，朝鲜总督府对古迹调查的预算进一步减少，而黑板胜美获得日本企业家的捐赠，在 1931 年 8 月建立了"朝鲜古迹研究会"。从 1931 年到 1945 年韩国解放，韩国古迹调查由朝鲜古迹研究会主导，朝鲜总督府则主要根据《保存令》进行古建筑修缮。"朝鲜古迹研究会"作为朝鲜总督府的外延机构，其办公室设在朝鲜总督府内，实际上延续了古迹调查委员会的"古迹调查事业"。其主要发掘对象也是以乐浪郡地区和伽倻地区的古墓为主，并加入了庆州地区的古墓，到 1936 年调查对象进一步扩大，纳入了一些寺院遗址等。为了有效进行调查，朝鲜古迹研究会在朝鲜总督府的庆州分管设"庆州研究所"，在扶余分管设"百济研究所"，在平壤府立博物馆设"平壤研究所"。从 1933 年起，研究会还收到了日本学术振兴会的日本宫内省的补助，继续进行韩国古迹的发掘调查直至 1945 年解放（表 2.15）。

表 2.15 "朝鲜古迹研究会"出版的调查报告（来源：参考文献 [5] 139-140）

时间	书名	调查内容
1934 年	《古迹调查概谱 - 乐浪古坟 昭和 8 年度》 《古迹调查报告 第一册 乐浪 彩箧冢》	
1935 年	《古迹调查概谱 - 乐浪古坟 昭和 9 年度》 《古迹调查报告 第一册 乐浪 王光墓》	
1936 年	《古迹调查概谱 - 乐浪古坟 昭和 10 年度》	
1937 年	《昭和 11 年度 古迹调查报告》	高句丽古坟、庆州古坟及扶余遗址等
1938 年	《昭和 12 年度 古迹调查报告》	高句丽古坟、平壤万寿台附近建筑遗址、扶余古坟等
1939 年	《昭和 13 年度 古迹调查报告》	平壤附近废寺遗址、扶余百济时代寺址、大邱附近古坟等

总之，日帝强占期日本对韩国古迹的调查是从建筑、城墙、塔等建造物开始逐渐转向陵墓、遗物等考古遗址发掘。日本对韩国古代史的关注是基于皇国史观，将韩国古代史与近代史联系起来，为日本在韩国的殖民统治进行辩护。[53]

（四）指定文化财的现状调查（1952年～20世纪60年代前半期）

从20世纪末起，随着韩国国立中央博物馆等机构所藏日帝强占期资料的公开，以及对日本相关机构所藏资料的发现和调查，近期发表了不少关于日帝强占期韩国文化财调查的研究成果。但是对于解放后的文化财调查，尤其是20世纪70年代以前进行的文化财调查，目前只有针对个别项目的调查报告，没有系统的梳理和研究。

解放后，政府部门首次提出文化财调查相关内容，是在1948年大韩民国政府成立后文教部发表说：日帝强占期指定的宝物419件中，除了在朝鲜的52件之外，拟对其他367件进行现状调查[54]。翌年总统谈话中也表示文教部调查后，应以政府主导或官民合作的方式来进行修缮。[55] 但是，这一计划由于1950年爆发韩国战争而没有落实，而战乱当中全国许多文化财遭到了不同程度的破坏。战争中的1952年10月6日到11月7日，延世大学史学科教授闵泳珪接受文教部的委托，对韩国东部进行了实地考察。实际上这是解放后韩国政府首次进行文化财现状调查。通过调查发现，所调查地区的古代建筑、遗物等文化财中70%以上在战乱中受到了不同程度的破坏，例如原喜方寺所藏的朝鲜时代的《训民正音》《月印释谱》的木质印版400多件被烧毁。甚至发现有些文化财是战前已经被毁，而相关地方政府全然不知[56]。虽然这次调查时间很短，投入的人员数量也十分有限，但调查报告出来后引起了舆论关注，促使了政府采取积极措施来保护文化财。

由于战争还没有结束，再加上当时可以进行文化财调查和保护的行政部门只有文教部所属的一个课和国立中央博物馆，而且其财政预算不到8百圆[57]。因此系统的文化财现状调查直到1955年"国宝古迹名胜天然纪念物保存会"成立才得以再次开展。据国宝古迹名胜天然纪念物保存会发表，战争期间韩国的215件文化财遭到了不同程度的破坏，包括国宝、古迹、名胜及天然纪念物等指定文化财88件，其中19件全部被毁。笔者尚未找到该统计涉及的具体文化财名录，其调查过程、范围及深度不详。不过，考虑到当时调查人数及调查时间受限，而且当时对旧皇室所藏文化财没有系统调查，战争对文化财的破坏实际应该更严重（表2.16）。

表 2.16　韩国战争对文化财破坏的统计（1955年）（来源：参考文献[58]）

	指定文化财				文化财				合计			
	全毁	中破	小破	合计	全毁	中破	小破	合计	全毁	中破	小破	合计
首尔	3	4	4	11	2			2	5	4	4	13
京畿		14	4	18	5	4		9	5	18	4	27
忠北		2		2	4	5		9	4	7		11
忠南		7	5	12	5	10	16	31	5	17	21	43
全北			8	8	15	6	4	25	15	6	12	33
全南	7	1		8	2			2	9	1		10
庆北	4	4	9	17		2		2	4	6	9	19
庆南	1	1	4	6	17	11		28	18	12		34
江原	4		2	6		7	10	17	11	10	2	23
合计	19	33	36	88	57	48	20	125	76	81	56	213

20 世纪 50 年代后半期，以国宝古迹名胜天然纪念物保存会为中心，逐渐开始了文化财现状调查及修缮。政府将 1955 年 11 月 11 日到 20 日开始定为"文化财爱护期"①，展开国民保护文化财运动的同时，进行了以指定文化财为主的重要文化财现状调查。这次调查是解放后由文教部进行的首次指定文化财现状调查。其目的在于了解其保存现状并重新进行价值判断，同时对尚未被指定的文化财进行价值评估后补充指定[59]。文化财调查委员由国立中央博物馆馆长金载元等 21 位专家组成，将全国分为 9 个区分组负责调查[60]，其调查结果反映于 1956 年编制的《韩国国宝古迹名胜天然纪念物保存目录》[30]159-407。该目录以据《保存令》指定的文化财名录为基础，包括宝物、古迹、名胜和天然纪念物在内，根据现状调查和价值评估，进行了一些撤销或新加的调整。

这次调查并不能说是一次系统全面的调查，而只是一个开始。自此，国宝古迹名胜天然纪念物保存会开展了对已指定文化财及被申报指定文化财的现状调查和价值评估。例如，1956 年 6 月 1 日召开的保存会议决定，从 6 月 20 日起十天，15 个专家分成 5 个调查组，对指定文化财进行实地考察[61]。这种由委员会或博物馆主导随时进行小

---

① "文化财爱护期"在 1955 年首次开始后，自从 1958 年第四次起固定为每年 11 月实施至 20 世纪 70 年代。

规模调查的方式，一直延续到 20 世纪 60 年代。当时的调查成果报告有 1956 年《指定文化财目录》，1956 年《国宝图录·第一辑工艺篇》、《国宝图录·第二辑典籍篇》、《国宝图录·第三辑佛像篇》，1960 年《国宝图录·第四辑石造物篇》，1961 年《国宝图录·第五辑石塔篇》，1962 年《国宝图录·第六辑木造建筑篇》，1963 年《指定文化财实态调查书·宝物》等。

通过调查，1962 年发现了统一新罗时代"军威三尊石佛"等重要成果。这些调查成果成为 1962 年根据《文化财保护法》重新指定所有文化财以及 60 年代在全国范围开展木结构建筑修缮的主要依据。然而，由于这一时期的调查一般是应对各地方申报文化财指定的要求，或者是为了重新判断价值及是否需要修缮，因此调查是针对个别文化财或特定地区随机进行的，故而其调查对象范围及调查深度均存在局限。特别是对需要详细的现状测绘和残损分析的木结构建筑而言，当时的调查深度是很不够的，这可能是在 60 年代木结构建筑修缮没有充分留下修缮前后的图纸等记录的原因之一。

（五）非指定文化财的现状调查（20 世纪 60 年代后半期）

20 世纪 60 年代，随着经济高速发展和城市化，文化财面临的环境变得更加复杂危险。1966 年"四大江流域综合开发"及 1967 年"第二次经济开发五年计划"开启了土建开发时代。在开发过程中发现的许多考古遗址，在保护和开发的矛盾中没有充分得到保护。水库等设施的建设给文化财保存环境带来巨大改变，有些文化财被迁移，有些甚至被淹没。全国范围内文化财被盗案件增加，也成为重要的文化财安全隐患之一。这使社会逐渐认识到对非指定文化财及民俗相关文化财进行现状调查的必要性和紧迫性。

1965 年文教部针对城市开发和考古遗址保护的矛盾较大的古都地区，如庆州和扶余等，制订了进行系统的考古发掘计划[62]。以 1968 年朝鲜时代李舜臣将军的遗物《乱中日记》被盗事件为发端，文化财管理局对指定文化财中占 50% 以上的私有文化财进行了全面调查[26]33。同时，从 1968 年起开展"韩国民俗综合调查"，民居、工具、仪式等对有形和无形的民俗文化进行了调查，1981 年调查完成，其成果编制成了共计 18 卷的《韩国民俗综合调查报告书》。这一时期对民居建筑的研究逐渐增多，韩国民居研究到 20 世纪 70 年代一直十分活跃（表 2.17）。

表 2.17　1968 年"全国寺刹文化财及非指定文化财实态调查"后文化财统计
（单位：件）（来源：参考文献［63］）

	寺刹（建筑）	书院	乡校	石造物	祠宇	名胜	王陵	城址	墓	碑阁	天然纪念物	民俗资料	其他	合计
首尔	4	—	—	2	6	—	—	—	1	3	4	—	18	38
釜山	1	1	1	2	10	—	—	2	5	5	—	—	2	29
京畿	56	11	26	27	23	1	12	5	21	17	1	—	25	225
江源	16	1	4	34	21	9	2	5	2	—	7	4	45	159
忠北	43	15	14	43	49	14	—	7	—	26	5	4	44	286
忠南	19	18	38	76	47	—	—	19	11	20	2	—	50	301
全北	161	38	33	37	74	—	—	7	—	12	4	1	49	416
全南	124	11	21	32	107	—	—	5	7	35	8	—	80	433
庆北	93	64	40	123	67	—	7	7	38	37	9	3	94	582
庆南	18	11	8	56	34	11	1	11	—	25	17	—	64	264
济州	4	—	3	3	4	1	—	2	—	2	8	—	8	35
合计	539	170	188	435	442	38	22	70	114	191	65	15	479	2768

关于其他木结构建筑的调查，1968 年 11 月进行了"全国寺刹文化财及非指定文化财实态调查"[26]742。文化财委员会专门委员和国立中央博物馆等机构的专家及大学相关学者分成三组，对全国寺刹建筑及其他非指定文化财进行调查，其成果编制为《非指定文化财目录》（1969 年）。以此次调查为基础，地方各种文化财的指定保护问题被提出来，使得 1970 年 8 月 10 日《文化财保护法》修订时新加了"地方文化财"的指定保护相关条款。

（六）不动产文化财地表调查五年计划（1971～1975 年）

由于文化财保护和经济开发之间的矛盾越来越突出，文化财管理局在 1971 年 8 月制定了"全国不动产文化财地表调查五年计划"[26]744，以之前的文化财调查资料为基础，对全国 6 千件到 7 千件非指定文化财进行了系统的实地考察。为了解全国约 80% 文化财的现状，文化财管理局组织地表调查团，对各地区文化财进行了定位、实测、保存现状调查及价值评估，作为文化财保存相关决策的基础资料使用。通过这次调查，韩国规模最大的月出山摩崖阿弥陀如来坐像等有了一些新发现，而根据调查成果很多文化财得到了指定保护。例如，1974年指定为"地方文化财"①的有592件[64]，而1978年达到1138件。[65]

"全国不动产文化财地表调查五年计划"中对木结构建筑的主要调查工作是测绘，其测绘成果从1973年开始发表为《韩国建筑史研究资料——韩国古建筑》系列。由此可见，木结构建筑的调查从保护对象的核对和目录化，到这一时期转向了建筑史研究资料的收集和梳理。这表明，20世纪70年代上半叶，文化财调查的广度和深度都有所突破。

然而，20世纪60年代后半叶开始，军人政府倡导护国先贤、先烈相关遗迹相关事业，到70年代更加扩大，文化财相关政策从多样文化财的调查和研究向护国先贤相关遗迹的调查和整治转换。1974年政府提出的"文艺中兴五年计划"中，与文化财相关的有对忠武公李舜臣和栗谷李珥等先烈和先贤相关遗迹进行整治[66]。1976年10月，针对护国、国防伟人及先烈相关遗迹，进行了"全国文化遗迹综合调查"[26]745。以该调查成果为基础，1977年以"重点修缮护国先贤遗迹，提高国民自主性和护国精神"为主要方针，建立了"文化财修缮三年计划"，计划包括对江华战址、各地忠烈祠、首尔城墙、水原华城、庆州皇龙寺址等进行文化财修缮和环境整治[67]。1977年也对南汉山城、上堂山城等护国相关遗迹，进行了修缮和整治②。

总之，解放后至20世纪70年代中期，通过多方面的文化财调查，不仅发现了新的文化财，而且积累了相当多的文化财资料，给学界提供了历史和价值研究的基础资料。基于这些基础材料，这一时期发表了一些研究成果，具体有金元龙的《朝鲜美术史》（1968年）、尹张燮的《韩国建筑史》（1973年）、郑寅国《韩国建筑样式论》（1973年）等。不过，政府并没有充分利用这些文化财调查和研究成果，作为修缮、整治等措施对象选择的依据，政治需求决定了文化财政策。1980年经济开发计划的评估报告也指出20世纪70年代后半叶，政府集中投资的文化财修缮、整治及复原事业，虽然有一定的成果，但是为了旅游开发而破坏文化财原状的案例也很多。尤其是以宣传政策为目的

---

① "地方文化财"在1987年《文化财保护法》修订后改称为"市道指定文化财"。

② 这样为了稳固政治权利而对护国先贤相关遗迹进行修缮和整治，并将它开发为旅游景点的政策，一直延续到1979年朴正熙维新体制的下台而结束。

的展示性项目，以及为了特定团体利益而进行的文化财发掘、整治及复原项目应该重新审核。文化行政应与政治分开独立进行。[68]

（七）针对特定区域或特定主题的文化财调查（20 世纪 70 年代后半期～）

20 世纪 70 年代韩国经济的快速发展推动了文化旅游产业的开发。1972 年开始与城市开发相结合，对新罗古都庆州进行旅游开发，对佛国寺和石窟庵所在的吐含山、五陵、南山及皇龙寺址等区域进行修缮、复原和环境整治，建设博物馆、宾馆等旅游设施及交通设施。庆州地区的文化财调查是与庆州开发同步进行的，只针对个别对象小规模开展，而缺乏总体调查计划。

20 世纪 70 年代末，对百济文化的关注逐渐增加。以庆州开发缺乏总体规划的教训为鉴，作为"百济文化圈"开发的先行项目，1978 年开始了"百济文化圈基础调查"。根据其调查结果，1979 年启动了百济文化乃至包括朝鲜半岛中部史前遗址在内的"中西部古都文化圈"的保护和开发利用项目。从此，"文化圈"成为 20 世纪 80 年代韩国文化财调查和开发利用的主要话题之一，后来引申出来了一些充满区域特色的文化圈概念，其调查也随之开展，例如，以汉滩江为中心的石器时代的"巨石文化圈"和以安东儒家文化为中心的"安东文化圈"等。文化圈调查是涵盖建筑、遗址、景观乃至民俗的综合调查，反映了 20 世纪 80 年代文化财调查从"点"向"面"、从单向文化财向综合文化财的发展，对文化财的认识更加丰富。

另外，朝鲜时代"五大宫"景福宫、昌德宫、昌庆宫、德寿宫、庆熙宫，于 20 世纪 80 年代正式开始调查发掘和复原。1984 年制定的《朝鲜王宫的复原净化及管理改善方针》将五大宫的性质从娱乐公园改成王宫遗址，重新建立保护和管理体系。特别是，与 1988 年首尔奥运会相结合，从 1984 年至 1988 年的五年内，以五大宫内环境整治为目标，对各宫制订计划并实施，如 1984 年《昌庆宫整备计划——造景》。对五大宫真正的学术发掘和调查从 1990 年开始展开。1990 年对日帝强占期在"五大宫"中受到破坏最为严重的正宫景福宫，编制了《景福宫综合整备计划》，将景福宫分成 5 个区，寝殿区、东宫区、嫔殿区、兴礼门区和光华门区，对各区进行发掘调查和复原，至今整备工作还在进行。关于其他四宫，也已编制规划并正在进行调查和复原，如

《德寿宫复原整备计划》（2005）、《昌庆宫复原整备计划》（2010）等。

除此之外，建于1913年的著名近代建筑之一的国都剧场在1999年被拆除，这一事件引发了保护近代建筑的舆论浪潮。因此，2001年《文化财保护法》修改时，新设"登录文化财"制度，以弥补重点保护方式的"指定文化财"制度所具有的局限。"登录文化财"与以严格保护为主的"指定文化财"不同，对文化财的指定及改造利用等方面都相对灵活。根据"登录文化财"制度，2002年开始了"近代文化遗产目录化调查事业"。到了21世纪，文化财相关调查对象更加具体化、多样化，如"寺刹所藏佛教文化财普查"（2002～2016年）、"地处国外的韩国文化财调查事业"（2002～2011年）、"非指定建筑文化财普查"（2005～2008年）、"全国废寺址学术调查"（2010～2015年）等。

四、保护对象的指定

（一）据《朝鲜宝物古迹名胜天然纪念物保存令》的文化财指定

1. 自1934年至1943年宝物、古迹等的指定

朝鲜总督府根据《朝鲜宝物古迹名胜天然纪念物保存令》，在1934年8月27日首次公布了宝物153件、古迹13件和天然纪念物3件，共169件。后来经过十次，不定期的补充指定公布至1943年12月30日最后指定公布，其数量达到宝物419件、古迹145件、天然纪念物146件、古迹及名胜4件、名胜及天然纪念物2件，共716件。关于指定数量的变化，从1934年至1936年，指定累计数量缓慢增加，而1937年没有指定，这与1937年"卢沟桥事变"等日本侵华战争有关，再到1938年又开始缓慢地增加（表2.18、图2.9）。

表2.18　日帝强占期文化财指定数量统计（单位：件）

（来源：根据参考文献［69］，笔者统计）

指定时间	宝物	古迹	天然纪念物	古迹及名胜	名胜及天然纪念物	合计
1934.8.27	153	13	3	0	0	169
1935.5.24	55	11	13	0	0	79
1936.2.21	27	32	10	2	0	71
1936.5.23	34	8	3	0	0	45
1936.8.27	0	6	14	0	1	21

指定时间	宝物	古迹	天然纪念物	古迹及名胜	名胜及天然纪念物	合计
1938.5.3	7	17	27	0	1	52
1939.10.18	59	30	28	0	0	117
1940.7.31	42	11	21	0	0	74
1942.6.15	26	16	13	2	0	57
1943.12.30	16	1	14	0	0	31
合计	419	145	146	4	2	716

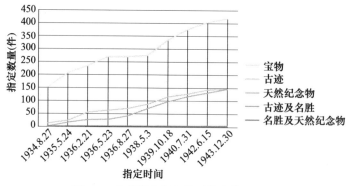

图 2.9　日帝强占期文化财指定数量统计

（来源：自绘）

　　根据《保存令》第一条，以及国立中央博物馆所藏的 1934 年首次指定公布的指定档案《昭和九年八月二十七日宝物古迹天然纪念物指定通知控》，指定为"宝物"的文化财类型有木造建筑物、石造物（石塔、碑碣、经幢等）、工艺品（铜钟等）、雕刻（石佛像、摩崖石佛像等）、书迹典籍（经书等），指定为"古迹"的有贝冢、古墓、寺址、城址、窑址、石刻等。其他指定为"名胜"的有景胜地，指定为"天然纪念物"的有动物、树林、迁徙地等。

　　由此可以推测，"宝物"、"古迹"和"天然纪念物"是以人工性、自然性和可移动性为主要分类标准来划分的。"宝物"是人工制造和可移动的[①]，"古迹"是人工制造而不可移动的。"自然纪念物"则是自然

---

　　① 关于木结构建筑和石质建筑的可移动性，在现代对文化财的可移动性普遍认为以文化财被移动后其真实性是否受到影响为主要标准来判断，而在日帝强占期更关注于移动的物理可能性。20 世纪 10 年代朝鲜总督府将韩国景福官内殿阁一个一个地拍卖后搬出去、将许多石塔解体搬运等事实，就证明这样的思想。加之，在 20 世纪 20 年代和 30 年代，朝鲜总督府针对陵墓等古坟进行"古迹调查事业"，使社会认为"古迹"是专指古坟、贝冢、城址的概念加深，而不包括建筑类。

的动物和植物环境。

　　指定为"宝物"的木结构建筑共有79件。其中，寺院类和祠庙类有47件，占59%；城墙城门类有11件，占14%；书院乡校类只有4件；衙署客舍类2件；其他亭、台、楼、住宅等有15件。从1934年首次指定至1943年最后指定，寺院和祠庙类一直维持着一定的指定数量，其他类型的指定相对较少。尤其是书院乡校类和衙署客舍类建筑的指定数量极少，宫殿建筑类一个也没有。可以说朝鲜总督府对韩国古建筑的价值认识是以宗教价值为主的（表2.19、图2.10）。

表2.19　日帝强占期"宝物"中建筑数量统计（单位：件）

（来源：根据参考文献［69］，笔者统计）

	合计（件）	百分比（%）	1934.8.27	1935.5.24	1936.2.21	1936.5.23	1936.8.27	1938.5.3	1939.10.18	1940.7.31	1942.6.15	1943.12.30
宫殿建筑	0	0										
陵墓建筑	0	0										
城墙城门	11	14	6			3		1	1			
祠庙	5	6				2			3			
寺院	42	53	14			9		8	4	2	3	2
书院乡校	4	5								3	1	
衙署客舍	2	3				2						
其他	15	19	7	1				2	3	2		
合计	79		27	1	0	16	0	11	11	7	4	2

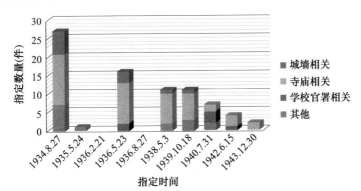

图2.10　日帝强占期"宝物"中木结构建筑的指定数量统计

（来源：自绘）

寺院和祠庙类作为各地区的宗教中心，一般都有较为悠久的历史，并受到较为系统的管理，因此其中历史、艺术价值较高的建筑比较多。除了一些不利于殖民统治的与韩国历史人物相关的祠堂，如李舜臣祠堂，寺院和祠庙建筑的保护大多与朝鲜总督府的殖民统治矛盾不大，这也使得朝鲜总督府指定的建筑中这类建筑数量较多。

书院及乡校是儒学教育中心，通过朝鲜时代末期1871年的"书院拆废令"①，书院作为私立教育设施的功能和影响力已经有所削弱。然而，各地许多书院建筑仍然保留着完整的建筑群，而在日帝强占期儒生作为各地区的知识阶层成为反对殖民统治的核心。因此朝鲜总督府对书院和乡校等儒学教育设施采取了改造使用或拆除的措施，基本没有指定保护。

朝鲜时代，地方行政建筑是衙署和客舍，其中衙署是封建时代官吏办事的地方，客舍是供奉象征朝鲜国王的"阙牌"以及外国使臣或中央派送的官吏住宿之地。清日战争时期（1894～1895年），全国范围内很多衙署建筑改造为日本军队的军营，持续使用到日帝强占期。关于客舍建筑，在韩日强制合并的前一年（1909年），日本驻韩国的统治机构统监府下令，将各地方客舍内的阙牌一律收回送到中央，客舍建筑改由地方政府使用[70]。据此，许多客舍改造为地方厅或学校，客舍所拥有的土地分卖给私人。朝鲜时代，衙署和客舍建筑一般选址于地方城市内交通便利、风景优美之处，且占地面积较大，建筑群规模完整。在1902年关野贞首次对韩国建筑进行考察时，也调查到不少衙署和客舍建筑②，其中一些被关野贞判断为"朝鲜时代早期"的建筑，其实是"高丽时代"的。然而，在1936年首次指定"宝物"时只有"江陵临瀛馆三门"和"成川东明馆"两座被指定，直到1943年也没有补充指定。表面上其原因可能在于这些建筑的历史价值相对低，实际上是由于这些建筑具有很高的朝鲜王朝的象征意义，不利于殖民统治。总之，朝鲜总督府对衙署和客舍建筑采取的策略是破坏其象征性而保持使用价值，这导致日帝强占期衙署和客舍建筑基本没有得到保

---

① 书院拆废令，是在朝鲜时代由于书院所有土地和人员享受免税、免役等优惠，并各书院分派形成地方政治势力，给朝鲜政府带来政治和经济上负担。因此朝鲜政府在1871年下的命令，其内容是在全国600多的书院中，除了政府所定47处书院之外，将其他书院合并或废止。

② 例如，与成川客舍东明馆、江陵客舍临瀛馆一起，金海客舍盆城馆、庆州客舍东京馆、晋州客舍、玉川客舍玉川馆、高灵客舍、成州客舍等，均评估为"乙"级。

护，被改造使用后逐渐被拆除。

还有一类建筑也是出于同样的原因，在整个日帝强占期不仅没有受到保护反而遭到严重破坏，该类建筑就是宫殿建筑。1902 年关野贞考察时充分肯定了宫殿建筑的价值，例如景福宫正门光华门、昌庆宫明政殿、弘化门、明政门、昌德宫仁政殿、敦化门等建筑，评估为"甲"级，"乙"级的则更多。然而，在整个日帝强占期宫殿建筑类一处也没有指定为"宝物"或"古迹"，反而遭到了严重破坏。1910年，景福宫约七千间殿阁中的四千余间被拍卖售出[71]，并解体搬迁出去。1911 年 5 月，景福宫所有权从大韩帝国皇家正式落到朝鲜总督府手中，朝鲜总督府在 1915 年以召开"市政五年纪念朝鲜物产共进会"为由，再次出售、拆除了景福宫中轴线上的兴礼门和周边回廊及东宫，共十五座殿堂和九座门楼[72]，并在景福宫内新建了石造美术馆及附属建筑。"市政五年纪念朝鲜物产共进会"结束后，1916 年在景福宫正殿勤政殿南侧开始新建"朝鲜总督府新厅舍"，到 1926 年竣工。同年将位于朝鲜总督府新厅舍南侧的景福宫正门光华门迁移到景福宫东门建春门的北侧（图 2.11）。1909 年，昌庆宫宫内建筑也成批拆迁，建设大温室及博物馆，改造为动物园和植物园对外开放。庆熙宫和德寿宫也不例外，只有昌德宫由于大韩帝国的最后皇族居住而相对完好地保留下来。

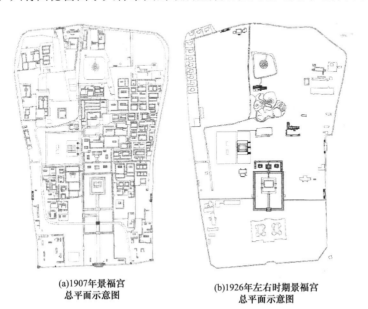

(a)1907年景福宫　　　　　　　　(b)1926年左右时期景福宫
总平面示意图　　　　　　　　　　总平面示意图

图 2.11　1907 年和 1926 年景福宫总平面示意图

（来源：参考文献［72］109-110）

2. 指定标准的分析

在日帝强占期，根据《保存令》的指定，虽然对宗教建筑进行了一些保护，但是那些被朝鲜总督府认为不利于殖民统治的历史遗存，没有被指定，反而遭到了严重破坏。由此可见，指定制度被日本殖民者作为殖民统治的手段而使用。关于指定标准，《保存令》第一条规定，宝物是"历史的证明者或艺术的典范者"，古迹、名胜和天然纪念物是"需要保存的学术研究资料"，以历史、艺术和学术上的价值为主要指定标准（图 2.12）。通过与日帝强占期的指定名录结合分析，其具体指定标准可能有如下几方面：

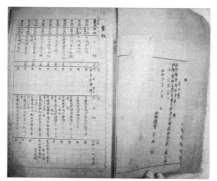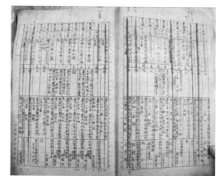

图 2.12　1934 年宝物、史迹、天然纪念物的指定目录文件

（来源：参考文献［73］）

第一，在形式、结构、手法等方面，具有历史价值或艺术价值的。对于韩国现存的高丽时代或朝鲜时代初期的木结构建筑、三国时期的砖石结构建筑以及具有时代代表性的各种艺术品，它们被指定为宝物的依据便在于此。

第二，与日本侵略朝鲜半岛相关的历史遗存。最典型的实例是位于韩国南部的一些"倭城"、首尔"崇礼门"（又称"南大门"）以及"兴仁之门"（又称"东大门"）。这些遗存与朝鲜时代壬辰倭乱（1592年）有关，"倭城"是倭寇侵入朝鲜半岛后为了准备交战而砌筑的。日帝强占期很多"倭城"被指定为古迹。关于崇礼门的指定，日本帝国政府吞并韩国后，曾经提出将大韩帝国首都的正门崇礼门的拆除，但是由于有日本人提出崇礼门是壬辰倭乱时日本将军进入首尔的城门，主张不拆崇礼门而拆除其周边城墙。兴仁之门也是作为当时日本将军入城的城门而被保留下来，1915 年对其进行了修缮。与此相反，"敦义门"（又称"西大门"）在 1915 年被拆除，这明确显示出当时朝鲜总督府古建筑保护的标准。同样，平壤城内许多城门、楼阁等建筑及全州城的"丰南门"等，均因与倭乱时日本军有关避免了拆毁，后来朝鲜总督府将其指定为宝物[53]28。这些建筑与日本将军相关的内容，详细见于日帝强占期出版的旅游书上①，作为游客宣传之用。

第三，有利于宣传皇国史观或殖民统治的遗存，或者与韩国消极的历史相关的遗存。1938 年 11 月 26 日《东亚日报》报道[74]："朝鲜宝物古迹名胜天然纪念物保存会在第四回总会新指定 101 种 … 本次指定的是明确体现'内鲜一体'②的文化财"。根据该标准，平壤地区的古墓、伽倻地区的古墓等被指定为"古迹"。还有韩国历史中反映消极历史的相关遗址也被指定，例如鲍石亭、三田渡碑③等。与此相反，与韩国积极历史或者抗日以及象征朝鲜王室或大韩帝国皇室相关的遗存，不仅没有指定反而遭到了破坏。例如，1943 年 11 月 24 日朝鲜总督府立案发送了"关于儒林的整肃及反时局古迹的撤去的文件"，并在其附件"现存类似碑一览表"中列了 20 座碑碣。据此，荒山大捷碑、幸州大捷碑、四溟大师石藏碑、牙山李舜臣神道碑等被炸毁。[75]

（二）1955 年"宝物"价值的重新评估与改称为"国宝"

由于解放后一段时间《朝鲜宝物古迹名胜天然纪念物保存令》继续有效，在日帝强占期指定的 716 件宝物和古迹等均保持了其指定地位。重新成立的"宝物古迹名胜天然纪念物保存会"在 1946 年提出了指定"准国宝"的问题，并对相关法律制定进行了讨论[76]。但是该问题的审议推迟到 1948 年大韩民国政府成立之后，而后由于韩国战争爆发，对宝物和古迹等指定的修改，一直到 1955 年"国宝古迹名胜天然

---

① 例如：大木春三.趣味的朝鲜的旅.京城：朝鲜印刷株式会社，1927；青柳南冥.朝鲜史话与史迹.京城：朝鲜研究会，1926 等。

② 内鲜一体，"内"是指日本，"鲜"指朝鲜半岛，在 20 世纪 30 年代日本在准备侵占中国时，为了动员殖民地韩国的人力和资源所提倡的思想。在学术上，通过"日鲜同祖论"和"任那日本府说"等歪曲历史观来论证朝鲜半岛是日本的领土，为"内鲜一体"提供了理论上的支持。类似的还有 20 世纪 30 年代日本提倡的"日满一体"。

③ 鲍石亭为位于庆州，新罗时代末期新罗王在此地被后百济军被弑杀。三田渡碑是在 1639 年丙子胡乱时朝鲜战败而立的。

纪念物保存会"的成立才得到落实。

据韩国战后的统计，在指定为宝物及古迹等中，除了地处朝鲜之外，位于韩国的共计国宝 367 件、古迹 106 件、古迹及名胜 3 件、天然纪念物 116 件，共 592 件。1955 年 6 月 30 日，国宝古迹名胜天然纪念物保存会第一次总会将日帝强占期被指定为"宝物"的文化财，一律改名为"国宝"（表 2.20）。然而，经过韩国战争，由于国宝及古迹中相当数量遭到了不同程度的破坏，因此根据破坏现状，指定目录需要调整，更重要的是对基于皇国史观指定的整个目录需要重新进行价值评估。

表 2.20　韩国战争后韩国和朝鲜宝物及古迹等的数量统计（单位：件）

（来源：参考文献［37］9）

	宝物	古迹	古迹及名胜	名胜及天然纪念物	天然纪念物	合计
日帝强占期（全朝鲜半岛）	419	145	4	2	146	716
1955.6.30统计 所在韩国	367	106	3	0	116	592
所在朝鲜	52	39	1	2	30	124

在这一时期，对已指定的和未指定的国宝及古迹进行了初步的价值评估，调整了指定目录。国宝古迹名胜天然纪念物保存会在 1955 年 11 月 4 日总会上，对日帝强占期基于歪曲的历史观而指定的一些宝物撤销了其指定，并将对韩国战时完全被破坏的松广寺白云堂和青云堂、观音寺圆通殿、宝林寺大雄殿、晋州矗石楼等建筑，也撤销其指定。另外，从 1957 年 2 月 11 日长水乡校大成殿被增添指定为"国宝"开始，至 1962 年《文化财保护法》公布，仅"国宝"就增加指定了 155 件。其中，木结构建筑有 20 件，主要类型包括昌德宫敦化门、昌庆宫弘化门、明证殿和明政门及其回廊等宫殿建筑，洗兵馆、丰南门、观德亭、镇南馆等朝鲜时代军事相关建筑，道东书院、养真堂等儒学教育及儒家学者民居等，它们均反映了新的历史观和价值判断。这一定更清晰的见于可移动遗物的新增指定目录中，如开国原从功臣录卷、训民正音、李忠武公乱中日记、李忠武公遗品等，这些关于朝鲜王朝建国、韩文创制等反映朝鲜时代光辉历史的遗物，在日帝强占期没有得到指定。这些可移动遗物，其价值评估和指定以韩国史学研究为基础，被认定为民族文化主体性相关的重要遗物。

建筑历史研究领域因为严重缺乏韩国建筑史专家，并且在 20 世纪

50 年代还没有正式开展由韩国建筑史专家主导的木结构建筑考察，因此对木结构建筑的价值评估无法完全脱离日帝强占期的考察和研究成果。首次被指定的宫殿建筑——昌德宫敦化门、昌庆宫弘化门、昌庆宫明证殿和明政门及其回廊，均是被关野贞在 1909 年评估为"甲"级的。经过 20 世纪 70 年代韩国建筑史研究成果的积累，1985 年才开始对宫殿建筑的新增指定。

（三）据《文化财保护法》的文化财指定

1. 1962 年文化财的重新指定

1962 年 1 月 10 日制定《文化财保护法》后，文化财划分为四类：有形文化财、无形文化财、纪念物和民俗资料，大体形成了现行文化财分类体系。其中，有形文化财按其价值可以指定为"国宝"或"宝物"；无形文化财可指定为"重要无形文化财"；纪念物可以指定为"史迹"、"名胜"、"天然纪念物"；民俗资料可指定为"重要民俗资料"。

《文化财保护法》"附则第三条（临时条款）"规定："根据以前的法令指定或预备指定为宝物（国宝）、古迹、名胜或天然纪念物者，视为据本法被指定或被预备指定，但对指定文化财自本法施行起在一年之内应该更新其指定，对预备指定文化财自本法施行起在六个月之内应该决定其指定。"从此，开始了对整个已指定文化财和预备指定文化财的价值评估和重新指定。

1962 年 5 月 11 日文化财委员会第一分课会议，决定了国宝和宝物的指定对象类型和指定标准。指定对象类型分为：建造物、典籍与书迹、绘画、雕刻、工艺品、考古遗物。其中建造物的具体指定对象有："一、木造建筑，包括堂塔、宫殿、城门、寺庙、祠宇、书院、楼亭、官衙、客舍、乡校、民居及其他；二、石造建筑，包括石窟、石塔、砖塔、浮屠、碑碣、石灯、石阶、石坛、石冰库、瞻星台、幢竿支柱、石表、石井、石桥及其他；三、墓葬，包括墓葬遗构或其构件及附属物、建造物模型。"

宝物的指定标准是"具有很高的历史价值、意匠优美、技术优秀、具有典型的时代特色或地方特色、具有很高的艺术价值"。国宝的指定标准则是"在宝物中，从人类文化的角度，一、具有极高的历史价值或艺术价值；二、制造年代悠久，或具有时代代表性；三、意匠或制作技术优秀，或具有稀少性；四、形式、品质、功能十分独特；五、与重要人物相关，或由重要人物制作"[77]。这些标准后来收录于《文化财保护法施行规则》（1964年2月15日制定），成为法定标准。

关于国宝的指定，文化财委员会在1962年5月25日召开的第一分课第三次会议上将国宝制定方式定为第一分课的委员七人全部同意的规则[77]。在6月12日第四次会议上，对委员个别提出的108个预备对象中，除得到7人同意的预备对象之外，对得到5人以上同意的预备对象再次进行讨论，在7月12日第六次会议上确定了国宝40件。其中木结构建筑共有5座：首尔崇礼门、浮石寺无量寿殿和祖师堂、修德寺大雄殿、华严寺觉皇殿。

在10月14日第十三次会议上，再次确定了22件国宝，包括了银海寺居祖庵灵山殿、凤停寺极乐殿、道岬寺解脱门、松广寺国师殿共4座建筑。11月2日第十六次会议又确定了47件，木结构建筑包括无为寺极乐殿、江陵客舍门、海印寺藏经板殿、法住寺八相殿、金山寺弥勒殿共5座，此外还包括小委员会提出的一些遗物。11月23日第十七次会议上，包括14座木结构建筑在内的共118个对象被确定为国宝。1962年12月20日正式指定公布（表2.21）。

表2.21　韩国指定为"国宝"或"宝物"的木结构建筑统计（单位：件，不包括朝鲜所在的）（来源：参考文献［77］、参考文献［78］，笔者统计）

		战后1955年		1963年重新指定	
		战争烧毁的	保存下来的	国宝	宝物
宫殿		0	0	0	3
陵寝殿		0	0	0	0
城楼		0	3	1	2
坛庙		1	3	0	2
寺院		4	28	12	24
学校		0	3	0	5
衙署		0	1	1	4
其他		1	5	0	8
合计		6	43	14	48

关于宝物的指定。自第十八次会议开始，对《文化财保护法》制定之前已被指定的审议对象进行审议，共400件在1963年1月21日被指定公布，包括首尔兴仁之门、首尔文庙及成均馆等48座木结构建

筑。另外，关于史迹的指定，除倭城等几件没有被指定以外，其他 125
件被指定。

1962 年 12 月 20 日国宝的指定公布和 1963 年 1 月 21 日宝物和史
迹成批指定后的补充指定，是按照一定程序不定期指定的。目前其指
定程序如图 2.13 所示。

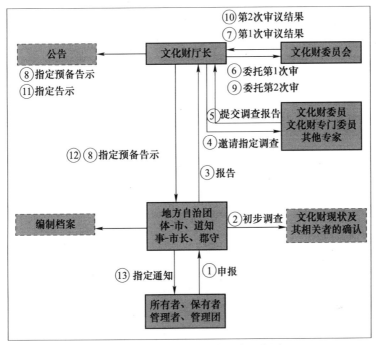

图 2.13　韩国文化财指定程序示意图

（来源：参考文献［40］）

20 世纪 60 年代初对文化财重新进行的价值评估和指定是根据
1962 年《文化财保护法》的要求，在短短一年时间内完成的。文化财
管理局 1961 年成立，尚未具备对指定文化财进行系统现状调查的行政
能力。韩国建筑史学领域缺乏韩国建筑史专家，一些年轻学者正逐步
对个别重要古建筑展开考察学习，因此 20 世纪 60 年代初对建筑文化
财价值重新评估时，无法期待建筑史学领域的系统咨询。因此重新评
估文化财时，对古建筑的价值评估没有展开进一步的讨论，工作只限
于对已被指定的建筑文化财再次确认，只有极少的建筑文化财被补充
指定。宫殿建筑中的 3 件重要建筑昌德宫敦化门、昌庆宫弘化门、昌
庆宫明政殿和明政门及其回廊，没有被指定为"国宝"而仅被指定为

"宝物",足以说明这一时期面临的困难。

2. 20世纪80年代对指定文化财价值的再评估与指定调整

1984年4月,已指定为宝物的双峰寺大雄殿被烧毁,同年5月宝物指定被撤销,而1986年根据烧毁之前的测绘图原址重建后,一些人主张要再次指定,这引起了文化财指定标准和价值再次评估的问题(图2.14)。对此文化财管理局进行了研究,其成果有1988年《国家指定文化财再评价——国宝、宝物、史迹》(文化财管理局)、1989年《国家指定文化财再评价——重要民俗资料》(文化财管理局)、1990年《国家指定文化财再评价——天然纪念物》(韩国自然保护协会)。

(a)双峰寺大雄殿20世纪60年代   (b)1986年复原后

图2.14 双峰寺大雄殿照片

(来源:(a)文化财厅统计资料;(b)自摄)

在《国家指定文化财再评价——国宝、宝物、史迹》一书中,从解放后至20世纪80年代共计30多次的新增指定得到公布,由于指定时间和指定人员均有不同,其价值判断、等级调整、起名方式、编年方式等存在问题,因此该书提出应为各类文化财制定具有针对性的价值评估标准。其中对建筑物的价值评估标准提出为:一、建筑形式上具有时代代表性的;二、营造、技术、意匠上具有代表性的;三、反映社会情况的;四、代表某种宗教特性的;五、代表地方特点的;六、具有特殊性或稀少性的;七、功能上具有代表性的;八、按原形复原的。根据这些评估标准，对指定提出如下调整：现国宝"松广寺国师殿"下调为宝物；现宝物"长谷寺上大雄殿"撤销其指定；现宝物"通度寺大雄殿"上调为国宝；复原的"双峰寺大雄殿"重新指定等。关于名称调整提出：将"南大门"改为"崇礼门"；"东大门"改为"兴仁之门"等。对20世纪80年代末发起的再评估，由于不少学者指出其评估标准的客观性问题[79]没有得到学界的广泛认可，因而没有落实到文化财指定的调整。但是，有些文化财的等级调整及名称恢复，影响了后来的讨论。

作为纪念解放50年的"拨正历史认识"事业的一环，1996年2月在国家指定文化财共2197件中，对曾在日帝强占期被指定过的503件①，再次进行了文化财的价值与指定评估。文化财委员会将再评估的具体对象定为：关于价值评估和指定等级，因为基于歪曲的历史观，价值评估不妥当或不全面的，以及指定等级不适当的；关于指定名称，使用日本式名称的，或为歪曲韩国历史而没有采用原名称的，以及起名有错的。结果，指定等级被调整的有宝物1件和史迹8件，下调为地方文化财，具体为：中初寺址三层石塔（原为宝物）、蔚山鹤城（以下均原为史迹）、昇州新城里城、泗川船津里城、金海竹岛城、机张竹城里城、熊川安骨里城、西生浦城、勿禁甑山城。这些城址和城墙都是在朝鲜时代中期壬辰倭乱时由倭军砌成的，因而在日帝强占期得到很高的价值评估。从宝物升级为国宝的有6件，包括通度寺大雄殿、益山王宫里五层石塔等。指定名称被调整的有7件，包括首尔南大门改为首尔崇礼门、首尔东大门改为首尔兴仁之门、水原城廓改为华城等。

据最近统计，韩国指定文化财和登录文化财，共有12151件，包括国宝315件、宝物1790件、史迹486件等（表2.22）。在国宝和宝物中，木结构建筑有国宝24件、宝物142件（表2.21）。20世纪60年代成批指定之后，80年代再次有了较大规模的指定。关于宫殿建筑的指定，20世纪60年代有3件指定为宝物，80年代有指定等级上调或新增指定共14件。另外，解放后指定为史迹的陵墓中，21世纪10年代有一些陵寝殿被指定为宝物（表2.23）。

---

① 具体有：国宝67件、宝物270件、史迹98件、史迹及名胜3件、天然纪念物63件。

表 2.22　韩国指定文化财和登录文化财指定统计（2014 年 9 月 30 日）

（来源：文化财厅统计资料）

		指定名称	数量（件）	百分比（%）
指定文化财（11,536）	国家指定文化财（3,556）	国宝	315	3
		宝物	1,790	15
		史迹	486	4
		名胜	107	1
		天然纪念物	455	4
		重要无形文化财	120	1
		重要民俗文化财	283	2
	市道指定文化财（7,980）	市道有形文化财	2,972	24
		市道纪念物	1,611	13
		市道无形文化财	501	4
		市道民俗文化财	384	3
		文化财资料	2,512	21
登录文化财（615）		登录文化财	615	5
合计			12,151	

表 2.23　韩国"国宝"与"宝物"中木结构建筑的指定数量统计（2014 年 9 月）

（来源：据文化财厅统计资料，笔者统计）

	国宝							宝物						
年代	60	70	80	90	00	10	合计	60	70	80	90	00	10	合计
宫殿			4				4	3		10			7	20
陵寝殿							0						3	3
城楼	1						1	4						4
坛庙			1				1	6	2	1		2	1	12
寺院	12			1		2	13	28	2	24	5	8	6	73
学校							0	2				3	1	6
衙署	1						1	2	2					4
其他					2		2	16	2				1	1	20
合计	14	0	5	1	2	2	24	61	8	35	5	14	19	142

五、本 章 小 结

1916年公布的《古迹及遗物保存规则》是韩国最早的综合性保护法律，该规则所定保护对象基本上是可移动的遗物。对建筑文化财的法律保护是从1933年制定《朝鲜宝物古迹名胜天然纪念物保存令》，并据该《保存令》在1934年指定保护对象而开始的。《保存令》是根据殖民史观，针对为经营殖民地具有价值的对象指定保护为目的而制定的文化财保护法，其采取了广义的文化财概念，不仅包括具有历史、艺术价值的人工遗产，还包括景观及自然物。同时，《保存令》采取了仅对被指定的对象进行保护的重点保护主义。这些均影响到了解放后韩国的文化财保护法律。1962年《文化财保护法》是解放后韩国制定的首个文化财保护相关综合法律。文化财中具有一定价值的，按其类型分别可以指定为国宝或宝物，重要无形文化财，史迹，名胜，天然纪念物以及重要民俗资料。这样的文化财分类和指定类型，基本保持至今。

日帝强占期朝鲜总督府"学务局"原专管乡校相关事务，后来随着古迹调查的全面开展，其业务逐渐扩大，成为文化财调查和保护的专门机构。另外，大韩帝国时期管理皇室事务的机构——宫内省，1910年调整为"李王职"，分管宫殿、坛庙及陵墓。1945年韩国解放后，学务局改为"文教部文化保存课"，李王职改为"旧皇室财产事务总局"。为了提高文化财相关行政的一贯性和效率性，1961年两个机构合并新设了"文化财管理局"，1999年文化财管理局升格为"文化财厅"，延续至今。作为文化财行政相关咨询机构，1916年日帝强占期间首次设置"古迹调查委员会"，主要审议古迹与遗物的调查相关事项。古迹调查委员会据《保存令》变更为"朝鲜总督府宝物古迹名胜天然纪念物保存会"，通过保存会评审，指定公布了宝物、古迹、名胜和天然纪念物共716件。解放后经过"国宝古迹名胜天然纪念物保存会"等过渡性咨询机构，1962年正式成立"文化财委员会"。在文化财委员会成立之初，最重要的议案是按照新制定的《文化财保护法》重新建立文化财指定标准，对已有指定文化财重新进行价值评估并重新指定公布。1962年12月20日，公布首批"国宝"名录，翌年公布了首批"宝物"和"史迹"等名录。这些名录是韩国文化财保护政策的主要对象，经过后来的陆续补充指定，保持至今。

日帝强占期，日本对韩国古迹的调查是从建筑、城墙、塔等建造物开始,后来逐渐转向古坟、陵墓的考古发掘。日本学者关野贞接受日本政府委托从 1902 年到 1915 年进行调查,后来古迹调查委员会全面展开了以古墓发掘为主的古迹调查。进入 20 世纪 30 年代,由黑板胜美建立的"朝鲜古迹研究会"主导,对平壤和庆州进行考古发掘调查。日帝强占期的文化财调查为后来的保护提供了珍贵的基础资料,但是调查基于皇国史观,以辩护日本对韩国的殖民统治为目的,过于偏重韩国古代史,短时间内对大量古墓进行考古发掘,其过程中只关注挖掘遗物,严重破坏了遗址。解放后至 20 世纪 60 年代前半叶,文化财调查的重点在于对日帝强占期指定文化财的战后现状调查。到 60 年代后半叶,开始对尚未指定的文化财进行调查,对在日帝强占期其价值被忽略的文化财进行了调查和指定。20 世纪 70 年代正式开展了对不可移动文化财的系统实地考察,基于其调查成果,建立了"地方文化财"指定制度。进入 80 年代后,文化财调查从"点"向"面"发展,调查对象更加丰富全面。

关于文化财指定,根据《保存令》1934 年指定公布首批宝物、古迹、天然纪念物等 169 件,至 1943 年不定期陆续指定公布 10 次,共指定了 716 件,其中指定为宝物的木结构建筑类有 79 件。文化财的指定对其保护起到了实际作用,但是其指定标准出于殖民政策之需,不利于殖民史观的文化财基本没有得到指定保护,而遭到了严重破坏,例如象征朝鲜时代王权的宫殿建筑、衙署和客舍等朝鲜时代政治机构相关文化财、书院、祠堂等儒学思想相关文化财等。解放后经过价值的重新评估,据《文化财保护法》在 1962 年全面重新指定后,目前共有 3556 件国家指定文化财和 7980 件市道指定文化财及 615 件登录文化财。其中,指定为国宝或宝物的木结构建筑有 166 件。

总之,日帝强占期文化财相关制度采取广义的文化财概念和重点保护主义,制定保护法律,设置专管机构,进行指定保护,形成了保护体系。这些体系对解放后韩国文化财保护体系的建立产生了很大影响。解放后韩国文化财保护面临的重要工作是从歪曲的历史观中脱离出来,基于民族历史观,重新认识韩国文化财价值。因此,20 世纪 60 年代,以史学、哲学、艺术学等研究结合而建立的民族历史观为基础,对文化财价值重新进行了评估。根据其结果,调整文化财相关行政机构,调查并重新指定文化财,对整个文化财制度进行了调整,这些制度基本保持至今(表 2.24)。

表 2.24　韩国文化财保护制度相关大事表（来源：自绘）

时间(年)	1890	1900	1910	1920	1930	1940	1950	1960	1970	1980	1990	2000
时代背景	朝鲜时代 大韩帝国时期 (1392-1897) (1897-1910) 1894甲午改革		1910朝日合并条约	日本强占时期 (1910-1945)	1931 9.18事变 1937卢沟桥事变	美军政期 (1945-1948) 1945韩国解放	1948大韩民国政府成立 1950韩国战争	1961军事政变	大韩民国 (1948-)	1979维新体制结束 1988首尔奥运会	1995首次列入世遗	
保护法律		1902国内寺刹现行细则	1916古迹及遗物保存规则 1910乡校财产管理规定 1911寺刹令		1933朝鲜宝物古迹名胜天然纪念物保存令		1950旧王宫财产分法	1962文化财保护法				2010文化财保护法的分法
保护机构	1894寺刹局		1910朝鲜总督府学务局 1916古迹调查委员会			1946文教部教化局	1955国宝古迹名胜天然纪念物保存会	1961文化财管理局 1961文化财保存委员会 1962文化财委员会			1999文化财厅	
文化财调查		1902-1915关野贞对韩国古迹调查	1916-1930古迹调查事业		1931-1945朝鲜古迹研究会古迹调查		1952-60年代前期 指定文化财现状调查	60年代后半期 非指定文化财现状调查	1971-1975 不动产文化财地表调查	80年代以后 针对特定区域或特定主题的文化财调查		
文化财指定					1934-1943据《朝鲜宝物古迹名胜天然纪念物保存令》的指定		1955"宝物"价值的重新评估与称称为"国宝"	1962据《文化财保护法》的文化财指定				

第三章

建筑文化财的保护工程案例分析

20世纪初，韩国形成了现代意义上的文化财修缮，其修缮目的和修缮方法均与之前的修缮存在很大区别。在修缮目的上，现代文化财修缮以历史、艺术等价值的维护为主要目的，而不再以使用价值或精神价值的维持为主要目的。在修缮方法上，现代文化财修缮重视保护物质载体，尽量保留原有构件，并在修缮工程重采用传统做法。这些文化财修缮概念与方法，在日帝强占前半期由日本人建立并运用到一些韩国建筑文化财修缮工程中，到日帝强占后半期扩大到许多建筑文化财修缮工程，并影响到解放后的韩国建筑文化财保护工程。

各时期的工程实践反映了各时期的保护思想与方法论，通过各时期工程案例的分析，可以了解韩国文化财保护思想与措施方法的形成及其变化过程。本文先对日帝强占期与解放后韩国的保护工程相关情况进行概述，再从建筑文化财保护历史的角度出发对各时期典型案例进行分析。

1. 日帝强占期保护工程概述

日帝强占初期，韩国建筑文化财的修缮，由朝鲜总督府的土木局营缮课负责，而营缮课的主要业务不是建筑修缮而是新建厅舍或土木建设。营缮课中负责管理建筑修缮的是两名日本技师：国技博和岩井长三郎，他们都毕业于东京帝国大学建筑学科，而他们来到韩国之前没有任何木结构建筑文化财的修缮经验。实际上当时韩国有一定修缮经验者只有日本大木匠木子智隆[①][80]。1913年，平壤普通门的修缮及

---

① 木子智隆（1865年～？），是日本京都著名木匠——木子栋齐的儿子，自1910年至1924年在韩国唯一的具有日本木结构修缮的经验者，主管了许多重要修缮工程，如荣州浮石寺无量寿殿、金提金山寺弥勒殿等。

朝鲜总督府会计课直接邀请木子智隆实施[32] 79，这说明当时营缮课内还没有建筑文化财修缮专家，也还没有形成由技师和技手来实行并监督文化财修缮的监督官体系。

监督官制度是指，针对朝鲜总督府发放补助金的工程，为了有效控制工程现场，在朝鲜总督府所派的监督员的监督之下进行工程的制度。监督官制度始于日本。1896 年"古社寺保存会"成立，建筑师开始参与修缮工程，翌年日本制定《古社寺保存法》之后，监督体系基本形成，在受到大学教育的建筑师（"技师"）的监督之下，由经验丰富的工匠或者受到高等建筑教育的人员（"技手"）负责工程现场的运营[80] 320。20 世纪 10 年代，朝鲜总督府也有了一定的技师与技手人员，然而大部分的技师和技手是现代建设工程相关专家，缺乏文化财保护工程经验，这一问题一直到 20 世纪 30 年代才得到部分解决。

1916 年《古迹及遗物保存规则》制定后，1921 年朝鲜总督府内增设古迹调查课，学务局逐渐成为文化财保护相关专门机构，但监督员仍然没有形成体系。总之，日帝强占初期对建筑文化财的修缮缺乏营缮课技师的指导。木结构建筑的现场管理由日本人工匠木子智隆负责，石质建筑则由日本人技手饭岛源之助负责。

关于修缮对象，从 1910 年到 1916 年，修缮的木结构建筑主要分布于新罗、高丽、朝鲜时代的首都庆州、开城、首尔及其周边地区，例如城门楼和名胜地的亭子等。可以说，日帝强占初期对木结构建筑的修缮对象是以旧都内的纪念性建筑为主的。《古迹及遗物保存规则》制定后，对文化财调查中学术上和殖民地旅游政策上具有价值的木结构建筑进行修缮。例如，对当时认为韩国现存最早的建筑——浮石寺无量寿殿和祖师堂的全部落架大修以及佛国寺石台和石桥的修缮等。

1933 年《朝鲜宝物古迹名胜天然纪念物保存令》制定之后，文化财保护有所变化，根据《保存令》指定宝物和古迹等，明确了重点保护对象。文化财相关政策虽然仍以古坟发掘调查为主，但木结构建筑修缮也开始得到一定关注，保护相关人员也从以教授级学者为主转向以现场实务人员为主。实际这些变化从 1935 年起反映到修缮现场，在"图 3.1"中可以看到，为了修缮那些指定为宝物的木结构建筑所发放的补助金在 1935 年大幅度增加。而 1937 年和 1938 年补助金的大幅度减少，则是由于第二次中日战争爆发而导致的文化财保护相关财政预算的整体减少（图 3.1）。

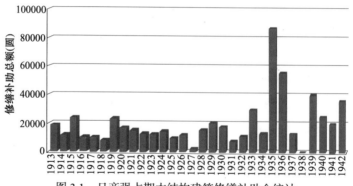

图 3.1　日帝强占期木结构建筑修缮补助金统计

(来源：据"表 3.1"自绘)

　　制定《保存令》后修缮工程逐渐形成体系。1943 年学务局编制的《关于宝物等的保存工事》[81] 将修缮工程根据其规模划分为三种：甲种、乙种和丙种，又根据修缮对象的所有权，划分为两种：国有和私有，对不同修缮工程安排不同的监督员。在《保存令》施行初期，朝鲜总督府由日本技手小川敬吉① 主要负责修缮对象的选择、发放补助金、安排技术人员等业务，同时主要修缮工程也由他监督。1935 年日本人杉山信三② 作为朝鲜总督府技手也来到韩国。虽然杉山信山与小川敬吉的职位是"技手"，但实际上他们在韩国充当了"技师"的角色，形成了两人之下有若干名技手和助手的人员体系。在小川敬吉的监督下进行了修德寺大雄殿③、华严寺觉皇殿④ 等重要建筑的修缮，在杉山信三的监督下进行了清平寺极乐殿和回转门⑤、长安寺四圣殿⑥ 等重要建筑的修缮（表 3.1）。

---

　　① 小川敬吉（1882～1950），毕业于东京的工手学校建筑学科，在日本内务省宗教局工作时，在关野贞的指导下曾参与古社寺建筑的测绘工作，1916 年到韩国朝鲜总督府工作，1921 年晋升为"技手"，至 1944 年回日本，参与了许多总要韩国建筑修缮工程，并发表了一些相关论文。

　　② 杉山信三（1906～1997），毕业于京都高等工艺学校，从事于京都的文化财建筑修缮和奈良法隆寺修缮工程，1935 年作为朝鲜总督府古建筑修理技手来到韩国，对许多韩国重要木结构建筑修缮做了监督，至 1945 年回日本，发表了许多韩国古建筑相关论文。1968 年成为日本近畿大学建筑学科教授。

　　③ 工程现场的技手是日本人池田宗龟、助手是韩国人郑愚镇。

　　④ 工程现场的技手是日本人上久保九市都、助手是韩国人杨澈洙。

　　⑤ 工程现场的技手是日本人板谷定一。

　　⑥ 工程现场的技手是日本人平井茂市、助手是日本人新井涅植。

表 3.1　日帝强占期木结构建筑文化财修缮工程

（来源：根据参考文献［8］128-147，笔者梳理）

	起工期间	修缮项目	补助（元）	来源
寺刹令时期	1913	石窟庵重修	4300.00	a
		水原访花随柳亭	365.00	c
		水原八达门	497.00	c
		高阳碧蹄馆	1013.00	c
		广州南韩山城西将台	445.00	c
		开城南大门	2436.50	c
		平壤乙密台	1079.00	c
		平壤普通门	6900.39	c
	1914	平壤永明寺浮碧楼修理	1690.00	a
		京城天然亭	755.00	c
		平壤普通门	283.00	c
		平壤大同门，练光亭	3195.00	c
		义州统军亭	472.00	c
		平壤七星门	330.00	c
	1915	传灯寺大雄殿修理	496.00	a
		传灯寺大雄殿修理	1600.00	a
		石窟庵重修	8000.00	a
		京城东大门	695.90	c
		江陵客舍门	1321.97	c
		平壤大同门及练光亭	760.11	c
		安边驾鹤楼	2435.10	c
		北青南门解体	2095.00	c
		晋州矗石楼	705.00	c
		庆州鲍石亭	1130.30	c
古迹及遗物保存规则时期	1916	浮石寺祖师堂及无量寿殿修理	9787.00	a
		庆州鲍石亭	436.00	c
	1917	石窟庵防漏施工	600.00	a
		浮石寺（续前年）	9400.00	a
	1918	海印寺大藏经阁修缮及防火设施	2755.00	a
		浮石寺醉玄庵、凝香阁修缮，无量寿殿、祖师堂后方石筑石阶工事	2429.00	a

	起工期间	修缮项目	补助（元）	来源
古迹及遗物保存规则时期	1918	（同上，因物价暴涨而增额）	1447.00	a
		访花随柳亭	500.00	c
		平壤普通门	560.00	c
		水原华宁殿	250.00	c
		京城洗剑亭	200.00	c
	1919	佛国寺大雄殿外 15 处修理	8369.00	a
		佛国寺大雄殿外 15 处修理	11131.00	a
		金山寺	1869.00	a
		金山寺	2000.00	a
	1920	济州观德亭	2700.00	c
		金山寺	10273.43	a
		石窟庵	3855.00	a
	1921	石窟庵	9169.00	a
		石窟庵	5830.00	a
	1922	金山寺	1309.00	a
		金山寺大雄殿修理	732.00	a
		浮石寺壁画修理	860.00	a
		佛国寺	1647.00	a
		石窟庵	7300.00	a
		全州南门	1000.00	c
	1923	佛国寺	9370.00	a
		浮石寺	2622.00	a
		成川东明馆	299.50	c
	1924	佛国寺	8112.00	a
		佛国寺	300.00	a
		浮石寺壁画修理	2608.47	a
		佛国寺	700.00	a
		水原华红门	2700.00	c
	1925	佛国寺	8569.00	a
		佛国寺	550.00	a
		成川东明馆	424.00	c

	起工期间	修缮项目	补助（元）	来源
古迹及遗物保存规则时期	1926	金山寺弥勒殿及其他修理	9500.00	a
		长安寺大雄殿修理	2500.00	a
	1927	金山寺大寂光殿修理	5430/3325	a
		长安寺大雄殿应急修理	1744.45	a
		法住寺大雄宝殿修理	600.00	a
	1928	浮石寺祖师堂壁画修理	700.00	a
		石窟庵保存素屋	665.00	a
		长安寺大雄殿修理	9650.00	a
		金山寺弥勒殿及其他修理	585.00	a
		白杨楼修理	1054.00	c
		开城南大门铁栅栏	303.00	c
		南韩山城西将台修理	600.00	c
		安州白杨楼修理	530.00	c
		扶余客舍修理	800.00	c
		水原访花随柳亭修理	600.00	c
	1929	长安寺大雄殿修理	12000.00	a
		成川东明馆修理	3500.00	c
		密阳岭南楼	1853.00	c
		岭南楼修理	2000.00	c
		平壤普通门修理	1000.00	c
	1930	长安寺大雄殿修理（最终）	11456.83	a
		密阳岭南楼修理	5000.00	c
		京畿北门修理	425.00	c
		水原华红门修理	400.00	c
		彰义门修理	425.00	c
	1931	成佛寺极乐殿修理	4900.00	a
		无为寺极乐殿修理	2758.00	a
	1932	传灯寺大雄殿及药师殿修理	1440.00	a
		成佛寺极乐殿	3310.09	a
		石潭书院（取消补助）	1000.00	a
		金山寺大寂光殿，弥勒殿，大藏殿修理	2580.00	a
		清平寺极乐殿，廻转门修理设计费	1300.00	a
		观音寺大雄殿	1500.00	a

	起工期间	修缮项目	补助（元）	来源
朝鲜宝物古迹名胜天然纪念物保存令时期	1933	成佛寺应真殿修理设计费	1074.00	a
		长安寺四圣殿修理设计费	1205.00	a
		观音寺大雄殿修理费	1500.00	a
		（佛国寺）境内整理	950.00	a
		松广寺大雄殿及其他应急修理	2165.00	a
		（无为寺）津贴及修理设计	1389.00	a
		金山寺修理	2580.00	c
		海州石潭书院	1000.00	c
		开丰观音寺大雄殿修理	1500.00	c
		长安寺四圣殿修理计划	1205.00	c
		松广寺大雄殿及其他	2165.00	c
		无为寺极乐殿	1389.00	c
		成佛寺极乐殿修理设计	3310.00	c
		清平寺极乐殿、廻转门	1300.00	c
		成佛寺应真殿	1074.00	c
		佛国寺	950.00	c
		石窟庵	260.00	c
	1934	开封观音寺大雄殿修理	3300.00	a
		成佛寺应真殿修理费（部分）	6390.00	a
		佛国寺境内整治费	950.00	c
		松广寺大雄殿及其他应急修理	2165.00	c
	1935	（成佛寺）应真殿修理（前年余额）	11125.00	a
		锦山身安寺极乐殿修理	3200.00	a
		心源寺普光殿修理设计费	1364.00	a
		应真殿（因设计变更增额）	1213.00	a
		佛国寺应急修理	2784.00	a
		华严寺觉皇殿修理	15000.00	a
		水原长安门	15000.00	b
		水原苍龙门	5000.00	b
		庆州崇惠殿	2500.00	b
		大同门或练光亭	6000.00	b

	起工期间	修缮项目	补助（元）	来源
朝鲜宝物古迹名胜天然纪念物保存令时期	1935	锦山身安寺极乐殿	3200.00	b
		佛国寺殿堂修理计划	3000.00	b
		华严寺觉皇殿	15000.00	b
		心源寺普光殿修理计划	900.00	b
		大同安国寺大雄殿修理计划	1000.00	b
	1936	华严寺觉皇殿修理	15000.00	a
		清平寺极乐殿修理	10072.00	a
		清平寺极乐殿修理	12928.00	a
		华严寺觉皇殿修理	13000.00	a
	1937	修德寺大雄殿修理	9618.00	c
		修德寺大雄殿修理	4500.00	a
		无为寺极乐殿应急修理	1150.00	a
		长安寺四圣殿修理	1500.00	a
		海印寺大藏殿版库应急修理	1612.00	a
		清平寺极乐殿修理	4856.00	a
		修德寺大雄殿修理	4500.00	a
	1939	修德寺大雄殿修理	5334.00	a
		修德寺大雄殿修理	5000.00	d
		华严寺觉皇殿修理	18000.00	a
		华严寺觉皇殿修理	4000.00	a
		修德寺大雄殿修理	3848.00	a
		长安寺四圣殿修理	3842.00	a
	1940	修德寺大雄殿（增额）	5118.00	a
		长安寺四圣殿修理	10000.00	a
		开心寺大雄殿修理	10000.00	a
	1941	开心寺大雄殿修理	8000.00	a
		长安寺四圣殿修理	8000.00	a
		开心寺大雄殿修理	4000.00	a
	1942	长安寺四圣殿修理	4000.00	a
		海印寺藏经板库翻瓦	8469.00	a

	起工期间	修缮项目	补助（元）	来源
朝鲜宝物古迹名胜天然纪念物保存令时期	1942	无为寺极乐殿漏雨处理	346.00	a
		开心寺大雄殿修理	10000.00	a
		长安寺四圣殿修理	13000.00	a

注：标"a"的原载于《朝鲜总督府古迹保存补助费台账》；标"b"的原载于《昭和10年度古迹保存工事计划缀》；标"c"的原载于朝鲜总督府其他相关资料

20世纪30年代后半叶，虽然韩国表面上形成了与日本监督官制度相类似的体系，但由于朝鲜总督府内相关人员很少，修缮工程的大规模展开以及深化修缮现场的调查均受到了很大限制。根据1935年左右编制的《宝物建造物保存修理的要旨》知道，当时日本的建造物保存事业中，在文部省的保存委员之下安排嘱托、属、技手等人员来管理保存事务，在地方厅又安排修理技师和技手，共达100多人。而在韩国的保存事务，表面上看也只有技师1人和嘱托1人，无法进行有效的保存工作。[82]

20世纪30年代后半叶的建筑修缮是以寺院建筑为主要对象进行的[83]。但是由于第二次世界大战，到1944年无法进行木结构建筑修缮等需要大量不同材料的工程，因此保护工程主要对象由木结构建筑转向石质建筑[23]83。

2. 解放后保护工程概述

韩国解放和韩国战争后，对战争时期被毁的建筑和日帝强占期没有得到修缮的建筑进行了一些修缮。根据《大韩教育年鉴·1955》知道，1955年对崇礼门、首尔文庙等8处建筑进行了彩画和瓦顶修缮[60]410。这一时期还没有重新制定保护法，经过战时的临时保存委员会同意，1955年成立的"国宝古迹名胜天然纪念物保存会"作为唯一的保护相关专家团体，主导了由政府发放修缮费而进行的重要建筑文化财的修缮工程，包括1956年无为寺极乐殿修缮和水原华城修缮、1957年首尔兴仁之门修缮等[37]16。另外，1958年第十六次总会选定了"1958年补修对象文化财目录"[37]43，共有42个文化财，其中有17座木结构建筑，包括首尔社稷坛、东庙、浮石寺无量寿殿、凤停寺大雄殿、银海寺居祖庵灵山殿、昭修书院、洗兵馆、岭南楼等。但这些建筑的修缮没有按计划在1958年开工，直到20世纪60年代才逐步开工。

文化财管理局1961年成立后，1963年制定了《文化财管理特别会计法》，对旧皇室财产进行保护价值评估，其结果是除了需要保护的文化财之外，土地等其他旧皇室财产于 1965 年 4 月 1 日开始出售[26]739，保障了文化财管理所需财源。基于这些稳定的财源，1964 年编制了"文化财补修五年计划"。针对指定文化财，以木结构建筑为优先，按残损程度依次修缮，修缮在文化财委员会的咨询和监督之下进行[86]，这开启了 20 世纪 60 年代后叶建筑文化财修缮的小高潮。1968年复原景福宫正门光华门，并对五大宫日常管理内容进行转换。日帝强占期五大宫日常管理的重点在于改为动植物园的昌庆宫的设施管理，此时转为重视景福宫和昌德宫建筑和园林的修缮、管理及复原。宫殿和王陵相关保护工程费用大幅增加，带动了整个保护工程费用总额的增加（表 3.2）。

表 3.2　解放后至 2000 年韩国重要木结构建筑的主要修缮工程表 ①

（在"工程范围"中标"［　］"的为笔者根据资料推测的）

工程时间	建筑名	指定类型	工程名	工程范围	报告书	来源
1952.11～1953.9	首尔崇礼门	国宝	南大门灾害复旧工事	［局部落架］	—	g
1956.6.25～12.31	无为寺极乐殿	国宝	无为寺极乐殿修理工事	阑额以上落架	国立博物馆，康津无为寺极乐殿修理工事报告书，国立博物馆，1958	a
1957	首尔兴仁之门	宝物	—	［局部落架］	—	d
1961	净水寺法堂	宝物	—	［全部落架］	—	d, e
1961	昭修书院	史迹	—	［局部落架］	—	d, e
1961.7.20～1963.5.14	首尔崇礼门	国宝	南大门重修工事	阑额以上落架	首尔市教育委员会，首尔南大门修理报告书，首尔市教育委员会，1966	b
1963.9.11～1964.1.20	统领洗兵馆	国宝	—	全部落架	—	c
1964.12.15～?	丽水镇南馆	国宝	—	［局部落架］	—	c

---

① 不包括：只有瓦面工程的、只有台基工程的、新建工程、环境整治工程。

工程时间	建筑名	指定类型	工程名	工程范围	报告书	来源
1964.5.19~10966.8.3	海印寺藏经板库	国宝	—	全部落架	—	c
1966.12.13~1971.9.22	无量寺极乐殿	宝物	—	［全部落架］	—	c
1966.12.28~1969.10.4	华严寺觉皇殿	国宝	—	［阑额以上落架］	—	c
1968.8.28~1969.12.30	法住寺捌相殿	国宝	法住寺捌相殿解体修理工事	全部落架修理	国立文化财研究所,法住寺捌相殿修理工事报告书,国立文化财研究所,1998	a
1969.5.17~12.29	济州观德亭	宝物	—	椽木以上落架	—	c
1969.6.3~1972.11.7	金山寺大寂光殿	宝物	—	［全部落架修理］	—	c
1970.7.15~12.31	广寒楼	宝物	—	［椽木以上落架］	—	c
1970.7.25~12.26	银海寺居祖庵灵山殿	国宝	—	［椽木以上落架］	—	c
1971.7~1971.9	浮石寺无量寿殿	国宝	—	［椽木以上落架］	—	f
1971.3.10~7.13	三陟竹西楼	宝物	—	［局部落架］	—	c
1971.10.29~1975.11.20	凤停寺极乐殿	国宝	凤停寺极乐殿解体工事	全部落架修理	国立文化财研究所,凤停寺极乐殿修理报告书,国立文化财研究所,1992	a
1973.6.16~12.15	双溪寺大雄殿	宝物	—	［局部落架］	—	c
1973.9.20~1974.1.7	禅云寺大雄殿	宝物	—	［局部落架］	—	c
1978.10~1979.2	洗兵馆	国宝	—	［局部落架］	—	f
1978.12~1979.12	无为寺极乐殿	国宝	—	椽木以上落架	—	f

工程时间	建筑名	指定类型	工程名	工程范围	报告书	来源
1980.4.17	景福宫集玉斋	史迹	景福宫集玉斋修理工事	全部落架	文化财管理局, 集玉斋补修工事报告书, 文化财管理局, 1982	b
1982.11.20～1983.8.22	无为寺极乐殿	国宝	无为寺极乐殿修理工事	斗栱以上落架	文化财管理局, 康津无为寺极乐殿修理报告书, 文化财管理局, 1984	a
1984.5.11～9.25	佛影寺应真殿	宝物	蔚珍佛影寺应真殿修理工事	全部落架	文化财管理局, 蔚珍佛影寺应真殿修理报告书, 文化财管理局, 1984	a
1988.5.10～1989.4.12	新兴寺大光殿	宝物	新兴寺大光殿修理工事	阑额以上落架	文化财管理局, 新兴寺大光殿修理报告书, 文化财管理局, 1994	a
1988.10.28～1999.11.10	金山寺弥勒殿	国宝	金山寺弥勒殿修理工事	阑额以上落架	文化财厅, 金山寺弥勒殿修理报告书, 金提市, 2000	a
1997.3.10～8.10	祈林寺大寂光殿	宝物	祈林寺大寂光殿解体补修工事	全部落架	Woory 建筑, 祈林寺大寂光殿解体实测调查报告书, 庆州市, 1997	a
1998.9.29～1999.8.30	景福宫庆会楼	国宝	景福宫庆会楼补修工事	阑额以上落架	Woory 建筑, 庆会楼实测调查及修理工事报告书, 文化财厅, 2000	b
1999.5.1～2001.4.30	美黄寺应真堂	宝物	海南美黄寺应真堂 修理工事	阑额以上落架	Enha 建筑, 美黄寺应真堂修理报告书, 文化财厅, 2002	a
1999.5.6～2000.7.1	昌庆宫迎春轩	史迹	昌庆宫 迎春轩及集福轩补修工事	阑额以上落架	Seowon 建设, 昌庆宫 迎春轩及集福轩修理工事报告书, 文化财厅, 2000	b
1999.5.8～1000.4.10	定慧寺大雄殿	宝物	定慧寺大雄殿补修工事	槫木以上落架	Enha 建筑, 定慧寺大雄殿修理报告书, 顺川市, 2001	a
1999.7.26～2002.6	凤停寺大雄殿	国宝	凤停寺大雄殿解体修理工事	全部落架	安东市, 凤停寺大雄殿解体修理工事报告书, 安东市, 2004	a

工程时间	建筑名	指定类型	工程名	工程范围	报告书	来源
1999.11.16～2000.12.7	宗庙正殿西侧室	国宝	宗庙正殿西侧室补修工事	全部落架	Giryong建设，宗庙正殿西侧室 修理工事报告书，文化财厅，2000	b
2000.1～2003.10	景福宫勤政殿	国宝	景福宫勤政殿补修工事	阑额以上落架	三星建筑，勤政殿补修工事及实测调查报告书，文化财厅，2003	b
2000.4.25～12.10	宗庙望庙楼	史迹	宗庙望庙楼复原补修及假设管理事务所新筑工事	阑额以上落架	文化财厅，宗庙望庙楼 复原补修及假设管理事务所新筑工事报告书，文化财厅，2000	b
2000.5.12～11.7	景福宫修政殿	史迹	景福宫修政殿补修工事	椽木以上落架	文化财厅，景福宫修政殿修理报告书，文化财厅，2000	b
2000.7.31～12.31	景福宫勤政门	宝物	景福宫勤政门补修工事	椽木以上落架	Daewon古建筑研究所，景福宫勤政门修理报告书，文化财厅，2001	b
2000.9.20～2004.12.30	江陵临瀛馆三门	国宝	江陵客舍门补修工事	全部落架修理	Mujin综合建筑，江陵客舍门实测 修理报告书，文化财厅，2004	b
2000.11.24～2001.12.14	德寿宫中和殿	宝物	德寿宫中和殿补修工事	椽木以上落架	Yeteo建筑，中和殿实测 修理调查报告书，文化财厅，2001	b
2000.12.15～2002.10.24	花岩寺极乐殿	宝物	完州花岩寺极乐殿补修工事	全部落架	金星建筑，完州花岩寺极乐殿实测及修理报告书，完州郡，2004	a
2000.12.30～2002.6.21	仙岩寺大雄殿	宝物	仙岩寺大雄殿补修工事	全部落架	Samjin建筑，仙岩寺大雄殿实测调查及修理工事报告书，文化财厅，2002	a

注：标"a"的为参考文献［93］；标"b"的为参考文献［94］；标"c"的为参考文献［84］；标"d"的为参考文献［37］；标"e"的为参考文献［95］；标"f"的为参考文献［96］；标"g"的为其他

1970 年 3 月政府发表了包括佛国寺、华严寺、陶山书院、幸州山城、晋州城在内的"民族五大遗产复原事业",这带动了其他文化财的保护工程费用总额大幅增加。整个 20 世纪 70 年代,包括"民族五大遗产"在内的文化财工程对象偏重于"护国先烈"相关文化财,如护国相关城墙、寺院及先贤、烈士相关遗址等,具体有晋州城、幸州山城、水原华城、公山城、南汉山城、佛国寺、七百义冢、忠武公李舜臣相关遗址等。

另外,通过在 1958 年 7 月 8 日召开的第十八次国宝古迹名胜天然纪念物保存会总会,在日帝强占期的文化财建筑修缮中被排斥的韩国工匠被正式认定为"文化财补修业者",包括大韩帝国时期的最后"宫阙大木匠"崔元植的徒弟赵元载在内的 6 名工匠,回到了修缮制度体系之内。1961 年开工的"南大门重修工事"是解放后首次对大规模木结构建筑进行的全部落架修缮,当时许多专家和顶级工匠参与其中。而修缮过程中习惯于重修式修缮的工匠团体与具有现代修缮理论的专家团体之间发生的修缮理念的碰撞,通过工程机构的整体调整得以解决。经过 20 世纪 60 年代木结构建筑修缮中这些修缮理念的碰撞和融合,逐渐形成了韩国的修缮体系和方法,带来了 20 世纪 70 年代建筑文化财修缮和复原的高峰(图 3.2)。

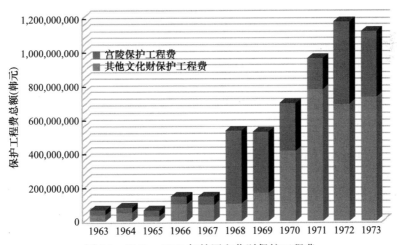

图 3.2　1963～1973 年韩国文化财保护工程费

(来源:根据参考文献[84]、参考文献[85],笔者自绘)

20 世纪 80 年代,韩国针对特定区域或特定主题开展了文化财调查,据其调查结果显示,保护对象的类型进一步多样化。然而,在经济快速发展过程中文化财保护和国土开发之间的矛盾越来越多，1986年起为了保护开发地区所发现的遗址而征购土地等费用大幅增加[91]（图3.3）。另外，为了准备1988年举办奥运会，20世纪80年代后半叶各地区对具有代表性的文化财进行了修缮、环境整治及博物馆建设。尤其，1984年编制的"朝鲜王宫的复原净化及管理改善"调整了景福宫和昌庆宫等五大宫的管理和利用性质，从休闲公园调整为朝鲜王宫史迹，开始对五大宫进行复原和环境整治，并一直延续至今。关于木结构建筑的修缮，20世纪70年代对指定为"国宝"的木结构建筑进行全部落架大修，80年代则以瓦顶揭瓦或更换椽木等保养性工程居多。被指定为"宝物"而70年代尚未得到大修的木结构建筑，在80年代继续进行了全部或局部落架大修。

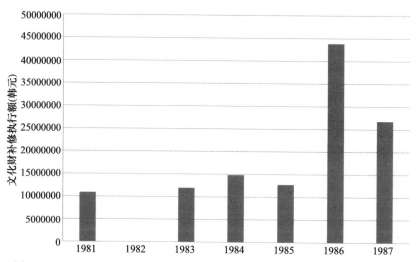

图3.3　1981～1987年韩国文化财补修执行额（指定和非指定文化财为对象，
1982年不详）

（来源：根据参考文献［87］、参考文献［88］、参考文献［89］、参考文献［90］、参考文献
［91］、参考文献［92］，笔者自绘）

　　根据保护行为主体和保护法律的重大变化，本文将从四个时期对木结构建筑保护工程案例进行研究：《寺刹令》与《古迹及遗物保护规则》时期，《朝鲜宝物古迹名胜天人纪念物保存令》时期，解放后诸法令存续时期，《文化财保护法》制定以后。

　　分析对象的选择标准定为：指定为国宝、宝物或史迹的建筑所进行的修缮工程；从保护思想、工程措施、保护制度等方面，在韩国建筑保护史上具有重要意义的修缮工程；留有修缮相关资料可以分析其工程内容的修缮工程。

　　根据这些标准，本研究选了 10 项案例，具体有：平壤普通门修理（1913 年）；江陵临瀛馆三门修缮（1915 年）；荣州浮石寺无量寿殿及祖师堂修缮（1916～1919 年）；庆州佛国寺修缮工事（1919～1925 年）；水原城长安门修理工事（1936 年）；礼山修德寺大雄殿工事（1937～1940 年）；康津无为寺极乐殿修理工事（1956 年）；首尔南大门重修工事（1961～1963 年）；安东凤停寺极乐殿复原工事（1969～1975 年）；金提金山寺弥勒殿修理工事（1988～1994 年）。关于修缮工程名称，如有相关工程报告则使用报告上的名称，如 1913 年平壤普通门的修缮根据《大正二年平壤普通门修理纪要》标为"平壤普通门修理"；没有正式工程报告的使用了"修缮"，如"江陵临瀛馆三门修缮"。

一、《寺刹令》与《古迹及遗物保存规则》时期

（一）平壤普通门修缮（1913 年）

　　平壤普通门为高丽时代西京（平壤）的西城门，原名为"光德门"，由于位于普通江边俗称为"普通门"。城门楼为面阔三间、进深三间的重檐歇山顶，始建于高丽时代 1473 年，经过几次重修而保留至今。普通门是朝鲜半岛现存最早的城门楼，日帝强占期关野贞考察普通门后将它的保存价值评估为"甲"级，日帝强占期韩国美术学者高裕燮将它评价为"朝鲜城门楼中之白眉"[97]。1934 年朝鲜总督府首批指定宝物时，平壤普通门即被指定为宝物。

(a) 普通门修缮前照片　　　　　(b) 普通门修缮后照片

图 3.4　普通门修缮前后照片

（来源：参考文献［98］）

平壤普通门的修缮于 1913 年 7 月 11 日开工，12 月 7 日竣工，是 1913 年朝鲜总督府拨出修缮费最多的修缮项目。平壤普通门的修缮与庆州石窟庵的石质结构修缮一起，成为当年最重要的两个修缮项目，这也是韩国基于 20 世纪初日本近代文化财建筑修缮理论和实践、首次正式实施的修缮项目。20 世纪初日本已经形成了在建筑师（技师）的设计和监督之下由木匠出身的现场主任（技手）来进行修缮工程的体系[80]320。然而，1913 年的平壤普通门修缮，不是由专管建设或修缮工程的朝鲜总督府营缮课来实施，而是由朝鲜总督府会计课邀请日本工匠木子智隆、并独自拨出工程款实施的[32]79。这意味着当时朝鲜总督府营缮课还没有建立技师和技手的修缮监督员体系（图 3.5）。

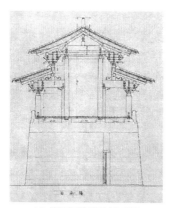 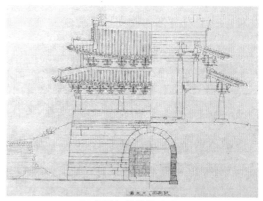

(a) 普通门修缮前剖面图   (b) 普通门修缮前正面图

图 3.5 普通门修缮前测绘图

（来源：参考文献［99］）

木子智隆修缮普通门之后，留下了《大正二年平壤普通门修理纪要》[4]117 和相关图纸①，其中一部分图纸在近期出版公开。从这些资料可知，1913 年进行修缮之前，由于紧靠普通门的东南侧建有铁道（图 3.6），东南向城墙已经部分拆毁；而城门墙和木结构的城门楼年久失修，残损十分严重（图 3.4）。从修缮记录和前后照片及图纸、修缮费等来判断，此修缮是建筑全部解体的落架大修，修缮内容包括：拆除城门楼两侧城墙，在城门墙西侧新建"丁"字形台阶，对城门周边环境进行整治，并形成以城门楼为中心的圆形道路交通（图 3.7）。对

---

① 在韩国的国家记录院保管日帝强占期平壤普通门相关图纸 32 张和文字记录共 14 张。参考文献［99］：53。另外，在国立中央博物馆有馆藏一些图纸。

木结构城门楼的修缮重点是替换严重腐朽的构件。20世纪初日本对建筑台基修缮时已经使用混凝土进行加固，与平壤普通门同年开始修缮的庆州石窟庵也用混凝土对整个窟顶进行了加固。1915年北青南门修缮中对城门楼基础也进行了混凝土加固（图3.8）。因此，在修缮平壤普通门时，城门楼柱础下面、门洞两侧砌石背面以及新设台阶下面不能排除使用混凝土加固的可能性。

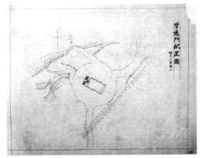

(a) 普通门修缮后布置图

(b) 普通门修缮后正面图

图 3.6　普通门修缮后布置图与正面图

（来源：（a）参考文献［99］54；（b）国立文化财研究所所藏）

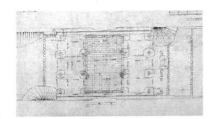

(a) 普通门修缮前平面图

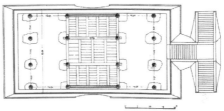

(b) 普通门修缮后平面图

图 3.7　普通门修缮前后平面图

（来源：（a）参考文献［99］56；（b）参考文献［98］1490）

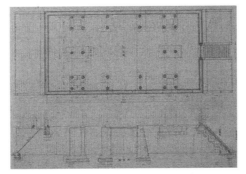

图 3.8　北青南门修缮工事设计图

（来源：参考文献［99］50）

19 世纪末日本建筑文化财的修缮以"结构加固"和"样式复原"为主要方针，使用钢铁和水泥等新材料，对屋顶内部和台基内部进行了加固，并根据建筑样式研究，尽量复原到始建时期的建筑样式[80]320。这样的修缮方针，日帝强占期由日本建筑师和工匠在主管修缮韩国文化财建筑的过程中引入韩国。平壤普通门修缮可以说是这种做法的开始。然而，由于日帝强占初期日本人对韩国古代建筑样式和结构尚未了解，普通门修缮时没有采取明显的样式复原。而对柱础下面或砌石结构的墙体背面等处进行混凝土加固的做法，从日帝强占初期一直到解放年间普遍采用。混凝土的使用对提高结构稳定性起到了较大作用，但是在尚未验明水泥对文化财所产生的影响的情况下，在文化财修缮中广泛使用水泥，会对一些石质文化财带来不可恢复的破坏。

另外，对平壤普通门所采取的整治城门楼周边城墙的方式，是拆除城门楼两侧城墙，以城门楼为中心形成周边环形道路。这一做法延续了 1909 年整治首尔崇礼门周边城墙时所采取的方式，并成为城门楼周边城墙整治的规范，应用于其后许多城门楼的整治。

（二）江陵临瀛馆三门修缮（1915 年）

江陵临瀛馆是客舍建筑。韩国建筑中的客舍相当于中国地方衙署的迎宾馆，而与迎宾馆不同的是客舍内供奉象征朝鲜王权的"殿牌"，每年定期举行望阙礼。江陵临瀛馆建于高丽时代 936 年，经过历次修缮，在朝鲜后期形成了一百余间的规模①[100]。三门是临瀛馆的正门，俗称"江陵客舍门"。据《临瀛馆志》及江陵府志等知，朝鲜末期临瀛馆由三门、中大厅、殿大厅、东大厅、廊厅房、西轩、月廊等组成。

1912 年关野贞考察记录中涉及江陵十一座木结构建筑，其中包括临瀛馆三座建筑。据《朝鲜古迹调查略报告》（1912 年）知，关野贞将"客舍大门（即为三门）"和"客舍中门（即为中大厅）"断代为朝鲜早期建筑，其保存价值评为"乙"级，将"临瀛馆（即为殿大厅）"判代为朝鲜中期，评估为"丙"级。1912 年临瀛馆建筑被改造为学校，1915 年对三门进行修缮之后，1929 年殿大厅和中大厅等其他建筑全部被拆除，只剩下三门。1934 年首批指定宝物时，三门被指定为宝物。

---

① "商丽太祖十九年（936 年）……创建瀛客馆"，朝鲜肃宗四十六年（1720 年）"客舍百余间……重修"。

后来 1937 年藤岛亥治郎在《东洋美术》杂志上将"江陵客舍门"介绍为高丽时代建筑，引起了学界关注[101]。

临瀛馆三门是面阔三间、进深两间的悬山顶建筑，从柱心包样式、斗拱的细部做法、梭柱形式等来看，普遍认为是一座 14 世纪高丽时代末期的建筑。尤其是，现存韩国古代木结构建筑中其梭柱的收分程度最大，柱径最粗处与最细处之差有 4 寸以上[102]，具有很高的历史价值（图 3.9）。

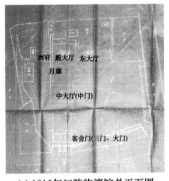

(a) 1915年江陵临瀛馆总平面图　　(b) 20世纪10年代江陵临瀛馆全景照片

图 3.9　江陵临瀛馆总平面图和全景照片

（来源：(a) 参考文献［103］；(b) 参考文献［100］141）

据朝鲜总督府相关档案知，日帝强占期间，为了进行临瀛馆三门的修缮和保护，共拨发了 3 次补助，1915 年 1321.97 元、1918 年 84 元、1922 年 50 元[8]131，并在 1939 年进行了现状测绘和修缮估算。1918 年和 1922 年的补助疑用于日常保养或修建保护栏杆等工程，1939 年的修缮计划可能没有落实。因此，日帝强占期对临瀛馆三门的正式修缮只有 1915 年一次。此次修缮，尚未查明修缮监督的技师和现场技手等是谁，也没有留下相关报告，只有几张现状测绘图[104]。而在 2000 年临瀛馆三门落架大修时发现了一些 1915 年的修缮痕迹，通过当时的测绘图和修缮痕迹，可以间接地了解 1915 年的修缮内容（图 3.10）。

由 1915 年绘制的现状测绘图可以看到三门后檐柱顶部向西北倾斜（图 3.11）、檐椽弯曲、北面垂脊瓦件缺失（图 3.12）等残损。修缮主要内容有：对于台基，在柱础下原有的卵石夯实地基上放置边长 30～40 厘米的方形混凝土块儿，再将柱础换新，将台基四周陡板面上的自然石替换为方形花岗石，在门板下新设槛垫石（图 3.12、图 3.13）；对于木结构部分，东北角柱和西北角柱做了墩接柱脚处理，西南角柱做了替补，并将判断为曾被替换为直柱的东南角柱重新改为梭柱。另外，据 2004 年《江陵客舍门实测修理报告书》的树木年轮鉴定[100]373-375，板

(a) 1912年临瀛馆三门修缮前照片　　(b) 20世纪70年代临瀛馆三门照片

图 3.10　临瀛馆三门修缮前照片和 20 世纪 70 年代照片

（来源：（a）参考文献［98］1568；（b）国立文化财研究所网站）

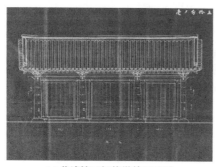

(a) 临瀛馆三门修缮前正面图　　　　　(b)修缮前檐柱图

图 3.11　临瀛馆三门修缮前正面图和檐柱图

（来源：参考文献［105］）

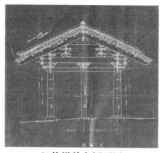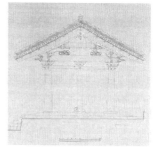

(a) 临瀛馆三门　　　(b)修缮前东侧面图　　　(c)20世纪70年代东侧面图
修缮前剖面图

图 3.12　临瀛馆三门修缮前剖面图和东侧面图及 20 世纪 70 年代东侧面图

（来源：（a、b）参考文献［105］；（c）国立文化财研究所所藏）

门、部分牛尾梁^① 及枋材，鉴定为在 1911 年至 1912 年被砍伐，可知其

_____

① 牛尾梁，类似于中国的"劄牵"。

为 1915 年修缮时替换。值得一提的是，三门的五架梁和三架梁的断面是壶立形，而明间东侧五架梁和三架梁的断面接近于正方形，可知其在 1915 年修缮时未被替换（图 3.14）。

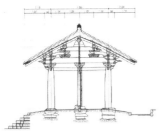

(a) 2000年修缮前剖面图

(b) 2004年落架后发现的柱础下混凝土块儿

(c) 槛垫石

图 3.13　临瀛馆三门 2000 年修缮前的剖面图和 2004 年落架后发现的

混凝土块儿及槛垫石

（来源：参考文献［100］175，190，193）

(a) 东南角柱的修缮前照片

(b) 修缮后照片

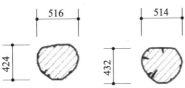

516	514	401	530
424	432	391	420
西次间五架梁	明间西侧五架梁	明间东侧五架梁	东次间五架梁

(c) 五架梁剖面图

图 3.14　临瀛馆三门东南角柱的修缮前后照片和五架梁剖面

（来源：(a) 参考文献［98］1568；(b) 国立文化财研究所网站；(c) 参考文献［100］218）

总之，1915 年临瀛馆三门的修缮是全部落架大修。其修缮原则可能以"结构加固"为主，而对后代被明显改造并对建筑样式的整体性产生较大影响的柱子进行选择性"样式复原"。台基是结构加固的重点对象，如替换柱础石、柱础下用混凝土加固、改造台基陡板石等，其过程中发生了一些现状变更。梁架和屋顶则为现状变更相对小的部分。

另外，临瀛馆三门修缮中还可以找到日本式的加工做法，例如在重新安装的东南角梭柱的内侧开了一条人为裂缝，以免自然干缩裂缝的产生[100]196[图 3.14（b）]。这说明在日帝强占期由日本人主导进行韩国建筑修缮的过程中，在韩国传统做法之上有近代日本做法介入。这样的介入对韩国建筑工具、结构及做法等方面均产生了一些影响。例如，日帝强占期韩国传统工具逐渐替换为日本式工具，屋顶椽子布置方式上也出现了新的尝试，有时甚至采用了日本式的"野小屋"①。

与此同时，由日本人主导的韩国建筑修缮过程中，一些韩国建筑细部做法被忽略，例如升起、侧角及柱础内曲布置②等。由于日本人直到 20 世纪 30 年代后半叶才认知到这些细部做法，在此之前的柱础重新放置、檐柱墩接等修缮过程中并未延续这些做法，因此 2000 年临瀛馆三门再次落架大修时，没有测到明显的升起、侧角和柱础内曲布置。[100]206

（三）荣州浮石寺无量寿殿及祖师堂修缮（1916~1919 年）

浮石寺为新罗时代华严宗的本刹③，7 世纪由义湘大师创建。浮石寺位于荣州市太白山南麓，1912 年关野贞考察时还保留有无量寿殿、祖师堂、凝香阁、泛钟阁、安养门、醉玄庵、祝华殿等十座建筑。关野贞将无量寿殿和祖师堂断代为高丽时代遗物，将无量寿殿的保护价值定为最高的"甲"级，将祖师堂和凝香阁定为"乙"级，将钟阁、安养门、醉玄庵定为"丙"级，将其他 4 座建筑定为"丁"级。浮石寺无量寿殿是关野贞在韩国古迹调查中最早断代为高丽时代的木结构建筑，他在《朝鲜古迹调查略报告》[48]55 上特别提到："值得关注的

---

① 野小屋，是日本建筑术语之一，是指在望板或天花板的上部为了支撑屋面而使用木材搭建的结构。

② 柱础内曲布置是指平面上外檐柱柱础不在一条直线上，而外檐平柱柱础往建筑室内方向有所收进，形成曲线的布置方式。

③ 本刹，是指佛教各宗派或各教区的总部寺刹。

是，我们在太白山浮石寺首次发现了高丽时代木结构建筑、木造佛像和壁画"。他还在 1923 年《朝鲜与建筑》杂志上发表了《朝鲜最古的木造建筑》，介绍了浮石寺无量寿殿和祖师堂，引起了学界关注[101]20。1934 年朝鲜总督府根据关野贞的调查和价值评估，将浮石寺无量寿殿和祖师堂指定为宝物（图 3.15、图 3.16）。

(a) 浮石寺无量寿殿修缮前(1912年拍摄)　　　(b) 修缮后(20世纪70年代拍摄)

图 3.15　浮石寺无量寿殿修缮前后照片

（来源：（a）参考文献［108］；（b）国立文化财研究所所藏）

(a) 浮石寺祖师堂修缮前(1912年拍摄)　　　(b) 修缮后(20世纪70年代拍摄)

图 3.16　浮石寺祖师堂修缮前后照片

（来源：（a）参考文献［108］717；（b）国立文化财研究所所藏）

无量寿殿是面阔五间、进深三间的歇山顶建筑，祖师堂是面阔三间、进深一间的悬山顶建筑。据修缮时发现的题记知，无量寿殿重建于高丽祸王七年（1376 年），祖师堂翌年重建①。日帝强占期无量寿殿和祖师堂的修缮是从 1916 年 9 月 21 日至 1919 年 4 月 20 日进行的[107]。这一修缮是日帝强占初期发放修缮费补助较多的项目之一。据朝鲜总

---

① 由于两座建筑在样式上有所差别，学界普遍认为无量寿殿的始建年代早于祖师常约一百年。

督府资料知，1916 年发放了 9787 元用于浮石寺无量寿殿和祖师堂修缮，1917 年又发了 9400 元，共 19187 元。与 1915 年用于传灯寺大雄殿修缮的补助金 2096 元相比，可知其补助之多。此次修缮至今，无量寿殿只进行了屋面修缮而没有进行过大修，祖师堂在 2005 年进行了解体至椽子的修缮工程。这一时期无量寿殿和祖师堂的修缮没有编制正式的修缮报告，而《故小川敬吉氏搜集资料》[107] 辑了 1920 年木子智隆编制的《浮石寺保存工事施业工程》，这给我们留下了当时修缮的珍贵资料。另外，1918 年，当无量寿殿和祖师堂正在进行修缮时，《朝鲜古迹图谱·六》出版了，其中的修缮前图片和设计图纸可以作为参考（图 3.17、图 3.18）。

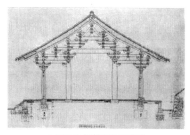
(a) 1916年修缮剖面图

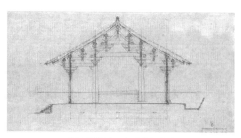
(b) 20世纪70年代剖面图

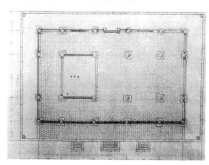
(c) 1916年修缮平面图

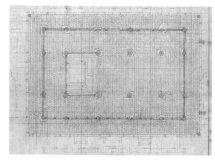
(d) 20世纪70年代平面图

图 3.17　无量寿殿 1916 年修缮图和 20 世纪 70 年代测绘图

（来源：（a，c）参考文献［108］708；（b，d）国立文化财研究所所藏）

据《浮石寺保存工事施业工程》（以下简称《浮石寺工程》）知，浮石寺修缮的负责机构是朝鲜总督府中负责地方经费、神社、寺院及宗教相关业务的"内务部第一课"和负责营缮相关业务的"土木局营缮课"，具体则是在土木局营缮课技师之一的岩井长三郎的指导下、由技手木子智隆进行现场管理。据《浮石寺工程》知，浮石寺无量寿殿和祖师堂的修缮是先修建保护棚、后将古建筑全部解体的落架大修。

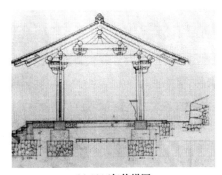 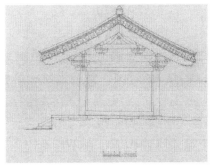

(a) 1916年修缮图　　　　　　　　(b) 20世纪70年代侧面图

图 3.18　祖师堂 1916 年修缮图和 20 世纪 70 年代测绘图

（来源：(a)参考文献［108］716；(b)国立文化财研究所所藏 ）

　　关于台基部分的修缮，据《浮石寺工程》中"工费细目"所列的"地形工事费"和"后方土止石垣修筑工事费"以及《朝鲜古迹图谱·六》修缮图知，主要对无量寿殿和祖师堂的柱础和台阶下部使用混凝土加固，并对台基周边排水沟和建筑后边的石垣进行整治。从修缮图来看，无量寿殿在檐柱柱础下部使用了混凝土进行加固，而未对金柱柱础下部进行加固，且鉴于修缮图上也没有标金柱柱础下部的结构现状，可知无量寿殿的金柱柱础没有被解体和移动。另外，据《浮石寺工程》记录，对无量寿殿"二十四个柱础石中歪闪严重的五个进行扶正"，而目前从无量寿殿各柱础的形式和风化程度来推测，西南角柱础等柱础在这一时期已经被整个替换（图 3.19）。

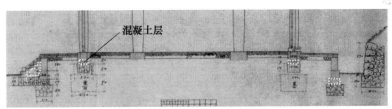

(a)无量寿殿柱础和台阶下部混凝土层

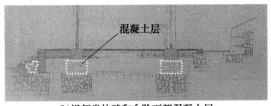

(b)祖师堂柱础和台阶下部混凝土层　　　　(c)无量寿殿西南角柱础

图 3.19　无量寿殿和祖师堂台基剖面图及无量寿殿西南角柱础照片

（来源：(a、b)参考文献［108］708，716；(c)笔者自摄）

关于木结构修缮，在《浮石寺工程》中只有"对糟朽木材进行替换"的记录，具体什么构件、多少量均不详。但根据对各木构件风化程度的观察以及当时图片的比较分析，可以发现大斗、华栱等一些构件被替换，部分栱材和梁材有铁箍（图3.20）。另外，据《浮石寺工程》载："新补充木材的尺寸和形式，是根据原尺寸和形式制造，并在其表面涂刷古旧颜色，使新材料和老材料能够融合"。关于屋面修缮内容，在《浮石寺工程》中也只是简单提到"对屋顶瓦面进行新瓦补充"，其替换原则如下："对于补充的新瓦件，以原有的瓦为范本来制造，没有增加丝毫新的设计，其形状、纹样均维持原样"。

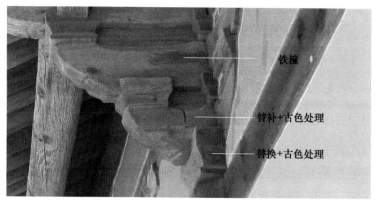

铁箍

替补+古色处理

替换+古色处理

图3.20　无量寿殿西侧斗栱中的修缮痕迹

（来源：笔者自摄）

无量寿殿和祖师堂落架大修时，泥墙全部拆除重新修建，而泥墙上的壁画除祖师堂内保存较好的高丽时代壁画划分为六幅、揭取另存，其他的仅留下黑白照片后全部拆毁。据《浮石寺工程》知，"祖师堂内墙面上的四天王像，是了解创建时期画工色彩的重要材料，应当以不破坏的方式予以保存。在将原画从墙面揭取、墙面重新修建并涂刷后，应当在适宜的时候在原墙上进行临摹"。后来，揭取的六幅壁画在无量寿殿内保存，而临摹工作没有落实。

对新修墙面的彩画，据《浮石寺工程》"墙面全部重新涂刷"，具体方法为：泥墙上用白土刷底色，其上按墙面所在位置涂刷赤土、黄土、碌青。墙面周围用赤土画以粗线，其内用白土画以平行细线。（图3.21）。

(a) 无量寿殿栱眼壁彩画修缮前

(b) 栱眼壁彩画修缮后

(c) 无量寿殿内部
修缮后墙面彩面

图 3.21　无量寿殿栱眼壁和无量寿殿内部墙面的彩画

（来源：（a）参考文献［107］44；（b、c）笔者自摄）

　　日帝强占期进行全部解体的高丽时代建筑有：江陵临瀛馆三门（1915 年）、浮石寺无量寿殿和祖师堂（1916～1919 年）、成佛寺极乐殿和应真殿（1933～1936 年）和修德寺大雄殿（1937～1940 年）。其中，浮石寺无量寿殿和祖师堂的修缮是日帝强占期前半期修缮的重要案例之一。

　　无量寿殿和祖师堂修缮的总体原则没有记录，但是与浮石寺修缮开工同一年的 1916 年 11 月 29 日召开的"第四次古迹调查委员会"议案中，《古迹保存工事施行标准》第一条对古建筑及古迹类的破损提出了如下要求："以尽量维持并保存现状为目的，防止破损增大，根据其破损程度进行工程或修建设备"。由此可以推测，无量寿殿和祖师堂的修缮，也可能是以"维持并保存现状"为目的，而不是"复原原状"。修缮工作是以"防止破损增大"为重点，即以结构加固维稳、补充缺失构件等为主要工作内容，而没有明显将其复原到早期形式。修缮过程中，对于需要替换的构件，其形式和尺寸均按照原有构件的形式和尺寸制作，并涂刷了"古色"，使新材和古材相互协调。

　　与此相反，在无量寿殿和祖师堂的修缮过程中，泥墙和壁画是"现状变更"最为严重的部分，除了少数壁画之外，栱眼壁壁画等均被拆毁。重新修建墙面后用三种颜色涂刷墙面，而这三种颜色与修缮前壁画颜色的关系也不明确。从祖师堂的一些壁画揭取保存的事实来看，当时已有壁画的揭取保护技术，而栱眼壁和其他墙面上的壁画没有得到揭取保护可能与价值评估、工程时间和一些经济因素有关。1937 年修德寺大雄殿修缮时，栱眼壁壁画得到了揭取，然而揭取后并未采取有效的保护措施，导致其被毁。总之，建筑壁画是日帝强占期落架大修的过程中没有得到充分保护的部分。

（四）庆州佛国寺修缮工事（1919～1925年）

佛国寺位于庆州吐含山，据在寺内释迦塔发现的《佛国寺无垢净光塔重修记》记载，佛国寺始建于统一新罗时代景德王元年（742年），于惠恭王在位时期内（765～780年）竣工，而于壬辰倭乱（1592年）时基本烧毁，经过17～18世纪的重建才恢复了一定的规模。

佛国寺正面是规模宏大的石台，台上有两条轴线：东侧的主轴线从青云桥和白云桥起、经紫霞门和大雄殿直至无说殿，大雄殿前有释迦塔和多宝塔，形成了典型的统一新罗时代双塔式寺院布置；西侧轴线从莲花桥、七宝桥起、经通用门（又称"仮门"，现称"安养门"）直至为祝殿（又称"本堂"，现称"极乐殿"）。目前，佛国寺正面石台、石桥及两座石塔是统一新罗时代遗物，大雄殿、为祝殿及两座门均为朝鲜时代中期建筑。

1919年佛国寺修缮的重点在于寺内价值最高而残损严重的正面石台、石桥以及两条轴线西侧的石台等石质建筑，对木结构建筑的修缮则仅限于台基四周的加固和屋顶门窗的维修。从石台和石桥在佛国寺内所占范围及其重要度来看，这一时期佛国寺的修缮具有整个寺院修缮和环境整治的性质，这区别于日帝强占期一般以单体建筑为单位进行的指定和修缮。因此，佛国寺修缮可能对建筑群和院落的保护整治概念的产生，起到了作用。在1936年朝鲜总督府新加指定文化财的时候，为不能分类为"宝物"或"古迹"的整个寺院建筑群等类型，新设"古迹及名胜"的一项指定类型的事实足以看出其影响。

这一时期的修缮于1918年立项，1919年开工，直到1925年基本结束。当时修缮没有留下正式报告。佛国寺修缮的部分内容可见于国立中央博物馆所藏的1918年至1925年修缮相关公函，以及推测为1923年编制的《佛国寺修缮工事仕样书》、《佛国寺紫霞门其他修缮工事仕样书》、《佛国寺修缮工事仕样书》等文件[110]，但这些资料尚未公开。因此，目前只能通过一些修缮图纸以及《佛国寺与石窟庵》[109]等日帝强占期出版的相关图书，来大致了解当时的修缮内容。根据这些资料，这一时期佛国寺的修缮可以分为两个时期：一，1919年至1923年对正面石台和石桥的修缮，在其过程中有过一次设计变更；二，1924年至1925年对其他部分的修缮和整治，1924年开始对为祝殿、大雄殿的台基和为祝殿西侧石台进行修缮，接着对为祝殿的天花板和墙面及大雄殿西侧石台进行了修缮，到1925年作为补充工程，对多宝塔和大雄殿屋面和窗户及石灯等进行了修缮，最后进行了院落整治（图3.22）。据朝鲜总督府的相关资料知，从1918年到1922年的佛国寺修缮是在国技博的监督和饭岛源之助的现场管理之下进行的。[①]

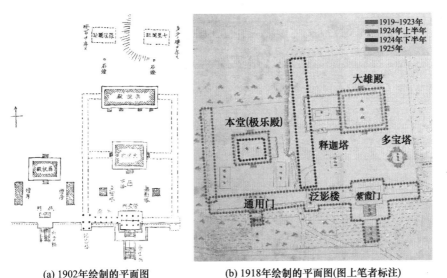

(a) 1902年绘制的平面图 　　　　(b) 1918年绘制的平面图(图上笔者标注)

图3.22　庆州佛国寺总平面图

（来源：(a) 参考文献［42］35；(b) 国家记录院所藏）

从修缮前照片来看，紫霞门左右石台的下层相对完整而上层崩塌较为严重，通用门和泛影楼之间的石台崩塌十分严重（图3.23）。1918年的修缮设计图显示，在紫霞门左右的上层石台以及通用门和泛影楼之间的石台的修缮中，只砌筑了石块，而没有与石柱或横条石组合［图3.24（a）］。这个设计可能是以"抢险加固"为主要修缮方针，忽略了通用门左右石台墙面形式不一致的问题。然而，通过设计变更不仅统一了通用门左右石台墙面形式，还对紫霞门左右上层石台墙面也补充了石柱和横条石，并复原了紫霞门和泛影楼之间的廊庑及石栏杆，对紫霞门下层石台前的土层也进行整治，恢复了地面标高［图3.24（b）］。虽然这些设计变更中廊庑和部分栏杆的复原项目没有落实，但

---

①　而1924年为祝殿西侧石台的现状测绘是由武田来进行，1925年多宝塔又是由武内保治来编制方案。对于佛国寺修缮相关者的具体负责内容和时间，有待深入研究。

是当时的设计变更反映了佛国寺的修缮正从"抢险加固"向"复原"转变。

(a) 1902年拍摄   (b) 1914年拍摄

(c) 1924年拍摄

图 3.23　佛国寺正面历史照片

（来源：(a) 参考文献［42］38；(b、c) 参考文献［109］）

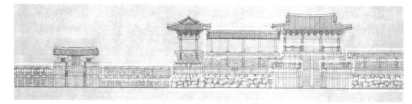

(a) 1918年佛国寺正面石台修缮设计图

(b) 佛国寺正面石台修缮设计变更图

图 3.24　1918 年佛国寺正面石台修缮图

（来源：参考文献［99］98-99）

在其过程中，紫霞门左右石台的上层墙面形式发生了变化。1902年关野贞所拍照片上，墙面结构形式从下而上有纵条石、垫石、横条石［图 3.25（a）］，这类似于木结构中的"柱、斗、枋"。这样的结构在通用门右侧石台和为祝殿西侧石台均可以看到，说明佛国寺石台墙面形式可能是仿照木结构形式而砌筑的（图 3.26）。但是，在 1918 年紫霞门左右石台的修缮中，其结构没有得到充分研究，在其后的设计变更中也没有体现，最后导致了其修缮后的形式与 1902 年的形式不同［图 3.25（d）］。

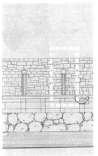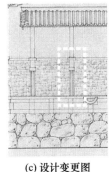

(a) 1902年照片 (b) 1918年设计图 (c) 设计变更图 (d) 30年代照片

图 3.25　紫霞门西侧修缮设计变化过程

（来源：（a）参考文献［42］38；（b、c）参考文献［99］98-99；（d）参考文献［109］）

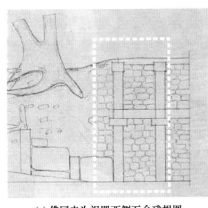

(a) 佛国寺为祝殿西侧石台残损图　　　(b) 安东凤停寺灵山庵雨花楼

图 3.26　佛国寺为祝殿西侧石台残损图和安东凤停寺灵山庵雨花楼

（来源：（a）参考文献［99］105；（b）笔者自摄）

关于祝殿西侧石台的修缮设计，1918 年的方案是与佛国寺正面石台一样，砌成平衡的两层台面形式［图 3.27（a）］。然而，1924 年武田技手对残损现状进行现场调查后，提出了不同的方案。这个方案可能是以现存遗构为依据而提出的，在石台的北半部沿着地形形成斜坡石台［图3.27（b）］。

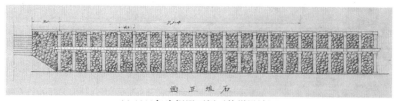

(a) 1918年为祝殿西侧石修缮设计图

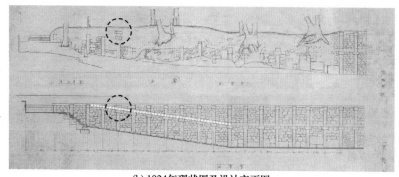

(b) 1924年现状图及设计变更图

图3.27 为祝殿西侧石台修缮设计图与设计变更图

（来源：（a）参考文献［202］；（b）参考文献［99］98）

对于石台、石桥和台基，使用混凝土进行了加固[①]。修缮前紫霞门左右的上层石台部分倒塌而下层石台完整，因此下层石台不动，而在上层石台的背面灌注混凝土约3尺，将整个墙面一体化，防止因土压而倒塌（图3.28）。对石桥的踏跺石下部以及侧墙的背面和下部，也灌注混凝土进行加固（图3.29）。对大雄殿和为祝殿的台基土衬石下部，也用混凝土加固，并在陡板石相接的背面灌注混凝土柱支撑，同时将它与土衬石下部混凝土层一体化加固（图3.30）。

这次佛国寺修缮开工之前，于1917年对佛国寺石塔和石台进行了测绘[②]，1918年编制修缮仕样书和修缮计划[③]，并申请修缮费补助，直到1919年开工。在其过程中还经过了一次以上的设计变更。从佛国寺修

---

① 水泥在日本1885年开始生产，韩国从日本进口水泥使用，到1919年在韩国建立第一家水泥工场之后开始生产，在佛国寺修缮时应有了韩国内水泥供应。

② 大正7年（1918年）4月20日朝鲜总督府"关于佛国寺保存工事施行设计"，其内容中有，在前一年对佛国寺石塔和石台进行了测绘。

③ 大正7年（1918年）10月11日朝鲜总督府"关于佛国寺保存工事费补助下付"，有记载，据"仕样书"佛国寺方丈编制了修缮计划，要求修缮费补助。

缮程序看，1916年制定《古迹及遗物保存规则》后，建筑文化财的修缮形成了现状测绘、编制仕样书和修缮计划、然后开工的程序。

(a) 佛图寺紫霞门左右石台竣工后照片　　(b) 佛图寺紫霞门左右石台修缮设计图

图3.28　佛国寺紫霞门左右石台照片和设计图

（来源：(a) 参考文献［109］；(b) 参考文献［202］）

(a) 紫霞门前石桥的竣工后照片　　(b) 紫霞门前石桥的修缮设计图

图3.29　紫霞门前石桥的照片和设计图

（来源：(a) 国立文化财研究所所藏；(b) 参考文献［202］）

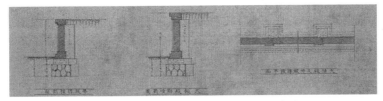

图3.30　大雄殿与为祝殿台基加固设计图

（来源：水原华城博物馆）

　　佛国寺修缮设计方针，开始以"抢险加固"为主，变更设计后增加了一些"复原"性措施。日帝强占后期随着日本对韩国建筑形式和结构的了解逐步深入，"复原"性修缮逐渐扩大，佛国寺修缮正处于其转折点。另外，佛国寺修缮是日帝强占期内最早的针对整个院落进行的复原修缮。

二、《朝鲜宝物古迹名胜天然纪念物保存令》时期

（一）水原城长安门修缮工事（1936年）

水原位于首尔以南约35公里处。朝鲜朝廷为了加强首都防御，于朝鲜正祖十八年（1794年）开始在水原修建华城，正祖二十年（1796年）基本竣工。水原华城周长约5.4公里，建有四座城门、五座暗门、两座水门和许多空心墩、烽燧台、敌台，城内还建有行宫、将军台等设施。水原华城除了在日帝强占期拆除了行宫和南城门八达门两侧城墙以外，其他基本保留直到解放。①

1909年关野贞将"水原城郭全部"的保护价值评为"乙"级。关野贞考察的韩国古迹中，城墙类以高丽时代以前的城墙遗址或倭城遗址为主，对一些城门楼则以单体建筑为单位进行考察或评估，如首尔崇礼门、平壤普通门等，而以包括城墙和木结构建筑在内的整个城为单位进行评估的，只有水原华城。在1936年编制的《水原城长安门修理工事设计书》中，将水原华城评为"至今保留的最为完整的、具有时代代表性的城市"，1935年指定为"古迹"。

日帝强占期对水原华城的修缮从1922年开始，当年北水门（华红门）被洪水冲毁，作为当地的文化财保护民间团体的水原保胜会要求抗洪救灾。1924年华红门修缮后，从1932年至1936年依次对华西门（1932年）、访花随柳亭（1933年）、空心墩和华宁殿外门和中门（1934年）、长安门瓮城（1935年）和长安门（1936年）等进行了不同程度的修缮。其中，水原华城的北城门（长安门）的修缮，其建筑规模之大、修缮费补助之多②，可以说是水原华城修缮的代表工程（图3.31、图3.32）。

长安门是面阔五间、进深两间的重檐庑殿顶建筑，从建筑规模、形式到装修均与南城门（八达门）基本一致，二者同是水原华城等级最高的城门楼。关于长安门的修缮，记载于国立中央博物馆所藏的《自

---

① 对水原华城造成最大破坏的是1950年的韩国战争，当时长安门和苍龙门及多数木结构建筑毁于战火，后来到1975年通过水原华城复原整治工程，一些建筑得到了复原。

② 长安门这时期修缮补助总额为37,105元，其他为华红门11,122元、空心墩5,219元等。

(a) 修缮前照片

(b) 修缮后照片

图 3.31　水原华城长安门和瓮城全景照片

（来源：参考文献［111］）

(a) 修缮前照片

(b) 修缮后照片

图 3.32　水原华城长安门照片

（来源：参考文献［202］）

昭和九年（1934 年）至昭和十一年（1936 年）度保存萱关系》中的
《水原城长安门修理工事仕样书》、《工程报告书》[①]、《关于水原长安门竣
工报告》等文件内，以及水原华城博物馆收藏的相关图纸中（图 3.33）。

　　据这些资料分析，当时长安门的修缮从局部墙体坍塌等残损较为
严重的瓮城开始，门楼建筑的修缮从 1936 年 6 月开始，至 12 月结束
（表 3.3）。对于长安门门楼修缮，朝鲜总督府将修缮费发放到京畿道厅会
计课营缮系，京畿道厅将日本人金刚熊之助选为该工程的承包商，而高
原辰五郎受京畿道厅的委托担任现场主任，韩国人李汉哲和赵鼎九作为
现场助手参与。据《工程报告书》知，朝鲜总督府博物馆技手小川敬吉

---

　　① 《工程报告书》是现场日志报告，内容包括"水原北门修理工事工程报告
书"（是对长安门瓮城和翁城门的修缮日志）、"水原长安门修理工事素屋根取设及
其他工事"（是对长安门门楼工作棚建设日志）和"水原城长安门修理工事"（是对
长安门门楼修缮日志）。

图 3.33 水原城长安门修理工事仕样书

（来源：参考文献［111］）

表 3.3 水原华城长安门修缮工序时间表（来源：根据参考文献［111］，笔者自绘）

		1935年（昭和10年）									1936年（昭和11年）										
		3	4	5	6	7	8	9	10	11	12	1	2	3	4	5	6	7	8	9	10	11	12
瓮城	着工准备			━━━━																	
	测绘解体				━━━━━																
	砖砌工作								━━━━												
	翁门工作									━━━━━━━━										
长安门	着工准备				━																
	测绘解体					━━━━															
	修缮																━━━━━━				

几次到场进行技术指导和竣工检查，他实际上承担了工程监督职务①。大木匠是日本人高桥氏之下[32] 82，另外也有一些韩国木匠参与，小木作、砖作、瓦作等其他工作的工匠均为韩国人。

关于长安门修缮的原则及方针，《水原城长安门修理工事设计书》

---

① 在日本工程监督一般由受到建筑师教育的专家（技师）来承担，而在这时期的朝鲜总督府没有充分具有技师级的专家，实际上由小川敬吉、杉山信三来负责。

的"修理方针"写道:"本修理以原形的复旧^①为本旨。故以绝对保存形式手法为保存方针。如果结构上有不完全,对于其中不影响外观的部分进行结构加固"。这种以原形复旧为宗旨、以保存形式手法为方针的做法,明显区别于1916年《古迹保存工事施行标准》中的"维持并保存现状为目的,防止破损增大"方针。据20世纪30年代的其他修缮相关记录,当时的修缮方针基本都是"绝对保存形式手法,对不影响外观之处进行加固"。另外,措施上具体原则有:替换构件的形式和尺寸与原有形式和尺寸统一,对新补的构件进行古色处理,记录替换构件的修缮年日,替换构件尽量使用与原有构件相同的材料,等等。另外,这一时期还开始采用木材的化学防腐措施。

总之,以1933年《朝鲜宝物古迹名胜天然纪念物保存令》的制定为转折点,修缮的主要方针从"维持并保存现状,防止破损增大"改为"保存形式手法,对不影响外观之处进行加固"。同时,这一时期开始明确具体措施原则,采用新科学技术,逐渐形成了更加接近于现代意义的修缮。

据《工程报告书》中的现场日志及《水原城长安门修理工事仕样书》知,1936年长安门解体至椽子并进行了修缮(图3.34)。主要修缮内容包括:对于残损的木构件,根据残损程度进行替换或通过"埋木、矧木或继木处理"^②进行加固,并对残损瓦件进行替换。值得注意的是,《水原城长安门修理工事仕样书》的"屋根工"中写道:"对屋根里新组立野小屋,在屋根板上铺抹灰背"。"野小屋"是日本建筑术语之一,是指在望板或天花板的上部为了支撑屋面而使用木材搭建的结构。20世纪10年代昌德宫和德寿宫内新建建筑时,野小屋结构由日本人承包商应用于一些建筑。1932年水原华城华西门和1934年空心墩等小规模建筑的修缮时也采用过野小屋结构(图3.36),这是笔者目前所知的野小屋应用于韩国文化财建筑的最早案例。对重檐庑殿顶等大规模建筑采用野小屋,长安门则是首例,同时这也是目前笔者所知的唯一案例(图3.35)。后来,长安门在1950年韩国战争中被完全破坏,通过1975年"水原城复原整治事业"得到重建,但野小屋结构并没有复原。

① "复旧"是指将自然原因或人为原因而发生的破损,恢复到破损之前的状况而进行的行为,如"灾后复旧"、"战后复旧"等。详见第四章第二节"(三)"。
② "埋木"是指对开裂或树眼进行的剔补处理,"矧木"是指将腐朽等残损部分剔除后重新制造补充的处理,"根继"是指对木柱进行的墩接处理。

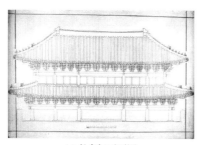
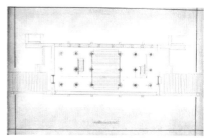

(a) 长安门正面图　　　　　　　　　　(b) 长安门平面图

图 3.34　水原华城长安门修缮图

（来源：参考文献［202］）

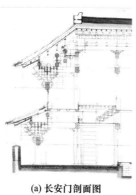

(a) 长安门剖面图　　　　　　　　　(b) 长安门屋顶剖面详图

图 3.35　水原华城长安门屋顶内部"野小屋"

（来源：参考文献［202］）

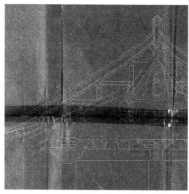

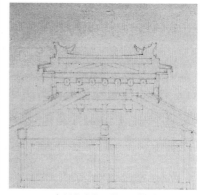

(a) 水原华城华西门屋顶修缮图　　　　(b) 水原华城空心墩屋顶修缮图

图 3.36　水原华城华西门和空心墩屋顶修缮图

（来源：参考文献［202］）

在 1936 年水原华城内建筑修缮中采用野小屋意味着以韩国建筑 20 世纪初以来积累的考察、研究成果以及工程实践经验为基础，到 20 世纪 30 年代日本对韩国建筑形式和结构有了一定了解，并对其修缮也有了相当信心，甚至改变部分结构方式。同时，在制度上，出现了"绝对保存形式手法、对不影响外观之处进行加固"的修缮方针，这为操作提供了依据。另外，长安门修缮从现状测绘图、工程仕样书、修缮设计图和日志式的工程报告书到竣工报告，留下了虽分散、但完整的工程记录，可见这一时期修缮工程程序已基本健全。

值得一提的是，这一时期韩国专家逐渐开始参与其中，例如，长安门修缮工程中担任现场助手的李汉哲和赵鼎九就是韩国人。他们是 1910 年前后于韩国为殖民地时出生、受殖民地教育、并于 20 世纪 30 年代后半叶逐渐开始工作。这一时期能够得到高等教育机会的韩国人极少，其中以韩国古代建筑为专业、并参与到修缮现场的，目前所知韩国学界只有 1 人——李汉哲。李汉哲 1935 年毕业于京城高等工业学校建筑科，其后开始参与一些修缮工程，可惜由于经济和身份上的原因他只从事建筑保护相关工作五年，便离开了修缮行业，并在韩国战争中身亡，这使得战后韩国没有一个可称为建筑史专家之人，只有相关的考古、美术史等专家。

（二）礼山修德寺大雄殿工事（1937~1940 年）

修德寺位于忠清南道礼山郡，由知命大师建于百济法王元年（599 年）。在《三国遗事》[①]等文献所记载的十二座百济时代重要寺院中，修德寺是唯一保留至今的寺院。修德寺大雄殿是面阔三间、进深四间的悬山顶建筑。根据 1937 年大雄殿修缮时发现的四件"元大致元年（1308 年）"题记，可以确认修德寺大雄殿是韩国现存最早的创建年代明确的建筑，因此其建筑形式常成为其他韩国建筑的断代标准之一。另外，其建筑形式与中国南方建筑有相似之处，对韩国建筑史研究具有十分重要的历史价值。修德寺大雄殿在朝鲜时代几经修缮，其主要结构仍然保持至今。

在 1909 年至 1912 年关野贞考察韩国古迹时，修德寺未经过其调

---

① 《三国遗事》在高丽忠烈王七年（1281 年）左右，由高丽僧一然编纂的关于新罗、高句丽和百济三国历史书。

查。1934 年 2 月修德寺主持僧人将修缮请愿书提交给朝鲜总督府，同年朝鲜总督府技手小川敬吉到修德寺进行调查，修德寺大雄殿开始引起学界关注。1936 年 5 月修德寺大雄殿被指定为"宝物"，自 1937 年 1 月至 1940 年 1 月共发放修缮费 32,800 元，1937 年 12 月修缮开工，到 1940 年 12 月竣工[112]（图 3.37）。

(a) 修德寺大雄殿修缮前照片   (b) 修缮后照片

图 3.37 修德寺大雄殿修缮前后照片

（来源：(a) 参考文献 [113] 106，97）

据"修德寺权域圣宝馆"所藏的 1938 年修缮时筒瓦上留下的修缮相关者题记知，修德寺修缮的工事监督是小川敬吉，现场主任是池田宗龟，大木匠是一色仪一，均为日本人，其他现场助手郑愚镇、画工林泉①及其他瓦工均为韩国人（表 3.4）。

表 3.4 1938 年修缮时在筒瓦上留下的题记中的修缮相关者

（来源：参考文献 [114] 189）

昭和十三年五月	修德寺大雄殿修理工事
工事监督 小川敬吉	麻谷寺（大本山）主持 宋满空
现场主任 池田宗龟	修德寺 主持 黄龙唵
现场助手 郑愚镇	定慧寺 主持 马镜禅
大工栋梁 一色仪一	时期 北支事变勃○
画工 林泉	
瓦片手（栋梁）金孝成	
瓦工 金伊成	
瓦工 金七元	

---

① 林泉（1908~1965），曾在 1929 年日本东京的一座美术学校东洋画科学习，从 1933 年韩国开封观音寺大雄殿修缮，开始作为画工参与文化财建筑修缮，韩国解放后从 1945 年至 1962 年在国立中央博物馆工作，负责文化财建筑的修缮和壁画保护。

其中，林泉从 1935 年开始在文化财修缮现场做临摹和彩画、壁画的保存工作，解放后在韩国国立中央博物馆工作，并在韩国文化财修缮中充当了重要角色。小川敬吉对修德寺大雄殿的修缮虽然没有留下正式的最终工程报告，但留下了详细又丰富的图纸和记录。目前这些资料一部分藏于韩国修德寺权域博物馆，其余的大多数资料藏于日本京都大学建筑系图书室和日本佐贺县立名护屋城博物馆[1]（图 3.38）。

 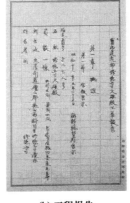 

(a) 修德寺大雄殿修理设计书　　(b) 工程报告　　(c) 1938年修缮者相关题记

图 3.38　修德寺大雄殿修理相关记录

（来源：参考文献［114］215，229，189）

据小川敬吉资料中的一份过程稿《宝物建造修德寺大雄殿工事报告》知，1937 年 2 月开始搭建保护棚，6 月开始测绘，9 月开始建筑的落架解体和调查，经过长达 32 个月的时间解体和调查，到 1940 年 5 月全部解体完成，而修缮和重新组装只花了 6 个月，到 1940 年 11 月基本结束（表 3.5）。关于解体和调查，根据小川敬吉的记录，由于 1938 年和 1939 年发现了"柱础内曲布置"和"升起"、"侧脚"等做法，以及壁画下层有早期壁画等原因，调查和保护花费了意外长的时间[82]20。修德寺大雄殿在这一时期的落架大修后，解放后只对屋面进行了几次局部修缮，至今没有再次落架大修，因此目前基本保持着 1940 年修缮竣工后的情况。

---

①　修德寺权域博物馆馆藏资料，在 2008 年出版为《至心归命礼——修德寺，千年美丽》；京都大学所藏修德寺相关资料在 2003 年出版为《修德寺大雄殿——1937 年保存修理工事的记录》；佐贺县所藏《小川敬吉资料》，包括《宝物建造修德寺大雄殿工事报告》，在 2008 年金敏淑的论文《关于在殖民地朝鲜对历史建造物保存与修理工事研究——以修德寺大雄殿为中心》中系统介绍。

表 3.5 修德寺大雄殿修缮各工程时间表(来源:参考文献[82]90)

工事内容	日程
假设物建设	1937.2.1-1937.7.10
实测调查及制图	1937.6.1-1940.8.31
材料购入	1937.2.27-1940.12.28
建物解体	1937.9.1-1940.5.4
彩色工	1937.8.11-1940.11.30
木材修理下拵	1937.7.2-1939.12.30
基础工事	1940.5.10-1940.6.16
建物组立	1940.6.18-1940.9.29
屋根下地	1940.9.18-1940.10.7
屋根葺工事	1940.10.8-1940.11.9
假设物取解	1940.10.22-1940.10.28
残务整理	

这一时期修德寺大雄殿的具体修缮内容如下：其一，对于台基部分，由于建筑两侧和后侧有泥石流造成的建筑下部潮湿，用混凝土对台基周边排水沟进行整治；其二，以明间两侧柱础的标高为准，调整其他柱础高度；其三，用混凝土加固柱础下部；其四，更换风化严重的六个柱础[①][82]23（图3.39、图3.40）；同时，与排水沟改造相结合，将原本位于台基两侧的台阶向正面移动，使得两侧台阶从正面台面突出。

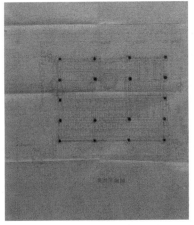

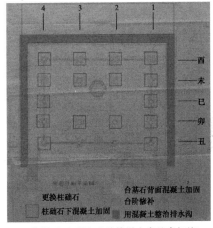

(a)修德寺大雄殿修缮前平面图　　(b)修缮后平面图(台基修缮内容笔者标注)

图3.39　修德寺大雄殿修缮前后平面图

（来源：参考文献［82］90）

(a)台基修缮前　　　　　　　　(b)台基修缮后

(c)东北角柱础修缮前　　　　　　(d)东北角柱础修缮后

图3.40　修德寺大雄殿台基和东北角柱础修缮前后比较

（来源：（a、b、c）参考文献［113］；（d）参考文献［115］）

① 柱础编号为未1、未2、未4、酉1、酉2、酉3。

其次，木构架的修缮采用更换、剔补、墩接等方法进行加固。具体而言包括：更换十八根木柱中残损严重的三根木柱——酉1、酉2、酉3，对十根木柱下段进行墩接处理，对其他多处进行剔补处理，对结构不稳定的多处加设铁箍、补充铁钉（图3.41、图3.42）。另外，根据斗栱上的题记，可以确定东北角斗栱是康熙年间修缮的，西北角斗栱则是嘉庆年间修缮的，故将这两座斗栱改为其他两座斗栱的形式。

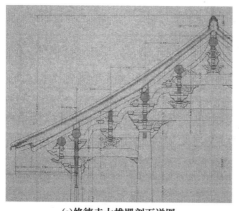 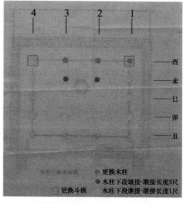

(a)修德寺大雄殿剖面详图　　　　　　(b)木柱修缮内容示意图(笔者标注)

图3.41　修德寺大雄殿剖面详图和木柱修缮内容示意图

（来源：（a）参考文献［114］58；（b）根据参考文献［82］90，自绘）

(a)西北角柱墩接前　　　　　　　　　　(b)墩接后

图3.42　西北角柱墩接前后照片

（来源：参考文献［113］116；（b）笔者自摄）

关于屋顶修缮，找韩国瓦工按照韩国传统做法制造瓦件，并进行了铺瓦。另外，根据建筑两侧三角形"风板"上的嘉庆八年（1803年）题记，再考虑到其粗糙的做工，可以判断该风板后代加设的，故予以拆除（图3.43）。

(a)西侧面的修缮前照片　　　　　　　　(b)修缮后照片

图 3.43　修德寺大雄殿西侧面的修缮前后照片

（来源：参考文献 ［113］113，98）

(a)大雄殿内佛坛的修缮前　　　　　　　　(b)修缮后

图 3.44　修德寺大雄殿内佛坛的修缮前后照片

（来源：参考文献 ［113］109，20）

　　关于小木作的修缮，根据修缮中在屋顶积心材 ① 中发现的旧门窗构件，对正面的门窗形式进行改造。而大雄殿内的佛坛，也根据佛坛修缮中发现的旧痕迹进行改造（图 3.44）。

　　修德寺大雄殿的修缮是对高丽时代建筑进行的重要修缮之一，体现了 20 世纪 30 年代日帝强占后期建筑文化财修缮的原则和方法。关于修缮方针，以 30 年代初已基本确定的"绝对保存形式手法"为基础，进一步明确了具体方针。据《宝物建造物修德寺大雄殿修理计划书》的"修缮方针"，修德寺大雄殿修缮的主要方针为："关于形式手法，绝对保存其原形。如有结构上不稳定的，在不影响外观的前提之下，采用坚固的做法"[116]。这与 1936 年水原华城长安门的修缮方针基本一致。而《宝物建造修德寺大雄殿工事报告》"第二节工事执行方

①　积心材，又称积心木，是指在韩国建筑的屋顶内部檐椽和脑椽交接之处，为了压住椽头，同时为了得到屋面的曲线，铺抹灰背之前在望板上堆积的木材。

式"写道:"在解体过程中对各构件进行精密测绘,将各构件的形状和尺寸进行比较,并综合研究建成以后的改造,来决定施工标准……尤其注意各构件所体现的时代特征"。此"施工标准"可能是指从构件的尺寸标准至整体复原的时代标准。根据现场调查,对修德寺大雄殿进行的"现状变更"包括:将殿内木板地面改为三合土地面①、改造佛坛、改造门窗形式、拆除风板等。由此可见,修德寺大雄殿修缮中的"现状变更"是以复原为目的,因此可以说其修缮宗旨与水原华城长安门修缮一致,均为"原形的复旧"。

另外,据《宝物建造修德寺大雄殿工事报告》,修德寺大雄殿修缮还强调了其他原则,具体有:对外装构件,尽量使用原有构件;更换构件时,尽量选用与原有构件相同的材料,并统一其形式;对更换构件进行古色处理,并标记修缮时间;重视现状调查,并强调修缮记录和报告②;用混凝土、防腐剂③等新技术进行加固等。总之,基于从20世纪10年代开始的韩国建筑调查和修缮经验,从20世纪30年代建立修缮方针后,修德寺大雄殿修缮时"原形复旧"的大原则和措施中的小原则已基本明确。

其次,修德寺大雄殿十分重视落架过程中对现场的调查、考证和记录。修德寺大雄殿修缮采取了全部落架大修,并在落架过程中对高丽时代建筑进行了精细的现场调查和记录。通过这次修缮,负责工事监督的小川敬吉首次发现了韩国建筑的细部手法——升起、侧脚和柱础内曲布置,引起了学界的关注④。在韩国建筑中升起和侧脚做法至今普遍采用,但柱础内曲布置则普遍认为是朝鲜早期做法,保留实例并

---

① 三合土,是指沙子:黏土:生石灰=1:1:1混合形成的建筑材料。

② 修德寺权域圣宝馆.指令案//修德寺权域圣宝馆.至心归命礼:修德寺千年之美.礼山:修德寺权域圣宝馆,2008:218.《指令案》中写到,修缮竣工后应提交下列文件:"实测、破损及构造的调查书;修理工事的详细过程;实施仕样书;精算书;修理前实测图、各种仕事图、修理竣成图;折形、拓本等;修理前照片、各种资料照片、修理竣成照片"。

③ 关于科学材料的使用,对大雄殿的大连檐和小连檐等构件,开始使用木馏油(creosote)做防腐处理。

④ 关于侧脚,日本人大冈實在1939年首次发表了《关于古建筑柱子的内转》(载于《建筑史》1-2,1939.3),而这是根据小川敬吉在修德寺大雄殿的资料而分析研究的。小川敬吉在1940年发表了《关于朝鲜建筑柱子的内转》(载于《日本建筑学会论文集》第17辑,1940)。

不多，且施工过程中常被忽略①，因此目前缺乏进一步的研究。然而，小川敬吉在修德寺大雄殿发现了该做法，并留下了详细的图纸和照片，这对于韩国建筑史研究有重大意义（图3.45）。

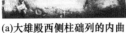

(a)大雄殿西侧柱础列的内曲　　(b)东侧柱础列的内曲　　(c)"柱石中心墨决定寸法"

图3.45　修德寺大雄殿柱础列的内曲和"柱石中心墨决定寸法"

（来源：（a、b）参考文献［113］75-76；（c）参考文献［114］234）

　　最后，关于彩画和壁画的保护，修德寺大雄殿修缮中彩画临摹、更换构件的古色彩画处理等方面的水平有所提高，并对壁画临摹、揭取、保护处理等方式进行了实验。对更换构件进行古色处理，是日帝强占期一直保持的彩画修缮原则，然而，由于韩国画工习惯于使用焕然一新的彩画方式，使得之前的修缮中彩画和壁画并没有得到系统保护或古色处理。一直到韩国画家林泉开始参与修德寺大雄殿修缮，古色彩画处理和壁画临摹才有了系统的工作和记录（图3.46）。尤其是，在修德寺大雄殿的壁画临摹和揭取过程中发现了朝鲜时代壁画之下的高丽时代壁画层，剥去表面层壁画后对高丽时代壁画进行了临摹记录。不过，由于对壁画的化学处理技术尚未成熟，揭取壁画之后也没有建好保护环境，加上朝鲜总督府正进入战时体系，修德寺大雄殿修缮不了了之，而揭取下来的壁画也基本都遭到破坏。虽然壁画没有保护成功，但是其临摹记录保留至今，提供了珍贵的资料。

---

　　① 在修德寺大雄殿修缮之前，在1915年临瀛馆三门修缮及1933年成佛寺极乐殿修缮等，对高丽时代建筑的修缮中并没有注意到这些做法。

(a)大雄殿木构件彩画照片

(b)木构件彩画临摹

(c)大雄殿壁画照片

(d)壁画临摹

图3.46　修德寺大雄殿彩画和壁画的照片和临摹

（来源：参考文献［113］147，138）

三、解放后诸法令存续时期

（一）康津无为寺极乐殿修理工事（1956年）

无为寺位于全罗南道康津，由元晓大师建于新罗真平王39年（617年），经历四次以上的寺院重修，目前留有极乐殿、冥府殿、千佛殿等建筑。其中，极乐殿是面阔三间、进深三间的悬山顶建筑，在1982年修缮中发现的"宣德五年（1430年）"题记明确了其建造时间。极乐殿内部壁画绘制于1476年，对朝鲜早期绘画研究具有很高价值[117]。极乐殿在1934年8月被指定为"宝物"，解放后于1962年被指定为"国宝"。

日帝强占期无为寺极乐殿的屋顶漏雨，尤其是西南角屋顶残损十分严重［图3.47（a）］，1942年朝鲜总督府为"无为寺极乐殿雨漏修理"发放346元[8]103。笔者在国立中央博物馆发现了未记时间的《无为寺极乐殿假修理仕样设计书》和设计图，据该设计书载："在屋瓦上装木架，用镀锌板铺盖屋面"，可以判断，这应是1942年的修缮设计书和设计图［图3.47（b）］。这样临时性的镀锌板覆盖屋面的处理，一直保留到解放后 1956 年修缮（图 3.48）。

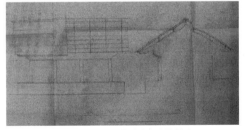

(a)20世纪30年代残损照片   (b)1942年屋顶抢险加固设计图

图 3.47　无为寺极乐殿 20 世纪 30 年代残损情况和 1942 年屋顶抢险加固设计图

（来源：（a）参考文献［118］；（b）国立中央博物馆所藏）

(a)1956年修缮前照片   (b)修缮后照片

图 3.48　无为寺极乐殿 1956 年修缮前后照片

（来源：参考文献［119］7，29）

无为寺极乐殿残损严重，修缮十分紧迫。韩国战争中的 1952 年 10 月由全南国宝保存会要求文教部来修缮，但因预算不足没有落实，直到 1956 年 2 月由第三回"国宝古迹名胜天然纪念物保存会"决定修缮无为寺极乐殿、发放修缮费并开始实施。这是"解放后首次对国宝级木结构建筑实施的正式保存工事"[119]，对韩国建筑保护史具有重大意义。修缮由监督官金载元、监督补助官林泉、记录官尹武炳来负责监督管理①，由赵元载②承包施工，从 1956 年 6 月 25 日开工到同年 12 月 31 日竣

---

①　金载元（1909～1990）是哲学家、历史学者，当时担任国立中央博物馆馆长。林泉（1908～1965）当时是国立中央博物馆的学艺官。无为寺修缮工程实际上由林泉和尹武炳在现场指导监督。

②　赵元载（1903～1976），是大韩帝国时期最后宫廷大木匠——崔元植的徒弟，在日帝强占期从事于寺庙建筑的新建或修缮，解放后重新开始从事对文化财建筑的修缮，参与了无为寺极乐殿、首尔崇礼门等重要修缮工程。

工[119]43。1958年文教部将修缮过程和内容出版成《无为寺极乐殿修理工事报告书》，这也是解放后在韩国首次出版的正式修缮报告书。

修缮前的极乐殿瓦件缺失、屋顶漏雨，而且由于极乐殿后侧山坡过于靠近建筑，在东北侧流出地下水，导致柱础的不均匀沉降和檐柱下段的腐朽十分严重，建筑整体向东北倾斜［图3.49（c）］。因为殿内佛坛后侧有朝鲜早期壁画，且其与上部梁架连在一起，修缮"除了部分轴部构件①，其他构件基本落架"[119]43。

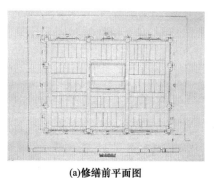 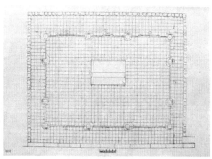

(a)修缮前平面图　　　　　　　　　　(b)修缮后平面图

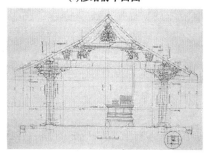 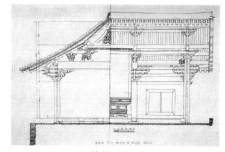

(c)修缮前剖面图　　　　　　　　　　(d)修缮后剖面图

图3.49　无为寺极乐殿修缮前后平面图和剖面图

（来源：参考文献［119］33，45，44，47）

关于修缮方针，报告书写道："修理工事的基本方针为，除了后代变更形式的，保持建筑原状"，其他方针还有：尽量使用原有构件；需要更换的构件，按照原有构件的形式制造，并尽量使用同一树种，保持榫卯等原有做法；标记修缮时间；对更换构件进行古色彩画处理；解体落架时进行测绘和调查，对形式和做法及后代变更进行分析后决定施工标准[119]43-44。韩国1950年加入联合国教科文组织，1954年成立韩国分部，与国际社会有了一定的交流，无为寺极乐殿修缮的监督

_____

① 轴部构件，是指柱、梁、檩、枋、斗栱等形成建筑主体构架的构件。

官金载元也是联合国教科文组织韩国分部的早期委员之一。不过，无为寺极乐殿修缮所采取的修缮方法，应不是当时接受国际保护理论而定的，而是延续了日帝强占期尤其1937年修德寺修缮时的经验。

然而，日帝强占后半期所采取的"在不影响外观之处、采用新材料或新技术进行加固"的方针，没有在无为寺极乐殿的修缮中出现。虽然对无为寺极乐殿台明自然石砌筑的背面用混凝土进行了加固，但是日帝强占期普遍采用的混凝土加固柱础下部，或改造屋顶望板上灰背层等做法并未采用。可以说，解放后对日帝强占期建筑文化财修缮中的结构改造做法采取了批评的态度，主张尽量保持传统结构方式，整体上追求现状保护。

这一时期无为寺极乐殿的修缮内容有：关于台基修缮，在柱础下重新做卵石夯实地基，对台明用自然石砌筑的背面用混凝土加固，并在台基上用石灰混合土铺面；关于梁架修缮，更换腐朽和虫蛀严重的东侧两个檐柱，而对于同样腐朽严重的东北角柱下段，由于难以找到与原有槐树相同的树种，没有进行更换而只做了墩接。西侧两个檐柱也有一定程度的虫蛀，做一定处理后继续使用。檩条仅保留两条，其余均做替换。替换或补充斗拱构件，其中东北角科因后代改造而其形式与其他角科不同，"改为原状"[119]45（图3.50）。另外，根据殿内木板、木柱与地面的连接形式，以及木板下面发现的方砖，可以判断木板是后代添加的，因此将木板地面改为方砖地面，将次间门窗形式改为与明间统一的门窗形式；关于屋顶修缮，两侧风板形式粗糙，可以认定是后代添加的，故将其拆除，同时屋面南侧椽子更换50%，北侧椽子更换三分之二，瓦件共更换40%。

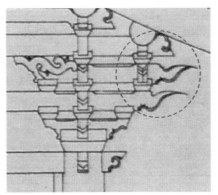

(a)东北角科修缮前　　　　　　　　　(b)修缮后

图3.50　无为寺极乐殿东北角科在1956年修缮前后比较

（来源：参考文献［119］19，35）

关于壁画和彩画的保护，判断殿内佛坛后壁上的前后两面壁画和东西两侧的大壁画（共四幅壁画）以及木构件上的彩画为创建时期的，其他栱眼壁等墙面上的二十八幅小壁画是后代改画的。修缮中，除了以上四幅壁画和一幅五佛图原址保护以外，其他二十七幅壁画揭取另存，而后代改画部分不再进行剥取，对底层的创建时期原画和表面层的后代壁画均进行保护（图3.51）。

(a)修缮前殿内彩画和壁画
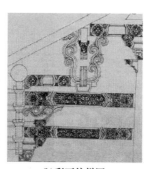
(b)彩画纹样图

(c)后佛壁画现状

图3.51　无为寺极乐殿内部彩画和壁画修缮前照片及后佛壁画现状

（来源：（a、b）参考文献［119］4，49；（c）自摄）

在写修理说明的"示方书"上，对壁画的揭取只涉及揭取的方法，而没有提到揭取对象及揭取后的保护方法。在无为寺极乐殿的修缮现场只对小壁画进行揭取，而且为了保护大壁画没有选择全部落架大修，这与日帝强占期修缮浮石寺无量寿殿和祖师堂以及修德寺大雄殿时虽然保留有局部壁画，但还是采取全部落架大修的做法不同，可见其尽量保护全部价值的努力。

1956年无为寺极乐殿的修缮是首次按照现代保护原则由韩国人主导进行的国宝级建筑正式保护工程，对韩国建筑文化财保护史具有十分重要的意义。修缮中发生的"现状变更"包括殿内木板的改造、东北角科斗栱形式的改造、拆除两侧山面上的风板、局部更换门窗形式、揭取局部壁画等，这与1937年修德寺大雄殿修缮时的现状变更有很多相似之处。从修缮组织的构成、修缮具体方针、报告书框架等方面也能看出，无为寺极乐殿的修缮借鉴了日帝强占期修缮的经验。但是，对壁画采取了更加严谨的保护态度，从日帝强占期普遍采取的"全部落架大修"脱离出来，采取了"局部落架大修"。

另外，值得关注的是，通过无为寺极乐殿的修缮，学界开始注重在建筑构件名称和修缮用词中使用韩国传统术语。无为寺极乐殿修缮竣工后,1958 年出版了《无为寺极乐殿修理工事报告书》,其中将日帝强占期修缮现场普遍使用的日式术语尽量改为韩式术语,例如将"彩色"改为"丹青",并开始使用"柱心包"、"多包"等建筑结构相关的新术语,这一变化也与无为寺极乐殿修缮现场的监督补助官林泉对韩国传统建筑术语的研究有关。林泉早在 1955 年就出版了韩国最早的古建筑辞典《美术考古学用词集·建筑篇》,梳理了工匠传统术语,并在该书中首次提到柱心包和多包[①]。虽然学界对于将柱心包和多包用作建筑形式术语仍然存在争议,但是经过 20 世纪 60 年代逐渐被学界所接受,并于 1973 年尹张燮《韩国建筑史》之后得到普遍使用。

（二）首尔南大门重修工事（1961～1963 年）

"南大门"是朝鲜时代都城汉阳（现在的首尔）的南城门,原称"崇礼门"（本文除了引用报告书或工程名之外,统一使用"崇礼门"）。崇礼门是面阔五间、进深两间的重檐庑殿顶建筑,始建于朝鲜太祖七年（1398 年）,根据修缮时所发现的题记知,崇礼门在朝鲜时代世宗三十年（1448 年）和成宗十年（1479 年）进行过重修[121],后来其形式基本没有改造。

1899 年首尔开通了电车,其线路经过崇礼门门洞。1907 年以准备日本王太子访韩为由,开始拆除崇礼门两侧城墙,崇礼门周围整治为原形环岛,1937 年后崇礼门门洞禁止通行[122]。日帝强占期间崇礼门没有得到修缮,1950 年韩国战争后其墙面抢眼密布,瓦件严重缺失,因此 1952 年立项了"南大门灾难复旧工事"抢救性工程,1953 年开工,到 1954 年竣工。当时揭除了全部瓦件,更换了约 60% 的瓦件,并局部更换了木构件和石构件,增加了结构稳定性。但是由于当时的修缮只是抢救性修缮,修缮后仍然出现了出檐部不均匀下沉等现象,因此 1961 年又开始了"南大门重修工事"（图 3.52）。

修缮工程从 1961 年 7 月 20 日开工到 1963 年 5 月 14 日竣工,并在 1966 年由首尔特别市教育委员会编制出版了《首尔南大门修理报告书》。

---

① 当时在修缮现场工匠不认"柱心包、多包"词,该词可能是参照日本建筑中"疏组"和"结组"的术语,林泉个人对韩国建筑结构形式的认识的总结。参考文献 [120]。

(a)1904年左右　(b)20世纪30年代

(c)1953年韩国战争后　(d)1963年修缮竣工后

图 3.52　崇礼门历史照片

（来源：（a、c）参考文献［123］17，28；（b）参考文献［122］79；（d）参考文献［26］56）

据该报告书所记“南大门重修工事计划”，当时修缮目的是“复旧原形”[124]，修缮范围是“木结构建筑全部解体，南侧墙面大部分解体，北侧墙面局部解体”[124]29。修缮方针定为，“在解体过程中对早期建筑形式如有新发现，通过审核可以复原，但是以复原解体之前的形式为主要方针”[124]29。“复原解体之前的形式”意味着“保持现状形式”，修缮基本遵循了这一方针。其他方针还有：尽量使用原构件，不能再使用的构件可以加工后用作其他构件；更换的构件应遵循原构件的尺寸和形式；标记更换构件的修缮时间；按照传统方式制造砖瓦；不能继续使用的构件中有题记的，作为学术资料保管于崇礼门二层等[124]29, 42-43,[125]（图 3.53）。

修缮的主要内容是对残损严重的构件或残缺部分进行剔补、更换或补充，具体有：更换崇礼门南侧墙面破损严重的石构件，更换西南角柱等局部木柱和望板、连檐及部分椽木，补充或更换角柱等斗栱的局部构件等。《首尔南大门修理报告书》中没有记录更换的具体构件及其数量等详细内容，而较为详细地记录了修缮中的“现状变更”，来说明了变更后与“修缮之前形式”不同之处。这些变更包括：第一，形

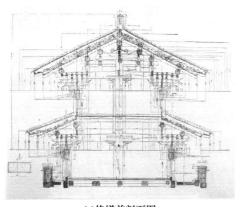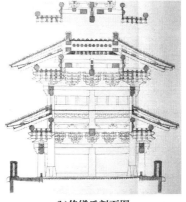

| (a)修缮前剖面图 | (b)修缮后剖面图 |

图 3.53　崇礼门修缮前后剖面图

（来源：参考文献［124］）

式上，拆除大斗下的"假翘"①，拆除栱眼壁；第二，结构上，改造加固老角梁与檩条连接之处的结构，在望板上加设"假椽"②，铁箍加固斜头昂和平板枋榫卯处，并加固木柱上部（图3.54）。其中，"假椽"是为了解决檐椽出檐部的不均匀下沉问题、尽量减少挑檐檩上的荷重而加设的。《首尔南大门重修报告书》写道："由于这一做法无先例可循，且对建筑形式没有明显影响，其效果有待观察[124]37"。这一修缮后一直到2006年，对崇礼门只进行过瓦件更换、地面铺装和石墙面局部修缮，没有更换椽木。据2006年进行的"崇礼门精密测绘调查"知，崇礼门台基西面下沉约1寸，上层西北角老角梁下沉相对严重，"约79毫米"，下层南侧檐椽下沉也较为严重，其他下沉量较少[121]277。当时测绘报告中没有分析"假椽"的效果，目前很难再行判断。不过，这一做法为进一步研究减少屋面灰背量、减轻屋顶荷重，提供了一个实验性案例。近期在一些大规模建筑修缮中采用了屋顶内部加设类似构件或变更屋顶内部结构的做法，例如2000年景福宫勤政殿修缮等。

　　另外，当时落架调查中发现了崇礼门屋顶的梁架结构与一般的庑殿顶结构有所不同，因此提出，崇礼门始建时其屋顶形式可能是重檐

---

　　①　假翘，是指从大斗下部向外伸出的头翘，韩文称之为"헛초공"，在本文笔者将它翻译成"假翘"。

　　②　假椽，韩文称之为"덧서까래"，在本文笔者将它翻译成"假椽"。

(a)木柱的更换和加固

(b)修缮前老角梁

(c)望板上加设的假椽

(d)斜头昂铁箍加固

图 3.54　1961 年崇礼门修缮照片

（来源：参考文献［124］）

歇山顶、朝鲜时代世宗或成宗年间重修改为重檐庑殿顶。不过，由于缺乏足够的复原设计依据，而且修缮主要方针为"复原解体之前的形式"，故而没有复原为歇山顶。[124] 36

　　为了崇礼门修缮 1961 年 7 月成立了相关机构，主要有"首尔市南大门重修工事指导委员会"（以下简称"指导委员会"）和"首尔市南大门重修工事事务所"（以下简称"重修事务所"）。指导委员会作为决策机构，由包括林泉①在内的首尔市文化财保存委员等学者专家共 6 人组成。重修事务所作为工程的实际执行机构，以相关公务员为所长，下设四部：调查研究部、企划部、工务部和技术部。其中，工务部长由工匠代表杨澈洙担任，另邀请著名大木匠赵元载担任技术工务嘱托，总管工程技术。关于财政和办公，另设"事务处"办理。

---

　　① 林泉当时是国立博物馆学艺官。

由于该机构"体系复杂导致决策机构与现场工事执行机构之间沟通不畅"、"相关者之间意见不一致"等原因[124]，1962年2月30日崇礼门全部落架工序结束后整个工程基本停工，并对机构进行整体调整，直到1962年3月23日由新机构重新开始安装工序（表3.6）。新机构分为事务部和技术部。其中，事务部是原重修事务所改造而来，但只管财政、办公、人事等，不管工程、技术、调查等。技术部是将之前的决策方和执行方合并而成，但除委员会和工匠之外，还新设了监督官负责整体计划、施工、记录、制图等整个工程的执行管理，将原来在委员会之下由工匠直接执行的模式调整为委员会之下新设监督官管理工程。监督内容分为学术、技术、屋顶工程和整体工程四项，分别由四名相关学者专家来负责。指导委员会替换为根据1960年《文化财保存委员会规定》成立的"文化财保存委员会"①。机构调整后取消了工匠代表的直接执行和元老级工匠的技术总管（表3.7）。

表 3.6　首尔崇礼门修缮工程时间表（虚线为机构调整时期）

（来源：根据参考文献［124］35-36，笔者自绘）

机构规定和执行方式也有所改变，主要有：重要工程以直营执行为原则，其他工程由监督官决定承包还是直营；对现状变更或现场重要事项，按照监督官的指示操作。通过机构调整，采用了监督官制度，并赋予监督官很大权限，而工匠在机构中的地位有所降低。

---

① 在机构调整的1962年2月还没有成立"文化财委员会"。据《文化财保护法》当年4月"文化财委员会"成立后，崇礼门修缮中的"文化财保存委员会"由"文化财委员会"来再次替换。

表 3.7 首尔崇礼门修缮工程机构变化示意图（来源：参考文献［124］31）

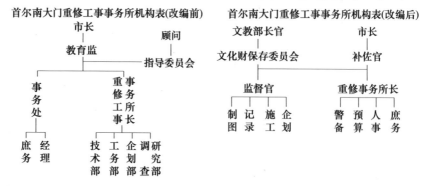

首尔南大门重修工事事务所机构表(改编前)
市长
顾问
教育监
指导委员会
事务处
重修工事事务所长
庶务 经理
技术部 工务部 企划部 调查研究部

首尔南大门重修工事事务所机构表(改编后)
文教部长官
市长
文化财保存委员会
补佐官
监督官
重修事务所长
制图 记录 施工 企划
警备 预算 人事 庶务

总体来说，20 世纪 60 年代初崇礼门的修缮是解放和韩国战争后"国家再建"旗帜之下整合当时的社会力量而进行的一次大修缮。修缮过程中发现的题记见证了崇礼门的历次修缮，并明确了崇礼门建筑的断代问题，对于韩国建筑史研究颇具价值。同时，此次修缮的重要意义还体现在如下三个方面：

第一，崇礼门修缮过程中，具有现代意义的建筑保护思想得到了肯定。崇礼门修缮过程中进行的机构调整，反映着以学者、专家为代表的具有现代保护思想的团体，与以传统工匠为代表的保持重修式修缮的团体之间，发生了理论上的碰撞。学者和专家通过对日帝强占期的保护工作的研究以及解放后一些工程的参与，逐渐对现代保护思想有所了解，并积累的一定的工程经验。而另一方面，韩国传统工匠被日本工匠取代、未能参与日帝强占期建筑遗产的修缮，解放后也没有受到现代保护相关教育，仍然保持重修式修缮方式。于是，学者和工匠的保护思想出现了差异。1956 年 2 月 14 日召开的"第三次国宝古迹名胜天然纪念物保存会"上，包括赵元载和杨澈洙在内的 6 名传统工匠首次被认定为"文化财补修业者"，工匠地位得到恢复，开始参与建筑遗产的保护工程。1961 年崇礼门修缮开工的时候，由工匠团体承包整个工程，主导修缮，在机构体系中工匠地位相当高。然而，1962 年机构调整之后，由学者、专家担任监督官，各工程的直营或承包由监督官来决定，工匠等技术人员的任免也由监督官来提出建议。这说明通过机构调整，学者专家团体的影响力逐步扩大，现代保护理论的修缮方式得到了肯定。

第二，崇礼门修缮体现了解放后韩国建筑遗产保护的"保存现状"原则。1945 年至 20 世纪 60 年代初，韩国建筑遗产保护原则以现状保存为主，而不是早期形式的复原。1961年崇礼门修缮就是其典型代表，当时落架调查已经发现崇礼门屋顶可能原本不是重檐庑殿顶而是重檐歇山顶，但实际修缮中并没有将其复原，充分反映了"保存现状"的修缮原则。另外，崇礼门修缮还采取了其他原则，包括：尽量使用原构件、更换构件上标记修缮时间、尊重传统技术等，体现了现代修缮原则。

第三，通过崇礼门修缮，建立了系统的监督官制度。监督官制度在日帝强占期已经有所运用，但当时开始的"工事监督"是整体管理而不是驻跸现场监督所有工序。韩国解放后到20世纪50年代，在制度层面上没有明确采用监督体系，这种缺乏整体监管的状态导致修缮过程中出现了一些问题。1960年9月开工的江陵临瀛官三门与江陵文庙大成殿修缮中，发生了施工方任意改变现状的问题。据韩国国家记录院所藏档案《文化财保存委员会第一份课第四回会议录报告件（1961年5月24日）》知，1961年初文化财保存委员会曾派遣委员调查上述问题，同年5月召开文化财保存委员会会议并决定"对国宝指定文化财的修缮由中央直接派遣工程监督者驻现场监督至竣工"。该决定在1962年1月10日韩国制定的《文化财保护法》中得到了落实，第二十五条规定："对发放国库补贴的修缮，文教部长官对其指定文化财的修理工事可以指挥监督"。这为1962年2月崇礼门修缮机构调整中新设监督官提供了法律依据。从20世纪60年代初起，对于重要建筑的修缮工程中央开始派遣监督官，包括石窟庵修缮（1961～1964年）、金山寺弥勒殿修缮（1962年）、双峰寺大雄殿修缮（1962～1963年）等。崇礼门修缮中更是对监督内容进行划分，提高监督的专业性与可操作性，并通过修缮机构明确监督官权限，实施了系统的监督官制度。监督官制度后来经过了一些调整，主要业务内容有所变化，但其制度仍然保持至今。

崇礼门从1963年修缮竣工后，到20世纪末的三十余年间经历了几次屋面修缮，2008年遭到火灾后开始整体复原，直至2013年竣工。

四、《文化财保护法》制定以后

（一）安东凤停寺极乐殿复原工事（1969～1975年）

凤停寺位于庆尚北道安东郡天灯山南麓，创建年代不详。极乐殿是面阔三间、进深四间的悬山顶建筑。据 1972 年修缮所发现的上梁文和脊檩上的题记知，极乐殿在高丽恭愍王十二年（1363 年）进行过"改盖重修"。由于近代以前韩国建筑的重修周期一般为 150 年以上，因此凤停寺极乐殿始建年代可能追溯到 13 世纪初，乃至 12 世纪末[126]。总之，据凤停寺极乐殿内所发现的题记与极乐殿现存结构形式特征来看，韩国学界普遍认为它是韩国现存最古老的木结构建筑。

据上梁文，极乐殿还曾在朝鲜仁祖三年（1625 年）重修。据《两法堂重修记》，朝鲜纯祖九年（1809 年）又重修。另外还有过几次维修，如哲宗十四年（1863 年）的修缮等。关野贞考察韩国古迹的时候没有对凤停寺进行调查，《朝鲜古迹图谱》中也未收入凤停寺。虽然该寺 1934 年指定为宝物，但在整个日帝强占期没有得到修缮。

凤停寺极乐殿是韩国现存不多的高丽时代柱心包建筑之一①。由于从建筑形式上看，凤停寺极乐殿存在始建年代早于浮石寺无量寿殿的可能性，因此，其修缮一直受到学界关注。凤停寺极乐殿的修缮立项于 1968 年，经过 1969 年保护棚的建设、1971 年假设工事②以及 1972 年 2 月的现状测绘调查和彩画临摹工作，1972 年 7 月 15 日开始解体落架，1973 年 6 月安装和复原工程通过了评审，当年 10 月安装和复原工程开始，到 1974 年 1 月 10 日竣工。1975 年 7 月极乐殿彩画工程开始，到 11 月 20 日竣工[126]45-46。凤停寺极乐殿的修缮之所以花了很长时间，是因为学界及社会对凤停寺极乐殿修缮高度重视。修缮立项后，1971 年文化财委员会对凤停寺极乐殿的修缮设计方案"暂不做审议决定"，后来才做出"先做壁画临摹、第二年进行解体"的决定。1972 年，对于修缮中发现的早期题记，文化财管理局特别发布了一次新闻稿，也足以说明当时的学界和社会对凤停寺极乐殿的修缮和断代给予了高度关注[127]（图 3.55）。

当时的修缮内容包括：将腐朽严重的檐柱替换或墩接，更换腐朽严重的额枋和大斗，更换腐朽严重的北侧屋面椽木，等等。在落架过

---

① 韩国现存高丽时代柱心包建筑有：凤停寺极乐殿、浮石寺无量寿殿和祖师堂、修德寺大雄殿、临瀛馆三门。另外，银海寺居祖庵灵山殿是高丽末，还是朝鲜初，学界尚待研究。

② 假设工事，是指修缮相关临时性设施的建设。

(a)凤停寺极乐殿修缮前照片　　　　(b)修缮后照片

图 3.55　凤停寺极乐殿修缮前后照片

（来源：参考文献［126］175，172）

程中发现望板上有加设的"假椽"，由于其加设时间尚不清楚，修缮时予以保留。据修缮仕样书要求，为提高防漏雨效果，铺瓦时在积心木上加了 10 厘米厚的生石灰层，其上再施以黏土为主的传统灰背。另外，根据彩画临摹和彩画图案分析，对建筑外部重新彩画，建筑内部保留原彩画。

修缮前后发生的现状变更有：据台基解体时发现的垂带石，复原了南面台阶；后檐柱和两侧几个檐柱是后代修缮时截断下部、在原柱础上又堆新柱础而成的，故去除新加的上层柱础石，据前檐柱复原了檐柱长度；据在殿内木板下发现的方砖和槛垫石，复原了砖石铺墁地面；拆除正面隔扇，复原了板门和窗户；拆除两侧面的风板和西侧窗户；修缮前只在前檐有飞椽，而修缮中在后檐的椽木中发现了与飞椽连接的痕迹，因此复原后檐飞椽；修缮过程中栱眼壁上的壁画被揭取保管，1982 年 10 月新建壁画保管库保存。对于这一时期凤停寺极乐殿的修缮，1992 年才出版《凤停寺极乐殿修理工事报告书》公开发表（图 3.56）。

除了凤停寺极乐殿之外，其他现存高丽时代建筑均在日帝强占期进行过落架大修。因此，1969 年凤停寺极乐殿的修缮是解放后首次对高丽时代建筑进行的全部落架大修，在韩国建筑保护史上具有很重要的意义。而且在凤停寺极乐殿的修缮过程中发现的重修题记明确了凤停寺极乐殿作为在韩国现存最早的木结构建筑的地位，对韩国建筑史研究提供了十分重要的依据。例如，通过凤停寺大雄殿结构与中国南禅寺大殿结构的比较研究，为 20 世纪 30 年代初日本学者提出的韩国柱心包系建筑由南宋传入一说，提供了不同说法的依据[126]62。

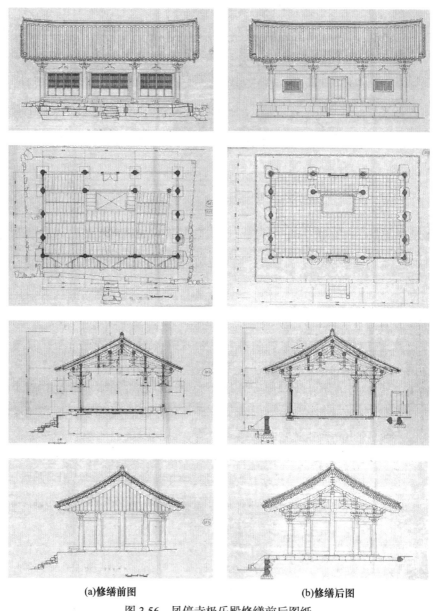

(a)修缮前图   (b)修缮后图

图 3.56   凤停寺极乐殿修缮前后图纸

(来源：参考文献［128］)

　　关于包括修缮方针及修缮程度等的修缮计划，报告书并未记载。而《报道资料——凤停寺极乐殿解体调查结果》[127] 1 提到，凤停寺极乐殿修缮是“复原修理”。从整体修缮内容看，凤停寺极乐殿修缮程度是全部落架大修，修缮方针是以“复原始建时的形式”为主。这与

1961年崇礼门修缮时采取的"复原解体之前的形式"方针截然不同，其修缮结果也十分不同。

　　凤停寺极乐殿修缮中为了"复原"采取的现状变更很多。其中，木板地面改为砖石地面、拆除两侧风板、改造门窗形式，实际上是延续了1937年修德寺大雄殿修缮和1956年无为寺极乐殿修缮中所采取的措施。但不同的是，凤停寺极乐殿修缮中改造门窗形式，不仅改造了隔扇细部，而且将隔扇替换为板门和窗户，并拆除正面突出的木板地面等，严重改变了极乐殿的整体形式（图3.57）。另外，不仅揭取壁画另存而壁面涂刷单色处理，还对外部木构件重新进行了彩画，整体失去了古朴的面貌。修缮后报告书也没有及时出版，过多的复原引起了学界不满。有学者批评该修缮说："在文化财管理局、文化财研究所及国家记录院，都没有找到任何复原考证的相关资料……1975年竣工的凤停寺极乐殿复原工事是完全错的复原，给文化财保存管理留下了

(a)修缮中发现的"假椽"①　　　　　　　　(b)修缮前栱眼壁

(c)修缮中的梁架　　　　　　　　　　(d)修缮中发现的地面方砖

图3.57　凤停寺极乐殿修缮照片

（来源：参考文献［126］182-195）

---

　　① 由于落架过程中发现望板上有加设的"假椽"，因此在修缮开工之前所绘的剖面图上没有标示。

一个永久的污点"[129]。从真实性角度，有学者批评说："修缮拆除了凤停寺极乐殿保留下来的各种朝鲜时代构件，局部损伤了其历史价值和艺术价值，并复原了与现在佛教法会仪式不相符的高丽时代内部形式和地面铺装，对功能上的真实性产生了负面影响"。[130]

1969年凤停寺极乐殿的修缮是20世纪60年代中后期以"复原创建形式"为主要方针的修缮案例的典型代表。凤停寺极乐殿的修缮之所以将"复原创建形式"作为主要方针，可能有如下几方面原因：在社会上，揭示了20世纪60年代的韩国社会所提出的问题——需要继承的'建筑传统'是什么；在学术上，通过20世纪60年代的建筑修缮经验和韩国建筑史研究成果的积累，韩国建筑学界对韩国建筑的历史和结构有了一定的信心。20世纪60年代末，进行了数个以"复原创建形式"为方针的修缮工程，如1969年对统一新罗时代的代表寺院——庆州佛国寺进行的寺域复原工程等，它们均可以置于这样的社会及学术背景之下去理解。

（二）金提金山寺弥勒殿修理工事（1988～1994年）

金山寺位于全罗北道金提市母岳山南麓，始建于百济法王元年（599年），朝鲜时代丁酉再乱（1597年）①时整个寺院被烧毁，朝鲜时代仁祖十三年（1635年）重建寺院[131]。弥勒殿是面阔五间、进深四间的单层三重檐歇山顶建筑，坐东朝西，也是朝鲜时代仁祖时期重建的，后来历经英祖二十四年（1748年）和高宗三十五年（1897年）的重修。1910年关野贞考察到金山寺，他将弥勒殿与寺内金刚门、大藏殿、大寂光殿一起评为"乙"级。当时韩国仅存有三座三重以上的重檐木结构建筑——报恩法住寺捌相殿和和顺双峰寺大雄殿和金山寺弥勒殿②，因而金山寺弥勒殿在韩国建筑史研究上具有很重要的价值。1940年7月31日指定为"宝物"，解放后1962年12月20日指定为"国宝"。

据朝鲜总督府的《金山寺大寂光殿弥勒殿大藏殿修理补金表》知，朝鲜总督府1919年至1922年为了修缮金山寺内建筑共发放了25,354元，到1926年为了修缮因暴雨而被破坏的大寂光殿，自1926年至1928年又发放了18,840元。目前没有找到当时修缮的具体内容，但从

---

① 1592年壬辰倭乱之后不久，在1597年倭寇再次侵略朝鲜半岛的战争。
② 其中双峰寺大雄殿后来在1984年遭到火灾被毁。

修缮的建筑数量及修缮费规模来看，1919年弥勒殿可能是修缮至椽木解体。

解放后，1962年对弥勒殿进行了修缮，从当时的修缮图和相关照片可以发现，正脊和二层角脊端部没有变化，而一层的角脊端部形式有所改造，而且修缮原本计划去除一层转角部的擎檐柱，可知当时修缮范围限于一层屋顶。然而，从修缮后的照片看，改造了一层角脊端部，却没有去除一层擎檐柱，反而在二、三层都加了擎檐柱（图3.58），这可能是为在修缮过程中发现整体结构存在不稳定问题。后来1974年再次对屋顶进行修缮时，二、三层的屋脊形式也有所改造，而整体结构没有得到修缮。总之，从1919到1974年对弥勒殿进行的几次修缮，其范围仅限于屋面和椽木，未进行落架大修（图3.59）。

1986年弥勒殿结构稳定性的现状勘察结果表示，虽然近期没有崩塌的可能性，但存在东北和东南高柱腐蚀严重、东南角老角梁劈裂等

(a)1910年照片

(b)1922年修缮后照片

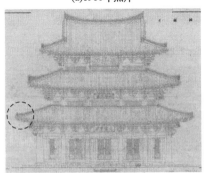
(c)1962年修缮图(推测)

(d)20世纪70年代照片

图3.58　金山寺弥勒殿历史照片和图纸

（来源：（a）参考文献［118］；（b）参考文献［132］；（c）国立文化财研究所所藏；（d）参考文献［133］）

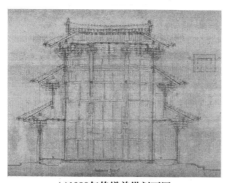
(a)1988年修缮前纵剖面图

(b)结构透视图

图3.59 金山寺弥勒殿1988年修缮前纵剖面图和结构透视图

（来源：（a）国立文化财研究所所藏；（b）参考文献［134］）

隐患，需要加固修缮[134]229。1988年金山寺弥勒殿的修缮，并没有对修缮范围和修缮内容编制具体计划方案，而是先将望板以上构件落架，明确现状后，由技术指导委员会决定修缮范围及更换构件[135]。因此弥勒殿的修缮共分为7次修缮工程，逐个立项进行①（表3.8）。其中，第2次至第4次工程是主要修缮工程。从最后的修缮结果来看，这次修缮是局部落架大修，除了一层平板枋以下和二、三层局部构件，基本全部落架（图3.60）。

表3.8 金山寺弥勒殿从1988年至1994年修缮工程内容

（来源：参考文献［135］45）

次数	工程时间	工程内容	工程费（韩元）
第1次	1988.10.28～ 1989.12.31	保护棚建设；瓦顶揭瓦；防虫防燃剂喷刷	384,245,000
第2次	1989.12.27～ 1991.2.25	壁画的临摹和揭取；落架范围定为一层椽木以上、二层大斗以上、三层阑额以上（包括背面高柱2根）	333,728,000
第3次	1991.6.18～ 1992.9.15	木结构修缮（为了更换背面2根角高柱并墩接其他高柱，补充落架了一、二层局部构件）；瓦顶修缮；墙面修缮	509,255,000
第4次	1992.10.30 ～1993.6.8	丹青；壁画安装	204,628,000
第5次	1993.4.29 ～1993.10.29	木地板修缮；佛像下部台基修缮	136,527,000

---

① 不包括第8次工程（1999年落实）。

续表

次数	工程时间	工程内容	工程费（韩元）
第 6 次	1993.10.23 ～1993.12.13	其他工程；保护棚拆迁	96,890,000
第 7 次	1994.6.29 ～1994.10.15	丹青；台基及排水沟整治	66,100,000

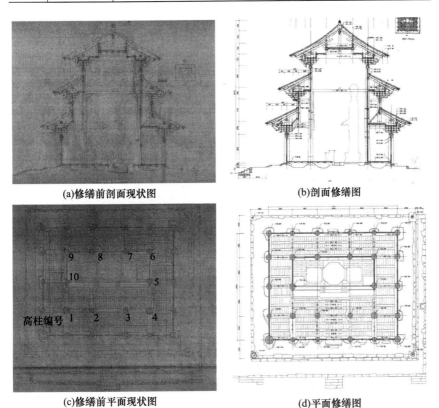

(a)修缮前剖面现状图　　(b)剖面修缮图

(c)修缮前平面现状图　　(d)平面修缮图

图 3.60　金山寺弥勒殿修缮前现状图和修缮图

（来源：参考文献［135］485，478）

弥勒殿修缮中，木结构的主要修缮内容有（图 3.61）：其一，由于木地板下部通风不良，内高柱下段普遍腐蚀，对其中腐蚀高度 1 米以上的 6、9 号内高柱采取了整体更换，对其他 7 个内高柱进行墩接，并对更换和墩接的高柱底部做防腐处理[①]；其二，北侧五架梁是 1975 年

——————

①　在高柱底断面钻 7 个小眼儿（直径 13 毫米、深度 75 毫米），插入防腐剂后用木头堵塞，如有柱底部过于潮湿或发生腐朽，防腐剂溶解并渗透进去，以防止腐朽。

修缮时被更换的，由于其与斗栱连接处结构不合理，且与南侧五架梁形式不一致[135]152，故而进行了更换；其三，拆除了日帝强占期在8号高柱内侧加设的临时性支撑物；另外，对腐朽或破损严重的局部构件，用合成树脂进行了加固处理。

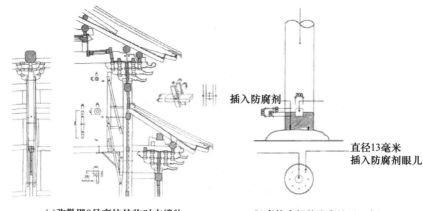

插入防腐剂

直径13毫米
插入防腐剂眼儿

(a)弥勒殿8号高柱的临时支撑物　　(b)高柱底部的防腐处理示意图

(c)屋顶椽木现状　　　　　　(d)修缮后彩画和壁画

图3.61　金山寺弥勒殿修缮相关照片与图纸

（来源：（a）参考文献［134］204；（b、c、d）参考文献［135］295，174，14）

　　关于金山寺弥勒殿椽木的布置方式，不同于韩国其他木结构建筑，其檐椽和脑椽不在金檩上交叉安装，而是在金檩的檐椽之上再放"假檩"①，将脑椽搭在其上，脑椽长度与檐椽相同。这种椽木安装方式，结构上有利于减少屋顶灰背的重量，在1962年修缮图中已经出现，而该形式形成于始建时抑或后代改造中，尚未明确。因此在这次弥勒殿修缮中保持了这种方式。类似的做法在朝鲜时代攒尖顶建筑或进深尺

――――――――――
　　①　假檩，韩文称之为"뜬도리"，在本文笔者将它翻译成"假檩"。

度较少的建筑上早有采用，如昌德宫芙蓉亭①，但对于规模较大的歇山顶建筑，则到了 1910 年安边驾鹤楼的修缮图中才有所体现（图 3.62），因此笔者认为金山寺弥勒殿中的这种做法可能是在 1922 年修缮时改造而成的。

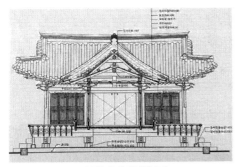 

(a)昌德宫芙蓉亭剖面　　　　　　(b)1910年安边驾鹤楼屋顶剖面图

图 3.62　昌德宫芙蓉亭剖面和 1910 年安边驾鹤楼剖面图

（来源：（a）参考文献［136］；（b）参考文献［137］）

　　弥勒殿的壁画推测为 1945 年重新绘制，但壁画气韵生动，具有一定艺术价值[135]284。因此，这次修缮先对 177 幅大小壁画进行临摹，其中，由于一层不落架，对一层壁画只进行加固，而对二、三层壁画则进行揭取，加固处理后重新安装。弥勒殿的内部彩画推断为 1897 年重修时所画，外部彩画是 1945 年改彩的[135]279。这次修缮中，根据已有的纹样和颜色，对外部彩画重新进行彩画，内部则只对更换构件进行古色彩画。

　　关于 1988 年金山寺弥勒殿修缮的目的和主要方针，报告书中没有记录。但是，根据 1984 年和 1985 年对弥勒殿进行的两次结构稳定性调查[135]45 以及 1986 年补充进行的现状测绘和结构稳定性调查知，1988 年弥勒殿的修缮是以解决结构不稳定问题为主要目的的。关于修缮方针，修缮报告对弥勒殿落架过程中发现的结构问题和残损现状进行了详细分析，却几乎没有对建筑早期形式进行分析。对于后代改造的部分，椽木的布置、二层和三层擎檐柱的加设、每层斗栱历经几次修缮而其形式不一致等问题也没有进行进一步分析。修缮内容主要采取了保存现状的措施，这可能与现存弥勒殿的创建年代较晚，弥勒殿

---

① 芙蓉亭在朝鲜时代正祖十六年（1792 年）新建。

的主要价值在于三重檐的建筑结构有关。综上可知，1988 年弥勒殿修缮的主要方针是"保存现状"而不是"复原原形"。

1988 年对金山寺弥勒殿的修缮，事先进行了现状勘察和结构稳定性评估，据其结果决定是否采取修缮，而修缮范围和内容的决定又是与结构的落架同步进行。也就是说，针对各阶段所发现的问题，在下一阶段决定其解决方案和落架范围。随着 20 世纪 80 年代逐渐出现对"复原原形"方针的批评和"保存现状"方针的提出，加上 80 年代后半叶对大部分重要木结构建筑均进行过一次以上落架修缮，这种以"结构加固"为目的的、以"保持现状"为主要方针的修缮，取代了"复原原形"方针，成为韩国木结构建筑的主要修缮方式之一。

另外，值得一提的是，金山寺弥勒殿的修缮采用了严谨的壁画保护处理，与过去将壁画揭取后在博物馆另行保存的方式不同，对揭取的壁画进行加固处理后重新安装到原址。另外，在金山寺弥勒殿的修缮中也可以看到，在 20 世纪 80 年代的修缮中，普遍使用合成树脂来减少替换构件的数量，并喷涂防燃剂来预防修缮中可能发生的火灾。

五、本 章 小 结

韩国现代意义上的文化财修缮概念发芽于大韩帝国时期，保护制度形成于日帝强占期。20 世纪初，日本的文化财建筑修缮的主要方针"复原创建形式"被引入韩国。由于日本人对韩国建筑发展史尚缺乏研究，日帝强占前期的韩国建筑修缮实际上以"结构加固"为目标，采取了各种结构加固措施。由于控制现状变更的制度尚未健全，使得结构加固的过程中往往发生了形式的严重改造。

这一时期，韩国工匠被排除在修缮工程之外，朝鲜总督府的技师与技手体系也尚未建立。在这种情况下，日本大木匠木子智隆作为唯一拥有木结构建筑文化财修缮经验之人，主管了韩国木结构建筑文化财从测绘、设计到施工的整个修缮工程。由木子智隆进行的平壤普通门修理（1913 年）是日帝强占期对韩国建筑文化财首次正式落实的文化财修缮工程。平壤普通门周边城墙的整治延续了崇礼门先例，将城门楼两侧城墙拆除，以城门楼为中心形成环形道路，这一方式成为城门楼周边城墙拆除整治的规范，应用于后来许多城门楼整治工程。对江陵临瀛馆三门的修缮（1915 年）是日帝强占期对高丽时代建筑进行的首次修缮，使用了混凝土等现代材料进行结构加固，并采用了一些日本式木结构建筑的做法。这些新材料和新做法被引入韩国建筑修缮，其影响逐渐扩大，对韩国建筑工具、结构、做法等方面均产生了一定影响。浮石寺无量寿殿和祖师堂修缮（1916~1919年）是忠实于"结构加固、保存现状"方针的一项工程，用混凝土及铁箍对多处台基和木结构进行加固。到20世纪20年代，以结构加固为主的措施开始逐渐变化，例如佛国寺修缮工事（1919~1925年）最初以抢险加固为目标，而后通过设计变更增加了一些"复原"性措施。以佛国寺修缮为转折点，日帝强占后期"复原"成为修缮的主要目标。

1933年制定的《朝鲜宝物古迹名胜天然纪念物保存令》和1934年文化财指定公布后，文化财的主要保护内容从建筑结构稳定向建筑外观形式保护转变，"保存形式"成为主要方针，并以外观形式为主要关注对象，对其现状变更有了许可程序。此后对于不影响外观的内部结构的修缮开始采取各种结构加固。水原城长安门修理工事（1936年）是这种修缮的重要案例之一，在长安门屋顶内部新加了日本式"野小屋"结构，据笔者所知这是韩国重檐形式的木结构文化财建筑中唯一设置野小屋的案例。礼山修德寺大雄殿工事（1937~1940年）又是体现20世纪30年代建筑文化财修缮原则和方法的代表案例。朝鲜总督府技手小川敬吉在修德寺大雄殿修缮过程中对落架构件进行了详细调查，根据其结果复原了其中判断为早期形式的部分。另外，调查过程中首次发现了韩国建筑的细部手法——升起、侧脚和柱础内曲布置，对于准确理解韩国建筑营造做法及其修缮产生了很大影响。关于修缮方法，台基尽量运用新材料和新技术，木结构部分在日本工匠的主导下采取日本做法，屋面和墙面部分则由韩国工匠按照传统方式施工。

解放后，在20世纪50年代的战后修复时期，日帝强占期的一些修缮经验被应用于文化财建筑修缮。以无为寺极乐殿修理工事为例，其负责人林泉就是一个在日帝强占期积累了修缮经验的韩国人。无为寺极乐殿的修缮，是解放后按照现代保护原则进行的首个国宝级建筑的正式保护工程，其修缮报告具有示范性意义，对后来的韩国文化财修缮产生了很大影响。这一时期，韩国开始了建筑文化财的调查，并逐步摸索修缮方法，其中最先采取了"保存现状"的修缮方针。"南大门重修工事"（1961~1963年）虽然对局部采取了现状变更，但整体修缮方针定为"复原解体之前的形式"，因此虽然在落架调查中发现重檐庑殿顶的屋顶形式可能是由重檐歇山顶改造而来，但是并未复原为歇山顶。另外，在修缮过程中进行的机构调整，反映着以监督官和学者为代表的拥有现代保护理论的团体，与以传统工匠为代表的遵循重修式传统进行修缮的团体，发生了保护思想的碰撞。这种碰撞促进了监督官权限的加强，对后来韩国监督官制度的落实产生了很大影响。

20世纪60年代初石窟庵复原工事中，保护界开展了对"原形"概念的探讨，"复原原形"的修缮方针得到了肯定，60年代中叶以后逐渐成为石质建筑与木结构建筑文化财的主要修缮方针。安东凤停寺极乐殿复原工事（1969～1975年）就是其典型案例。凤停寺极乐殿修缮是解放后对高丽时代建筑进行的全部落架大修，以"复原原形"为主要方针，采取了很多现状变更措施，使得整体建筑形式被改变。20世纪80年代，逐渐出现了对"复原原形"方针的批评，"保存现状"方针被提出，金山寺弥勒殿修理工事（1988～1994年）是典型案例之一。在对大部分重要木结构建筑进行过一次以上落架修缮的20世纪80年代后期，以"结构加固"为目的、以"保持现状"为主要方针的修缮，取代了"复原原形"方针，成为韩国木结构建筑主要修缮方式之一。

总体来说，日帝强占期的韩国建筑文化财修缮，开创了现代意义的建筑文化财修缮，不少文化财建筑得到了保护。然而，当时修缮对象是基于皇国史观的殖民政策来选择的，而且日本人独占修缮现场、韩国人被排除在外，这些现象均带有明显的时代局限性。解放后韩国建筑研究为了摆脱基于皇国史观的建筑史认识，了解韩国建筑本身的发展历史，做出了种种努力。经过20世纪60年代对韩国传统建筑术语的梳理工作、韩国传统工匠的地位恢复、现代保护方式的教育等诸多努力，韩国建筑文化财修缮逐渐形成了体系。

第四章
建筑文化财保护理论的相关学术展开

　　韩国虽然有较长的文化财保护历史，但除了有针对个别保护案例的论战，对保护价值或原则等文化财保护相关理论并没有全面的学术讨论或系统研究[138]。例如关于保护原则，20世纪60年代起"保存原形"作为韩国文化财保护原则应用于修缮工程，1999年《文化财保护法》上明示了"维持原形"原则，但是对于该原则的形成过程、变化及其含义，目前尚没有相关研究文章发表，缺乏系统研究。

　　保护理论作为保护行为的思想基础，是文化财保护研究中不可缺少的一个环节。基于先行的保护制度和保护工程案例研究，本章将针对保护理论的核心——价值进行探讨，通过分析各时期的价值相关焦点，探讨韩国建筑文化财保护中的价值认识，并研究保护行为的基本哲学——保护原则与方针，揭示其形成和变化过程，分析其含义。

一、关于价值探讨

　　本节梳理了从现代意义上的文化财保护开始直到当下的价值理论发展，将其与韩国政治、经济及文化背景的变化相衔接，将价值相关争论归纳为如下四个焦点进行探讨：价值认知与保护对象的扩大，传统讨论，保护与开发的矛盾，以及对价值和真实性的关注。

（一）价值认识与保护对象的扩大

　　20世纪初韩国社会逐渐认识到文化财的价值，将文化财作为公共财通过建立制度进行保护的意识不断增强，保护体系开始建立。因此，通过保护相关法律中保护对象范围的变化，可以了解文化财价值认识的发展。

　　大韩帝国时期光武二年（1902年）公布的《国内寺刹现行细则》和隆熙四年（1910年）的《乡校财产管理规定》以及1911年由朝鲜总督府公布的《寺刹令》，将寺院建筑和乡校建筑作为公共财产进行管理和保护。1916年制定的《古迹及遗物保存规则》，是韩国最早的综合性文化财保护法规，其保护对象涵盖了从建筑、遗址到都城、陶窑，类型认识十分全面。1933年公布的《朝鲜宝物古迹名胜天然纪念物保存令》中对保护对象的认识进一步扩大到可移动文化遗产和名胜地，基本形成了韩国文化财的分类框架，这一体系也影响到1962年《文化财保护法》中文化财分类体系（表4.1）。

表 4.1　韩国文化财保护相关法律中的文化财认识范围表

（不包括无形文化财类、民俗文化财类和天然纪念物类）（来源：自绘）

	有形文化财		纪念物	
	动产文化财类	建造物类	遗迹、墓葬类	景胜地类
1902 国内寺刹现行细则	佛像、舍利塔、佛器……	寺宇	（寺院）附近的废寺遗墟	—
1910 乡校财产管理规定	—	（乡校建筑）	—	—
1911 寺刹令	（寺院）佛像、石物、古籍、其他贵重品	（寺院）建筑	—	—
1916 古迹及遗物保存规则	—	都城、宫殿、城垣、关门、交通路、驿站、烽燧、官府、祠宇、坛庙、寺刹、陶窑等遗址和战迹	包括贝冢、石器、骨角器类的土地或寿穴等史前遗址和古坟；其他与史实有关的遗迹	—
1933 朝鲜宝物古迹名胜天然纪念物保存令	典籍、书迹、绘画、雕刻、工艺品及其他物件（可指定为宝物）	建造物（可指定为宝物）	贝冢、古坟、寺址、城址、窑址及其他遗迹（可指定为古迹或名胜）	景胜之地（可指定为名胜）
1962 文化财保护法 （韩国）	典籍、书迹、绘画、雕刻、工艺品及其他考古资料（可指定为国宝或宝物）	建造物（可指定为国宝或宝物）	贝冢、古坟、城址、宫址、窑址、遗物地层及其他史迹（可指定为史迹或名胜）	景胜之地（可指定为名胜）

	有形文化财		纪念物	
	动产文化财类	建造物类	遗迹、墓葬类	景胜地类
文化财保护法（2014 年修订）	典籍、书迹、古文件、绘画、雕刻、工艺品及其他考古资料（可指定为国宝或宝物）	建造物（可指定为国宝或宝物）	寺址、古坟、贝冢、城址、宫址、窑址、遗物地层的史迹地（可指定为史迹）	景胜之地（可指定为名胜）

从表 4.1 可知，在韩国文化财保护相关法律中，对建筑文化财的类型认识从寺刹、乡校等纪念性建筑开始，逐渐将宫殿、城墙、都城和遗址包括在内，乃至扩大到整体景观。这种保护对象类型的多样化，是基于保护价值认识的扩大。

关于价值类型的认识，《古迹及遗物保存规则》第二条规定："对古迹和遗物中具有保存价值的进行调查并登记"，可见当时对于遗产价值尚只有概括性的认识。而《朝鲜宝物古迹名胜天然纪念物保存令》第一条将遗产定义为"历史的见证者或艺术的典范者"、"作为学术研究资料而需要保存者"，明确了"保存价值"包括历史价值、艺术价值和学术价值。其后，《文化财保护法》第二条则规定："在我国历史或艺术上具有很高价值的"、"在我国历史、艺术、学术或景观上具有很高价值的"，可知在历史、艺术、学术价值之外，还认识到了景观价值。

然而，价值判断难免介入判断主体的主观思想，历史价值和学术价值容易受到时代或判断主体的历史观和学术观的影响。从日帝强占期宝物、古迹的指定目录来看，指定的遗产应在形式、结构等方面具有时代代表性或很高的艺术价值，同时应有利于宣传皇国史观及殖民统治，或反映日本历史的积极面。与此相反，与抗日相关的、反映韩国历史积极面的，或者与朝鲜王权相关的遗存，不仅没有得到指定，反而遭到了严重破坏［详见，本书第二章第四节"（一）"部分］。日帝强占期，价值判断是基于皇国史观、殖民思想来进行的。因此解放后韩国基于民族史观对日帝强占期指定目录再次进行了价值评估，1962年重新指定了国宝、宝物等文化财。但是由于时间和人力资源的局限，1962 年的重新评估和指定，未经过足够的学术调查和讨论。到了 20 世纪80年代和90年代，对指定文化财再次进行了价值评估，主要评估对象是那些基于歪曲的历史观、而受到不妥当或不全面评估的历史遗存[详见本书第二章第四节"（三）"部分]，解放后进行的价值评估是基于民族史观。

不同时期由不同主体根据不同价值观进行的价值评估，对同一个文化财有了不同的评价结论，这种现象集中体现于宫殿建筑、官衙建筑、儒学思想相关建筑及日军相关设施。其中宫殿建筑最具有代表性，由于宫殿建筑象征着朝鲜王朝的精神价值，不利于日本在韩国的殖民统治，因此日帝强占期所有宫殿建筑均没有得到指定保护，而被朝鲜总督府成片拆毁。朝鲜时期地方行政中心官衙客舍建筑以及反对殖民统治的儒林活动中心——乡校、书院等建筑，其中只有少数被指定为宝物，大部分被改造或拆毁。而朝鲜时代中期倭乱时由倭军砌筑的一些倭城，则得到指定保护。解放后，宫殿建筑及历代王陵被指定为国宝或宝物，保留下来的一些官衙、客舍建筑及乡校、书院建筑也得到指定（表4.2）。

表4.2 韩国文化财保护相关法律中，木结构建筑类型认识范围表

（1902年至1916年为建筑类型，1933年以后为指定为宝物或国宝的建筑数量。1962年以后的统计，不包括朝鲜所在的）（来源：自绘）

时间	法规名称	宫殿	城廓城楼	祠庙祭坛	寺刹	乡校书院	官衙客舍	亭台楼	宅第民居	其他
1902	国内寺刹现行细则	—	—	—	寺刹	—	—	—	—	—
1910	乡校财产管理规定	—	—	—	—	乡校	—	—	—	—
1911	寺刹令	—	—	—	寺刹	—	—	—	—	—
1916	古迹及遗物保存规则	宫殿	都城，城垣等	祠宇，坛庙	寺刹	—	官府			
1933~1945	朝鲜宝物古迹名胜天然纪念物保存令	—	8	7	41	3	2	5	4	—
1962~1963	文化财保护法（韩国）	3	3	6	38	2	5	5	5	—
1962~2014.9	文化财保护法（韩国）	24	5	13	88	6	7	4	16	3

关于景观价值，20世纪60年代起韩国开始认识到以自然景观优美的风景胜地为主的自然景观价值，20世纪80年代这一认识扩大到由历

史建筑群所形成的历史景观价值，并带来了 1984 年的《传统建造物保存法》。当时，快速城市化过程中传统村落的成片拆毁或改造产生了深刻的文化危机，因此针对未指定为国家或市道文化财而处于保护范围之外的建造物，制定了该法。虽然 1999 年该法因指定文化财中"民俗文化财"有所重复而被废止，但其充分反映了 20 世纪 80 年代对历史景观价值的认识。

（二）关于传统讨论

日帝强占后期以及 1945 年解放后的韩国社会，为了找回日帝强占期失去的自我意识与自尊，探讨民族意识的未来发展方向，"传统"成为讨论的焦点之一。朝鲜时代，"传统"一词意为血统、系谱、权威等，20 世纪 20 年代韩国知识阶层用"传统"表达"过去"和"习惯"的意思，或者用于指代艺术、宗教、学术、道德等精神活动所产的固有文化[139]。而在殖民统治之下这种固有精神文化越来越消失。1926 年，韩国史学家、文学家崔南善曾批判朝鲜总督府的保护政策偏于"器物方向"，并主张将韩国精神与固有文化作为韩国的"传统"加以保护和复原[139] 176。20 世纪 30 年代，韩国知识阶层开展了"古典复兴运动"，足以看出殖民统治之下的韩国正在面临的传统文化危机感[140]。

20 世纪 50 年代，战后的韩国社会吸收了以美国为主的援助文化，物质上追求"现代化"，同时将"传统"作为精神上的追求。特别在文学领域，与一些出现不久即消失的其他争论焦点不同，"传统"从 20 世纪 50 年代前期到 60 年代后期一直受到关注[141]。文学领域对传统的讨论，起于缺乏时代思想的危机感以及对存在主义哲学反传统倾向的担心，随着讨论加深，出现了传统断裂论、传统不在论、传统继承论等，最后孕育了"民族文学"，在其过程中"传统断裂论"得到了社会的广泛认可①。因此，普遍形成了如下认识：以韩日强制合并的 1910 年为界，1910 年以前是传统的、固有的，而 1910 年以后是非传统的、由受迫改造而来的。

建筑领域对传统的讨论，在文化财管理局发起的"国立综合博物馆"设计竞赛过程中成为公论。1966 年 1 月，文化财管理局对景福

---

① 传统断裂论是在韩国文学中可继承的传统被断裂的消极认识。参考文献 [141] 260。

宫空地上新建国立综合博物馆一事进行立项，并开始征集方案。暂且不谈对于日帝强占期被毁的景福宫不进行保护而建立大规模博物馆的事实，公告中所谓"为了恢复民族传统可以仿照我们的固有文化财"一句，由于违背现代建筑设计的创意精神，引起了建筑设计相关者的抗议。但文化财管理局一意孤行，获得第一的竞赛方案是仿照佛国寺石台形式之上仿造法住寺捌相殿和华严寺觉皇殿及金山寺弥勒殿等布置钢筋混凝土结构建筑①，这一结果引起了建筑行业对传统和创意的讨论（图 4.1）。

(a)1966年综合博物馆鸟瞰图　　　　　(b)1978年综合博物馆全景

图 4.1　1966 年综合博物馆鸟瞰图和 1978 年全景

（来源：（a）参考文献［142］；（b）参考文献［143］）

　　讨论始于重现过去形式可否视为继承传统的提问，以传统的继承不在于模仿祖先的物质成就、而在于弘扬其中的创造精神[144]的认识为基础，逐渐明确了形式与传统的关系：将过去建筑中的经典应作为"古典"进行保护，但需要继承的不是"古典"的"形式"而是其"价值"，在继承价值的过程中会形成"传统"。不过，区别于文学领域的传统论辩为文学发展提供了一种新思想，在建筑设计领域中的传统讨论并没有得以正式展开，1967 年扶余博物馆被指出有"日本色"并引发舆论关注，使得建筑领域的传统讨论意外转向而匆忙结束。

　　建筑领域对传统的讨论集中在现代建筑设计领域，文化财管理局征集设计方案的过程中暴露出了其对传统认识有限，而且当时由包括建筑史学专家在内的文化财委员会则对文化财管理局的意见表示了赞同[145]。经过这些争论，建筑史学认识到了对传统进行系统研究的必

---

　　①　国立综合博物馆位于首尔景福宫东部，现在改为"民俗博物馆"使用。

要性。建筑史学和文化财保护领域中关于传统形成的主要论点,可以归纳为如下两方面:韩国建筑的传统是什么?韩国传统建筑具有什么价值?

首先,要继承的韩国建筑传统究竟是什么?韩国建筑中可称为"古典"的有哪些?当时社会提出了这些问题,并要求建筑史学界做出回答,而建筑史学界也早已认识到有必要对韩国建筑发展史进行系统研究。然而,建筑史研究以公共事业性质的系统调查和丰富的修缮经验为前提,日帝强占期这些经验却被日本人独占,导致解放后的韩国社会没有一位可称为建筑史学专家的学者,韩国建筑的调查和研究成果尚少,甚至还没有完全摆脱日本皇国史观的影响。随着 20 世纪 60 年代起文化财建筑的修缮工程逐渐落实,现场经验逐渐积累,一些专家开始出现,到 60 年代后期出现了建筑考察报告和相关研究文章。从大韩建筑学会出版的《建筑》杂志 1945 年至 1975 年所发表的文章来看,20 世纪 60 年代前期与建筑新材料、新结构、新施工方法相关的文章发表最多,60 年代后期开始陆续有建筑历史相关文章发表(详见表 4.3)。

在这样的情况下,为了研究韩国建筑发展的完整历史,首先需要对韩国建筑编年资料进行收集。考察建筑史、考古及文化财保护修缮等领域的从业者共同创刊的《考古美术》杂志,可以发现,20 世纪 60 年代前期的文章内容大部分是与建筑考察或修缮现场相关的报告。其中修缮相关报告中,木结构建筑修缮中所发现的题记被视为建筑断代的重要依据,同时也是研究韩国建筑发展史的重要材料,故而一般将题记全文载于杂志,而修缮内容却没有记录,可见当时十分重视韩国建筑史资料的收集。1969 年开工的凤停寺极乐殿修缮中所发现的题记,为将凤停寺极乐殿断代为韩国现存最早建筑提供了关键依据,成为韩国建筑的编年研究中调查和资料收集阶段的重要成果之一。基于这些成果,到了 20 世纪 70 年代才开始出现通史性质的建筑历史研究,因而逐渐可以回答韩国建筑中的"古典"代表以及韩国建筑所具有的特征等。

其次,关于韩国传统建筑具有什么价值,韩国建筑历史研究致力于从韩国建筑自身的发展演变的角度探讨韩国建筑价值。日帝强占期日本学者对韩国建筑价值的评估,只是从日本建筑发展史的角度出发,强调了韩国作为中日之间文化桥梁的历史价值,对高丽时代等韩国古代

表 4.3　1947 年至 1974 年大韩建筑学会志论文内容分类（来源：根据参考文献［146］，自绘）

	40年代			50年代										60年代										70年代					合计
	47	48	49	50	51	52	53	54	55	56	57	58	59	60	61	62	63	64	65	66	67	68	69	70	71	72	73	74	
概说	7	1	1														1	1		2	3	2	1	2	2		3	2	28
设计	4	6	6							3		2			2		1	5	1	1	4	5	7	6	10	13	7	20	103
结构材料	7	2							3			2	3		2	12	4	6	4	6	12	19	26	17	19	21	21	28	214
城市			1						1							4	1	1		3	1		2	1	3	3	2	4	27
法律	1															1	1	1	1						1		3	1	10
历史	3	4	2									1	2			2	2	3	5	3	1	4	4	5	4	7		3	55
教育													1								1		1	1		1	2	4	11
其他	12	8	2						2	6		3	2		3							2		1			14	1	56
合计	34	21	12	0	0	0	0	0	6	9	0	8	8	0	7	19	10	17	11	15	22	32	41	33	39	45	52	63	504

历史赋予了相对高的价值。然而，处于维护殖民统治之需，日本贬低了朝鲜时代的历史地位，朝鲜时代的建筑也被低估。解放后对朝鲜时代和朝鲜时代艺术重新进行了评估，有了新的价值认识。李仁荣在《国史要论》（1950年）中将朝鲜时代评为："对大韩民族来说，朝鲜时代在多种意义上是完整且统一的时代"[147]，金元龙在《朝鲜美术史》（1968年）中写到："朝鲜时代艺术，基于前代传统，形成了具有韩国特色的模式，融合了不受宗教思想限制的纯真和韩国艺术的固有本质"[148]。

关于建筑的价值认识，除了高丽时代的几座建筑之外，日帝强占期日本学者过分低估了韩国木结构建筑的价值，尤其是朝鲜时代建筑的价值，因此朝鲜时代建筑在文化财保护政策中也没有得到充分重视。解放后尹张燮在《韩国建筑史》（1973年）中写道："过去研究建筑文化的视角偏重于结构形式。将建筑形式严整开朗、形体俊美的时期视为建筑完成期，以它为准，将之前时期看成准备期，将之后时期看成衰退期。由于以完成期的形式为判断标准，只赞扬完成和成熟时期的文化，而对其他时期的文化有低估其价值的倾向"[149]，批判了基于结构形式发展衰退论的价值评估。郑寅国也在《韩国建筑样式论》（1974年）中提到，"建筑价值评估有多重角度……如今在讨论韩国建筑之时，针对一种样式的演变过程，古代建筑的"古掘期建筑"因具有稀少性认可其稀少价值或历史价值，其后的"完成期建筑"认可其艺术价值，而再后的"后期建筑"的价值则相对被忽略。"[150]

韩国传统建筑的价值认识框架的变化打开了价值认识的多样视角。从新的视角出发，关于韩国传统建筑在意匠设计上的特点，有学者提出了人性化尺度、屋檐的大曲线、不对称的平面布局及与自然协调性等观点，将韩国建筑之美总结为朴素优雅之美[149]9-11。通过这些认识，现存文化财建筑中占有较大比例的朝鲜时代建筑重新得到了价值评估，为20世纪80年代将日帝强占期被低估的朝鲜时代王宫、宗庙等建筑被指定为国宝提供了思想基础。

对韩国建筑的传统是什么、韩国传统建筑具有什么价值的讨论，推动了解放后韩国建筑历史领域对韩国建筑的调查研究，并通过新的价值认识影响了建筑文化财保护方针的建立。值得一提的是，建筑传统的讨论是以文学领域的传统断裂论为前提而展开的。在传统断裂论看来，由日本人引入韩国的一些近代文明虽然是韩国所需要的，但是这些近代文明是由日本人来取舍选择并改为日本式结果，对其结果韩国也无法自由选择而被强制运行[151]，在此过程中韩国的自我意识没有机会介入，也没有通过韩国社会传统的过滤。因此，传统断裂论认为日帝强占期的成果是从韩国传统脱离出来，在韩国新创造了一个日本式近代文明的起点。社会普遍认为，从这新起点开始的一个历史脉络，虽然后来在韩国土地上被一定程度上韩国化了，但是在溯源韩国传统的意义之时，跟从这一脉络是无法得到对传统的完整了解的。因此，解放后传统研究就跨越日帝强占期而进行了探讨。

在文化财保护领域，传统断裂论影响到"恢复"、"复原"的修缮倾向。以1916年的石窟庵修缮为例，该建筑在1913年用混凝土覆盖的方法进行修缮之后，因失去温湿度平衡而发生严重破坏，重修过程中将日帝强占期修缮以前形式看作"原形"，从此"复原原形"成为后来韩国文化财保护的实际修缮方针［详见第四章第二节"（四）"部分］。

（三）关于保护与开发的矛盾

文物保护与开发建设之间的矛盾，是现代化过程中普遍遇到的问题之一。在韩国，这一矛盾以20世纪60至70年代国家再建设时期最为突出。大规模开发造成的文化危机感使韩国社会逐步认识到乡土文化财及文化景观的价值，保护观念在开发大潮中影响逐渐扩大。

20世纪60年代韩国走上快速城市化之路，这一时期文化财保护面临的首要问题是城市道路拓宽与文化财保护之间的冲突。在此过程中，"文化财委员会"作为文化财保护方的代表，其地位逐渐升高。当时已指定为国宝的首尔"社稷坛正门"的迁移工程，是20世纪60年代道路拓宽与重要文化财保护之间发生的第一场冲突。首尔市为了拓宽社稷路，建立了将社稷坛正门向后迁移14米的规划，其工程在1961年12月开工，1962年12月竣工（图4.2）。在施工当中的1962年4月就成立了"文化财委员会"，委员会发现部分施工不符合设计图和示方书的规定，要求停止工程，并派送监督官进行了调查①[152]。可以说，这是20世纪60年代"文化财委员会"针对城市开发所采取的文化财保护行动的开始。

区别于《文化财保护法》制定之前立项的社稷坛正门迁移工程，1967年由首尔市提出的朝鲜时代后宫庙堂"七宫"的局部拆迁、以及德寿宫正门"大汉门"的迁移计划，由于文化财委员会的反对而引起

---

① 文化财政策局文化财管理课.关于社稷坛正门移建的文件.1962。

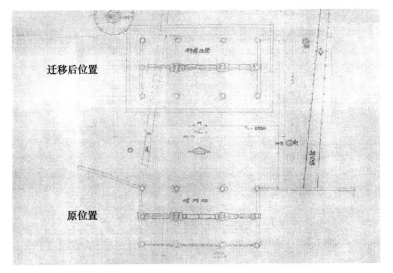

迁移后位置

原位置

图 4.2　1962 年社稷坛迁移设计图

（来源：参考文献［153］）

了争论。1967 年 1 月首尔市为了拓宽道路要求拆迁七宫的局部建筑，对此当年 10 月文化财委员会提出强烈反对，要求绕开七宫拓宽道路，因此 11 月建设部要求首尔市相关部门修改规划。然而，1968 年 2 月，以警卫韩国总统官邸青瓦台为由，按原计划强行拆迁了部分建筑。[154]

　　道路拓宽和文化财保护的矛盾在"大汉门"的迁移问题中爆发。1961 年首尔市曾以德寿宫对外开放为由将部分宫墙拆除，1968 年按城市道路计划在后退 16 米的位置上复原了宫墙，同时要求单独凸出而立的大汉门也向后迁移。对此，文化财委员会以"原址保护历史遗物是文化财保护的基本原则"为由坚决反对。然而，与宫墙分离的大汉门引起了舆论争议，最终文化财委员会也同意了迁移，并于 1970 年实施（图 4.3）。

　　20 世纪 60 年代建立了文化财保护制度，社会文化财保护意识也逐渐提高。尽管如此，一旦文化财保护与经济开发发生矛盾，在国家再建设的旗帜之下，文化财保护往往被忽略。大汉门迁移意味着 20 世纪 60 年代保护与开发的冲突中文化财保护的失败。政府更是通过 1970 年《文化财保护法》的修改，将文化财委员会的议事行为从"议决"改为"审议"，降低了文化财委员会的权限，从而表明了开发优先的方针。

(a)1968年七宫迁移之前总平面图　　　　　　　(b)局部迁移之后的总平面图

图4.3　1968年七宫迁移之前后总平面图

（来源：参考文献［155］）

(a)1970年德寿宫大汉门迁移之前照片　　　　　　　(b)迁移后照片

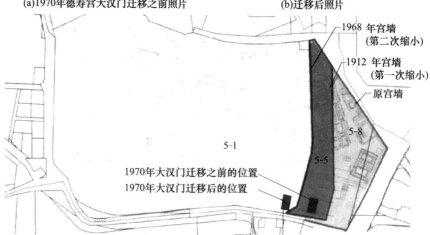

(c)1970年德寿宫大汉门迁移前后总平面图

图4.4　1970年德寿宫大汉门迁移前后的照片及总平面图

（来源：参考文献［156］）

20 世纪 70 年代文化财保护面临的最大问题是如何解决保护与随着经济快速发展而在全国范围开展的国土开发事业之间的矛盾。这一时期除了大城市因建设各种基础设施对文化财保护继续产生破坏影响之外，修建水库或"新农村运动"等大规模建设活动也与文化财保护产生了矛盾。1970 年政府确定了"四大江流域综合开发计划"，因为要在多处修建多功能水库，很多文化财面临被水淹没的危机。例如，1970 年为了在洛东江修建安东水库，位于水库淹没区的石冰库、石塔、书院、乡校等 27 座指定文化财或非指定文化财被迁移。但是，由于韩国古代文化发达区基本位于四大江沿岸，锦江和汉江流域不断发掘出旧石器时代和新石器时代遗址，而在迅速进行的水库建设之下，文化财只能根据其价值进行选择性保护。20 世纪 70 年代的新农村运动实施了将草屋改造为水泥瓦屋顶的"农村住宅改良事业"，对此，文人和社会学者曾经指出传统村落消失的问题。因此 1972 年文公部提出只对状况不良的草屋进行改造，围墙也按各地区情况改为石墙或土墙等[157]，但这些措施没有落实到当地，在整个 20 世纪 70 年代农村住宅改良事业的全面开展过程中传统村落景观被成片改造。

这一时期，在经济开发的方针之下，文化财也着重于"遗址开发"，为了弘扬民族传统或开发爱国教育基地，选择一些护国先贤相关遗址进行"补修净化事业"①，开发遗址观光事业。对于 20 世纪 70 年代护国先贤相关文化财的保护和开发，韩国学界已经有明确的分析和认识：在韩国和朝鲜对立的情况下，1961 年通过军事政变而成立的军人政府，为了得到政权正统性、加强国家安全，强调了"传统"等思想，在其过程中需要保护的传统思想从以"文民为主的儒家传统"转为以"武人为主的护国传统"[158]。通过 20 世纪 60 年代后期至 70 年代末的"护国先贤遗迹补修净化事业"，日帝强占期被遗忘的一些历史遗址重新得到了关注，然而，由于其政治目的的局限性，保护事业不是严格按照学术研究进行，而是偏于宣传和旅游开发，导致了过多复原等问题。

到了 20 世纪 70 年代末，开发优先政策开始偏向文化财保护。1977 年济州城邑村被指定为民俗资料保护区，从此传统村落景观开始受到了法律保护，后来顺天乐安邑城、安东河回村、月城良洞村等也

---

① 补修净化事业主要包括：修缮遗址或文化财建筑、复原局部建筑、整治环境、新建博物馆等。

被指定为民俗资料或史迹。护国先贤遗迹事业也随着 1979 年军人政权垮台而结束，"遗址开发"转为"史迹保护"[159]（图 4.5）。

(a)顺天乐安邑城

(b)济州城邑村

(c)月城良洞村

(d)安东河回村

图 4.5　20 世纪 70 年代被指定保护的传统村落

（来源：文化财厅网站）

进入 20 世纪 80 年代后，文化财保护概念从"点"扩大到"面"，不仅保护单体文化财，同时对周边历史文化环境予以保护。面对开发采取了积极的保护措施。1984 年 8 月通过《文化财保护法施行规则》的修订，寺刹类文化财的保护范围扩大到半径 2 公里。而新制定的《传统建造物保存法》中规定，应为传统建筑群划定保存地区来进行保护，根据该法 1984 年首次指定了牙山外岩村保存地区。1983 年首尔市实施韩屋保护政策，将首尔北村嘉会洞韩屋地区指定为韩屋保存地区（图 4.6）。

然而，保护力度的加大也带来了一些问题。在制度上，《传统建造物保存法》指定的对象类型与《文化财保护法》指定的类型存在重复；在保护管理上，对被指定建筑采取的限制过多，导致建筑所有者不愿意自己建筑被指定。结果，1999 年《传统建造物保存法》被废止，

(a)牙山外岩村   (b)首尔北村嘉会洞

图 4.6   20 世纪 80 年代被指定保护的传统村落

（来源：文化财厅网站）

北村嘉会洞韩屋保存地区也因居民反对在 1991 年被解除[160]。这些事实暴露出 20 世纪 90 年代保护与开发面临的新问题：主要矛盾不在于由政府主导的大规模国土开发与文化财保护之间，而在于个人对私有财产的开发利用与文化景观的整体保护之间。为了解决这种矛盾，将"韩屋保存地区"改为"（文化）环境保存地区"，对于按照设计导则改造韩屋、新建韩屋、拆迁非韩屋等建设行为提供经济补助和免税等优惠，取代了曾经只有部分免税而限制各种改造建设行为的规定，以引导保护整体环境。

另外，关于建设过程中所发现的遗址、遗物，1973 年《文化财保护法》修改后规定："建设活动中发现埋藏文化财而需要发掘时可以进行发掘，其经费由建设行为者负担"。然而，由于发掘费用和建设时间的增加给建设者带来了不利，使其隐瞒埋藏文化财的发现。通过 1995 年的法律修改，建设工程中所发生的发掘费用在预算范围内由国家或地方自治政府承担，以预防建设行为对埋藏文化财的破坏。

总之，在提高文化财保护意识的基础上，乡土文化财及文化景观的价值保护，未采取强制保护，而是引导自发性保护，来解决保护与开发之间的矛盾。

（四）关于价值和真实性的关注

韩国于 1950 年 6 月 14 日加入联合国教科文组织，1954 年成立韩国联合国教科文组织委员会，解放和韩国战争后开始了与国际社会的交流。出于对日帝强占期和战争中被破坏的文化财抢险保护的需求，当时韩国对国际文化财保护的关注主要集中于保护科技方面。韩国相关机构曾邀请多位国际保护专家访韩，如1961年国际文物保护与修复研究中心（ICCROM）的普伦德莱思（H.J. Plenderleith）以及1974年法国考古学家格罗里耶（B. P. Groslier）等，就是为了咨询石窟庵的保护科技。相对而言，韩国对国际保护理论的关注十分不足。韩国对文化财的价值、真实性及原则等保护理论方面，除了介绍性文章之外，带有分析的研究可以说近期才开始，最近正在系统开展。本文以价值和真实性为主，梳理和分析了韩国对国际保护理论的研究和韩国文化财保护历程中的保护理论。

关于韩国文化财保护理论，在20世纪60年代"保存原形"原则得到公认的过程中，如何理解"原形"的讨论中对保护理论有所涉及。"保存原形"原则中对"原形"主要有三种不同解释："创建形式"、"现存形式"和"喜好时期的形式"。由于准确判断创建形式很有困难、甚至是不可能的，因此复原创建形式并进行保护只是一种追求，实际复原结果往往是"喜好时期的形式"。在韩国，将"原形"解释为创建形式的观点占据主导地位。在其基础上，从20世纪60年代一直到80年代，韩国文化财的修缮十分重视对早期痕迹的发现和记录，并在很多修缮工程中根据研究结果进行了"复原性修缮"。

到20世纪80年代，韩国文化财保护环境有所变化。首先，需要保护的文化财类型逐渐多样化，从以单类文化财的"点"为主的保护，扩大为以历史文化环境的"面"为主的保护[160]15。为了全面保护历史文化环境，采取了制定《传统建造物保存法》及划定"韩屋保存地区"等措施，但不久便因制度上和管理上的原因被废止。这说明保护对象的类型已经多样化，然而保护制度研究和保护理论尚未跟上。其次，从1995年韩国全面开始地方自治后，出现了由地方政府对地方遗址进行的复原性整治造成破坏的问题。这些保护制度失败以及地方政府对保护缺乏理解，使韩国深刻认识到在文化财保护领域保护理论的系统研究和建立韩国文化财保护理论的必要性。尤其是，1995年石窟庵和佛国寺、宗庙、海印寺藏经板殿三项文化财首次列为世界遗产，更加推动了对保护理论的关注。韩国世界遗产的保护管理需要符合世界遗产的管理要求，在此过程中世界遗产的保护体系对韩国文化财保护制度的修改产生了影响（表4.4）。同时，对世界遗产保护理论的研究逐步深入，从理论引入开始，韩国逐渐开始运用真实性等概念来评估韩国文化财价值。

20 世纪 80 年代和 90 年代，韩国对于国际保护理论的研究是由韩国文化财保护相关机构的专家和国际机构交流的相关保护理论学者来主导。李泰宁 1981 年的论文[17]介绍了从维欧勒·勒·杜克（E. Viollet-le-Duc）和拉斯金（J. Ruskin）到布朗迪（C. Brandi）的欧洲近代保护理论的变化，并明确了现在国际保护原则的重点不在于形式复原，而在于尊重历代痕迹并保护整个历史层位。金奉建 1992 年的论文[18]对韩国使用的保护措施相关术语进行整理，主张根据其干预程度明确其含义，并从形式（style）、技术（skill）、材料（material）和程序（procedure）等方面阐述了现代国际保护相关宪章及文件提出的保护方法。

表 4.4　韩国与联合国教科文组织相关活动及其对韩国文化财保护制度的影响

（来源：自绘）

时间	韩国与联合国教科文组织相关活动	对韩国文化财保护制度的影响
1950	6 月 14 日 加入联合国教科文组织	
1954	1 月 30 日韩国联合国教科文组织委员会正式成立	
1983	加入《关于禁止和防止非法进出口文化财产和非法转让其所有权的方法的公约》	
1988	加入《保护世界文化和自然遗产公约》	
1994	12 月 4 日第 18 届世界遗产委员会会议，韩国代表团首次正式参加	
1995	韩国的石窟庵和佛国寺、宗庙、海印寺藏经板殿的三项首次列入世界遗产名录	
1997	昌德宫、水原华城二项列入世界遗产名录 韩国首次成为世界遗产委员会成员国	韩国将 1997 年公布为"文化遗产年"制定《文化遗产宪章》
1999	韩国古迹遗址保护协会（ICOMOS Korea）成立	修订《文化财保护法》：第二条文化财的定义中增加了"国家的、民族的、世界的遗产"；第二条之二，增加"维持原形"的保护原则；第十三条之二，增加编制文化财保护管理和利用的基本规划内容
2000	庆州历史区、高昌和顺江华史前墓遗址两项列入世界遗产名录 韩国联合国教科文组织成立信托基金	

时间	韩国与联合国教科文组织相关活动	对韩国文化财保护制度的影响
2004		制定《关于古都保存的特别法》
2005		修订《文化财保护法》第四十五条,对国家指定文化财的现状、管理、修缮、传承情况及其他环境保护情况进行的监测,将"需要时进行监测"改为"定期进行监测"
2007	济州火山岛和熔岩洞一项列入世界遗产名录	修订《文化财保护法施行令》,新设对国家指定文化财个别编制整治规划的条款
2009	朝鲜王陵一项列入世界遗产名录	修订《文化财委员会规定》,新设"世界遗产分课委员会" 制定《关于历史建筑物与遗址的修理、复原及管理的一般原则》
2010	韩国历史村落:河回村和良洞村一项列入世界遗产名录	
2012		制定《为文化财保护工作者的伦理指导方针》
2014	南韩山城列入世界遗产名录	
2015	百济历史区列入世界遗产名录	

20世纪80年代和90年代,虽然有一些文化财保护理论相关的论文发表,但对国际保护理论和韩国文化财保护思想的研究仍然缺乏关注。由于对"真实性"等比较新的概念理解不深,在论文或报告中不少出现"恢复真实性[161]"或"复原行为的真实性[162]"等表述,这说明当时往往将"真实性"等同于"原形"概念,并在"恢复原形"或"复原原形"中将"原形"替换为"真实性"来使用。

韩国对价值和真实性等的研究可以说近期才开始。近期有不少国家以国际保护原则为基础制定了符合本国国情的保护原则,韩国也认识这一需要。在韩国真实性的研究中,与制定韩国文化财保护原则的社会要求相结合,研究范围从对国际保护理论中"价值"与"真实性"的演变及解释开始,逐渐向"原形"和"维持原形"等重要概念扩大。本节对"价值"与"真实性"的研究进行了分析,"原形"和"维持原形"原则将在下节进行分析。

1. 关于价值

下面对近代欧美地区涉及价值的重要文件和书籍进行梳理。

1877 年英国"古建筑保护协会"（SPAB: Society for the Protection of Ancient Building）发布了宣言（The Manifesto），提出将"artistic, picturesque, historical，antique, substantial"等方面作为文化遗产的保护理由或保护对象。

到 20 世纪初，对价值的类型及其性质有了多角度的分析。1903 年李格尔（A. Riegl）在《纪念碑的现代崇拜：它的性质和起源（The modern cult of monuments: its character and its origin）》[163] 中，将遗产的价值分为"纪念价值（commemorative value）"和"当代价值（contemporary value）"。其中，纪念价值包括时代价值（age value）、历史价值（historical value）、刻意纪念价值（deliberate commemorative value），当代价值包括艺术价值（artistic value）、使用价值（use value）。李格尔指出，不同价值在保护中可能发生矛盾，因此他主张应根据遗产情况选择不同的保护目的和干预程度。这些对价值的研究影响了1964 年的《威尼斯宪章》（Venice Charter），在该宪章中直接采用了艺术价值（aesthetic value）、历史价值（historical value）和考古价值（archaeological value），间接地涉及使用价值。

另外，1984 年莱珀（W. Lipe）的《文化资源的价值和意义》（Value and Meaning in cultural resources），将价值分为情感价值、象征价值、信息价值、美学价值、经济价值，并分析了其性质。从 1999 年到 2002 年美国盖蒂研究出版了关于价值的三本书：《经济与遗产保护》（Economics and heritage conservation），Mason，1999；《价值与遗产保护》（Values and heritage conservation），Avrami dt al，2000；《文化遗产的价值评估》（Assessing the values of cultural heritage），de la Torre，2002，提出了将价值研究运用到实际保护工作的方法。

在韩国文化财保护中如何认识"价值"？在韩国文化财保护历程中，最早涉及文化财价值的正式文件是 1916 年公布的《古迹及遗物保存规则》，其中第二条规定"对具有保存价值的"进行调查并编制档案登记，但对"保存价值"没有具体说明。1933 年公布的《朝鲜宝物古迹名胜天然纪念物保存令》第一条规定："建造物、典籍、书迹、绘画、雕刻、工艺品及其他物件中，历史的见证者或艺术的典范者，可由朝鲜总督指定为宝物；贝冢、古墓、寺址、城址、窑址及其他遗迹，风景名胜地或动物、植物、地质、矿物等，作为学术研究资料认定为需要保存者，可由朝鲜总督指定为古迹、名胜或天然纪念物"，由此可知，当时对历史价值、艺术价值和学术价值已有认识。值得注意的是，历史价值和艺术价值是针对"宝物"类，而针对遗址和景观或动植物的"古迹"、"名胜"和"天然纪念物"则以学术价值来判断。同一时期制定的《朝鲜宝物古迹名胜天然纪念物保存要目》[30] 11 中，对宝物历史价值和艺术价值的判断标准有更加详细的说明："① 制造年代悠久，或具有时代代表性；② 制作技术优秀，或具有稀少性；③ 与重要人物相关，或由重要人物制作；④ 可作为历史见证"。可知，"历史"、"代表"、"优秀"、"稀少"、"见证"等是文化财价值判断的关键概念。

这样的价值认识和价值判断标准，基本延续到韩国解放后 1962 年《文化财保护法》及根据该法进行的文化财指定中。《文化财保护法》（1962 年 1 月 10 日版）第二条对"文化财定义"规定如下："对于有形文化财类和无形文化财类，在我国历史上或艺术上具有很高价值者"；对于纪念物类，在我国历史上、艺术上、学术上或观赏上具有很高价值者。"根据 1962 年的文化财委员会会议[77]，宝物建造物的指定标准是："具有很高的历史价值，意匠优美，技术优秀，具有典型的时代特色或地方特色，具有很高的艺术价值"。国宝的指定标准是："在宝物中，从人类文化的角度，第一，具有极高的历史价值或艺术价值；第二，制造年代悠久，或具有时代代表性；第三，意匠或制作技术优秀，或具有稀少性；第四，形式、品质、功能十分独特；第五，与重要人物相关，或由重要人物制作"。

20 世纪 80 年代末和 90 年代前期，韩国对国家指定文化财进行了价值的重新评估工作。当时的评估主要针对那些在日帝强占期基于歪曲的史观受到不当评估的文化财。这属于史观的转变导致的对历史价值的重新评估，但很难将其看作文化财保护理论的发展演变所带来的价值重新认识或深化认识。总之，韩国从学术上和文化财保护行为上普遍接受了文化财相关法律所体现的价值认识，而对价值类型及其含义没有展开全面的学术讨论或系统研究，仅仅在近期的"真实性"研究中对价值概念有所涉及而已。

2. 关于真实性

对"真实性"（authenticity）可能存在不同的定义，有学者将其视为"文化财相关者认识文化财所含价值和信息等本质的尺度"[19] 218。"真实性"来源于希腊语的"authentikòs"，意为"同一的"[130] 127。文艺复兴时期随着社会对历史和遗物的关注，真实性被用作鉴别遗物真伪的一个概念。在 19 世纪"反修复运动"（anti-restoration movement）中，真实性概念的含义从特定时代形式向保留下来的所有历代痕迹转变。到了 1964 年，在《威尼斯宪章》的序言中涉及"将它们真实地、完整地传下去是我们的职责"，自此，真实性概念开始成为文化遗产保护领域的焦点问题。[130] 127-129

1977 年《实施世界遗产公约业务指南（Operational Guidelines for the Implementation of the World Heritage Convention）》中可以看到将真实性用于文化遗产保护实际操作的意图。在这一指南中，对真实性概念进行了分项描述，第九条写道："为了列入世界遗产，应该在设计（design）、材料（materials）、工艺（workmanship）和环境（setting）方面符合真实性检验"，强调了真实性的物质侧面。而通过 1980 年的修订，在 18（b）条写到："世界遗产委员会强调，重建只有基于完全的、详细的原始档案且没有推测的情况下才被接受"。从此，世界遗产名录开始接受被重建的文化遗产。这为真实性概念赋予了灵活性，但同时也导致其概念变得更加模糊[130] 130。华沙历史中心作为二战期间大量破坏而战后重建的代表，当时真实性概念的扩大为其 1980 年列入世界遗产提供了理论基础。

20 世纪 80 年代后半期，以木结构建筑为主的东亚国家开始申报世界遗产，对已有的石质遗产为主的真实性概念提出了意见。1994 年《奈良真实性文件（Nara Document on Authenticity）》就反映了对以非物质要素为主的文化多样性的认可。《奈良真实性文件》中对真实性的判断因素，在已有的四类因素上加入了功能和精神，共列了六项因素："形式和设计（form and design），材料和物质（materials and substance），使用和功能（use and function），传统和技术（tradition and techniques），地点和环境（location and setting），精神与情感（spirit and feeling）"。根据《奈良真实性文件》普遍认为，真实性不是指遗产的物质原形，而是指判断遗产信息源能否可信的一个判断标准。[164]

韩国 1988 年加入了《保护世界文化和自然遗产公约》，而到 1994 年 12 月第 18 届世界遗产委员会会议韩国代表团才首次正式参加，1995 年三项韩国文化财首次列为世界遗产。因此，20 世纪后半叶国际社会对真实性的讨论以及 1994 年 11 月奈良会议的现场，韩国代表团并没有参与。同"价值"的研究一样，韩国关于真实性的理论研究近期才开始。

不同于以物质为主形成真实性概念的欧美社会，汉字文化传统中对杰出的摹古作品也往往予以肯定，物质并不是管理或保护行为的唯一对象[130]136。鉴于《奈良真实性文件》已经对非物质意义的真实性概念予以肯定，真实性作为世界遗产和韩国文化财的价值和重要性（significance）的评估工具，同时也作为挖掘新价值的一种概念，其研究必要性得到了重视。尤其是，韩国为了编制适合自身文化财保护的职业道德规范和保护原则，最近对真实性的研究逐渐增加。[165]

韩国学界对真实性的研究内容，大致可分为两种：一是对国际保护理论中真实性概念的变化及其性质的研究，另一是对韩国文化财保护历史中真实性或与真实性类似概念的研究。

第一，对真实性概念的研究，从20世纪80年代介绍性的文章到现在，韩国已经积累了一定成果，近期主要关注真实性概念的变化，即按照时代、文化及遗产类型，对真实性概念的认识有所变化。随着时间的推移，包括文化财在内的所有物质和非物质遗产本身均具有变化的性质，而真实性是为了维持保护其物质或非物质现状而形成的概念，因此真实性概念之下文化财保护的行为目的与行为对象之间本身存在矛盾。再加上，真实性概念自身有可变性，不同时代对真实性有不同的定义，甚至在一个文化圈里也有不同解释。因此，为了明确真实性概念、并找出可操作方法，仍然存在很多需要解决的问题[130]134。但是，普遍认为，真实性概念的变化，使国际保护思想对价值的态度逐渐转向多样价值的平等评估[20]156-160。总之，韩国学界认为，真实性不应视为文化财保护中判断是非的绝对性标准，而应理解为使保护相关者做出合理的行为判断的一种思想框架[19]201。

第二，关于韩国保护历史中对真实性的研究，20世纪韩国基本没有对"真实性"进行直接讨论，而"原形"作为一个与真实性类似的概念，充当着韩国现代意义的保护过程中的价值判断标准。因此，近期韩国一些学者针对"原形"概念的解释及其变化进行了探讨。这是为了准确解释韩国《文化财保护法》所规定的"维持原形"原则，同时为将来制定保护原则工作，也提供理论基础。

在使用"原形"一词的过程中，争议最大的问题是在时间上如何界定"原"的含义。如前文所说，有三个不同意见：第一是指始建时期，第二是指始建后至今的所有时期，第三是现在我们认识中存在的某一时期，或者大家喜好的时期[166]。对此，从《威尼斯宪章》之后国际保护理论普遍认为，对始建后至今不同时期遗留下来的所有痕迹均应予以尊重。20世纪70年代，有韩国学者曾经主张"限定原形"，鉴于绝对保持现状或绝对复原始建时期形状均不适当且不可能，修缮建筑时应按其条件对个别建筑进行"限定原形"的修缮保护[16]11。这属于第三种认识。在韩国对"原形"一词尚没有正式或权威界定，因此，按照现状条件或工作相关者的理解，有时认为是始建时期，有时是指至今的所有时期①。但总体来说，从20世纪60年代初石窟庵修缮之后，将始建时期普遍看作"原形"的重要时间标准。这样的认识是基于在日帝强占期间韩国传统断裂的思想，反映了韩国社会普遍情绪——追求复原在日帝强占期被毁的文化财，纠正被日本歪曲的历史。

韩国将始建时期视为"原形"的重要时间标准的思想，是其文化财修缮方针偏重于"复原"的重要原因之一。韩国文化财修缮中"复原"的具体措施，按修缮工作的实施年代、修缮对象类型及其价值判断有所不同，而且20世纪80年代逐渐出现了对"复原"的批评，然而以"复原"为主的方针基本持续了整个20世纪，例如20世纪60年代和70年代对佛国寺、水原华城等护国先贤相关遗址的复原性整治，以及从20世纪80年代至今对首尔五大宫的复原性整治等。这些复原性整治项目中，指定为"史迹"的遗址类居多。对于指定为"国宝"或"宝物"的单体建筑，以高丽时代建筑凤停寺极乐殿为代表，1969年其修缮项目中复原了始建时期形式。

将"原形"看作价值判断主要标准，这一做法的最大问题在于，虽然"原形"标准局部包含对传统技术或材料方面的评估，但主要是对外形的历史价值评估。而"真实性"的研究，将以外形的历史价值为主的评估体系，转向对物质和非物质以及历代层次等多样信息赋予平等视角的评估体系，为制定韩国文化财保护原则提供一种新的概念。

最近韩国制定了《关于历史建筑物与遗址的修理、复原及管理的一般原则》（2009年）与《为文化财保护工作者的伦理指导方针》（2012年）。《关于历史建筑物与遗址的修理、复原及管理的一般原则》

---

① 为了区别，需要更明确表达。例如，Van Mensch 将创建原形表现为"factural identity"，将现状原形表现为"actural identity"。Van Mensch, P. (1992) Towards a methodology of museology, PhD thesis: University of Zagrev. P.2: 参考文献[19]212。

的序言中写到，应"维持并保护遗产的价值与真实性"，明确了保护对象是遗产的"价值"和"真实性"。第五条规定，"所有保护行为不得损坏其真实性，也不得改变或歪曲遗址价值。构成遗址价值的所有因素，作为一个整体应该具有完整性，并与周边及整体环境保持协调"，直接采用了国际保护理论中的"真实性"与"完整性"术语。另外，第七条规定，"在遗址的修缮、加固或修复过程中，历代所有痕迹应该得到充分尊重"，明确了与复原始建时期原形相区别的方针。

2012 年制定的《为文化财保护工作者的伦理指导方针》，反映了对价值和真实性更加深刻的理解。《为文化财保护工作者的伦理指导方针》规定："文化财保护相关者，应致力于将文化财的有形和无形的价值与意义完整地保护下来，由后代继承"，明确了保护对象是文化财的"价值"和"意义"，而不是《关于历史建筑物与遗址的修理、复原及管理的一般原则》所规定的"价值"和"真实性"。在此可知，真实性被视为评估文化财所含多样价值和意义（significance）的一个标准，或挖掘新价值的一种概念工具，因此将保护对象规定为价值和意义、而非真实性本身。

通过近期的研究，韩国对真实性有了一定了解，而为了把真实性概念应用于韩国文化财保护，还有一些问题要解决。首先，对欧洲遗产保护过程中建立的真实性概念进行进一步研究，并对韩国所理解的真实性概念进行分析，根据这些研究，建立适合于韩国文化财的真实性概念，包括判断真实性的具体因素[130]137。其次，基于真实性概念，制定韩国文化财保护原则，在制定过程需要得到文化财保护相关者的广泛认可，才可以赋予原则权威。再次，普及公众对真实性的理解，增加公众对文化财保护行为的参与和合理批判。最近竣工的崇礼门灾后复旧工程，使大家更加明确地认识到，在文化财保护中大众与专家之间存在不同的判断标准。在复原过程中，专家尽量按照真实性概念去保护传统技术及材料，但在使用传统技术和传统材料进行施工时，大众却要求达到现代建筑的施工质量。崇礼门复原工程给韩国文化财保护界留下了如何与公众沟通真实性概念的问题。最后，真实性的判断因素中对"利用与功能"需要进一步研究。随着大众对文化享受要求的增加，文化财相关政策的重点也逐渐向"利用"转变（图 4.7）。在决定文化财的利用方针和措施的过程中，真实性可以提供有效的概念，同时这有望对真实性概念的大众化起到促进作用。

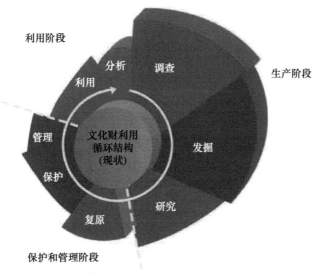

利用阶段

分析　调查

利用

生产阶段

管理

文化财利用
循环结构
（现状）

发掘

保护

复原　研究

保护和管理阶段

(a)现在的文化财利用循环结构

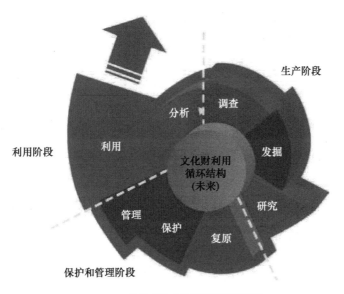

生产阶段

分析　调查

利用阶段

利用

发掘

文化财利用
循环结构
（未来）

管理

研究

保护

复原

保护和管理阶段

(b)将来的文化财利用循环结构

图 4.7　文化财利用循环结构

（来源：参考文献［167］）

二、关于保护原则与方针

对于韩国文化财保护原则的形成与变化，目前在韩国只有大概的认识，即解放后形成的"保存原形"、"维持原形"原则一直延续到现在。对于日帝强占期的保护原则及其对解放后韩国文化财保护原则的影响、后来的原则变化等方面，尚无系统研究。本文系统梳理了韩国文化财保护原则，并分析原则所用术语的含义。日帝强占期的《古迹及遗物保存规则》、《朝鲜宝物古迹名胜天然纪念物保存令》和解放后的《文化财保护法》，均没有在保护法律层次上明确保护原则，一直到1999年《文化财保护法》修订后保护原则才成为明文规定。因此，1999年之前的保护原则只能通过保护相关档案、文化财委员会会议录、学术文章及工程报告等相关文献的分析来研究。另外，由于韩国有将原则和方针混为一谈的现象，因此本文除了直接对原则进行讨论以外，与原则相关的方针或目标也作为了解原则的依据进行了分析。

（一）《古迹及遗物保存规则》时期——结构加固

20世纪初进行的文化财建筑修缮不多，其中1913年平壤普通门和庆州石窟庵修缮是两项重要工程。对于平壤普通门修缮木子智隆留下了《大正二年平壤普通门修理纪要》，对于庆州石窟庵修缮有国技博《庆北长鬐郡石窟庵修缮工事仕样书》等。不过，这些记录只记录了整体工程内容，而没有涉及修缮原则和方针相关内容。

笔者在韩国国立中央博物馆藏朝鲜总督府档案资料中发现，在《古迹及遗物保存规则》（1916年制定）施行期间，提到修缮原则相关内容的资料有《古迹保存工事施行标准》[168]。《古迹保存工事施行标准》是1916年11月29日召开的"第四回古迹调查委员会"的议案之一（图4.8）。据《古迹保存工事施行标准》，当时"古建筑物和古迹类"的保护工程以"尽量维持保存现状、并防止将来损害增大"为基本方针。具体还规定："更换或补充重要构件时，在构件上标记修缮年月；以下三类事项须上报后听取指示，技术上现行工程之外还需要进行其他工程时、结构上有重要构件需要更换时、需要采用新结构进行局部改造或加固时"。另外，在1919年《浮石寺保存工事施业功程》中还提到："更换木构件和瓦件时，其尺寸和形式均按照更换前构件的尺寸和形式制造；对被更换的木构件进行古色处理，使新旧材料相互协调"。

图 4.8　1916 年 11 月 29 日第四回古迹调查委员会议案中《古迹保存工事施行标准》

（来源：参考文献［168］）

可知，这一时期的文化财修缮，已经对保护修缮前的形式有了基本认识。不过，虽然《古迹及遗物保存规则》规定对于列入《古迹及遗物台账》的文化财进行现状变更需要朝鲜总督的许可，但是《古迹及遗物台账》中没有列入木结构建筑，无法限制建筑形式的变更。从《古迹保存工事施行标准》中的"维持保存现状"、"防止将来损害增大"、"采用新结构方式进行局部改造或加固"等来判断，当时修缮原则偏于以结构安全为主的现状保护，而不是形式上的现状保护。

这一时期的文化财修缮，有如下特点：

第一，广泛使用混凝土等新材料，来防止破损增加。具有和易性、高强度等特性的混凝土作为建筑新材料在近代社会受到瞩目。在 1913 年庆州石窟庵修缮、1915 年益山弥勒寺址石塔等石质建筑的修缮以及 1915 年江陵临瀛馆山门修缮等项目中，对柱础下部等处，均直接将混凝土与文化财构件接触使用来进行加固。但是，由于没有充分考虑混凝土的不可逆性以及混凝土与文化财构件之间可能发生的化学变化等，混凝土在文化财修缮中的广泛使用带来了很多问题。例如，庆州石窟庵修缮竣工两年后，1917 年就出现了窟内渗水无法排出而导致的过湿问题，造成了窟内温湿度失衡，石刻表面滋生大量青苔。由于拆除当时增设的厚达三尺的混凝土层会对原有石质构件产生严重破坏，这些问题至今仍未得到根本的解决（图 4.9）。

第二，对建筑结构乃至建筑外观也进行了改造，来加强结构稳定。木结构建筑没有列入《古迹及遗物台账》，其现状变更未受到限制。例

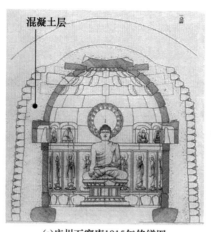

混凝土层

(a)庆州石窟庵1915年修缮图

(b)益山弥勒寺址石塔(20世纪90年代)

图 4.9　庆州石窟庵 1915 年修缮图与益山弥勒寺址石塔照片

（来源：（a）参考文献［169］；（b）参考文献［170］）

如，因地区降水多而出檐颇大的济州观德亭，1924 年修缮中将出檐缩小约二尺 [1]，这可能是出于出檐越大结构隐患也越大的考虑、为了"防止将来损害增大"而采取的（图 4.10）。另外，在 1913 年石窟庵修缮过程中发现了许多可能原来是石窟前室组成部分的许多石构件，但对这些构件及前室的形式没有进行严格考证，而是在前室的左右和正面拱门上部砌筑了新石构件，严重改变了形式。对此，日帝强占期已经有批评，说修缮后石窟庵好像火车隧道，修缮严重破坏了艺术价值。[171]

图 4.10　济州观德亭

（来源：自摄）

---

① 到 20 世纪 60 年代济州观德亭修缮时，重新加长出檐二尺，并保持至今。

总之，《古迹及遗物保存规则》时期文化财保护的主要原则，可以说是"结构加固"，为了结构加固多处使用混凝土，甚至为了预防结构不稳定而进行了现状变更。

（二）《朝鲜宝物古迹名胜天然纪念物保存令》时期——保存形式

1933 年《朝鲜宝物古迹名胜天然纪念物保存令》制定后，韩国文化财修缮原则出现了一定的转变。《保存令》没有规定保护原则相关内容，但是从这一时期进行的修缮工程相关记录中可以发现，当时开始有了基本统一的修缮方针。1933 年编制的《水原华宁殿外门及中门修理工事仕样书》写到，"以保存形式手法为绝对方针，如有结构上不稳定之处，依照原形在与外观无关之处进行加固"。而 1934 年《水原空心墩修缮工事仕样说明书》有，"关于形式手法，绝对不要变更，而依照原形来保存，与外观无关的部分进行构架加固"。1935 年《开城观音寺大雄殿工事设计书》有，"关于形式手法，绝对不要变更，而依照原形来保存，与外观无关的部分进行构架加固"。1935 年《宝物建造物心源寺普光殿修理设计书》有，"以绝对保存与形式手法有关的原形为方针，如有认为构架上不完整之处，不要毁损外观，用铁材等进行加固施工"。1936 年《水原城长安门修理工事设计书》有，"本修理以原形的复旧为本旨。故以绝对保存形式手法为保存方针。如果结构上有不完整之处，对与外观无关的各处进行结构加固"。综上可知，1933 年起，建筑外观"形式"成为保存行为的主要对象，《古迹及遗物保存规则》时期的保存"结构加固"原则被调整为保存"形式"，并强调了结构加固应以不影响外观为前提（图 4.11）。

(a)1933年水原华宁殿外门及中门修理工事仕样书　(b)1935年开城观音寺大雄殿工事设计书　(c)1935年宝物建造物心源寺普光殿修理设计书　(d)1936年水原城长安门修理工事设计书

图 4.11　20 世纪 30 年代修缮工程相关记录

（来源：国立中央博物馆所藏）

值得注意的是，1933 年阪谷良之进[①] 受小川敬吉之邀访韩，其访韩目的是参观成佛寺极乐殿修缮现场等地，提供修缮相关咨询，并制定韩国文化财修缮方针[116] 299。保存形式、不影响外观之处进行结构加固的方针，应该是 1933 年阪谷良之进提出而应用到上述修缮工程中的。另外，根据 1943 年朝鲜总督府学务局编制的《关于宝物等保存工事的要项》[81]，在"保存工事方针"中写道："在保存修理工事，以修缮腐蚀破损为主，维持从前的构造意匠及形式手法，尽量使用旧材"。可见，20 世纪 40 年代上半叶维持"形式"仍然是主要修缮方针。

关于现状变更，通过"保存形式"方针的确定、《朝鲜宝物古迹名胜天然纪念物保存令》对指定为宝物等的建筑进行现状变更的许可规定以及 1934 年大量指定宝物、古迹等的措施，建立了预防任意变更现状的体系。在这一制度体系之下，这一时期的文化财修缮有如下特点：

第一，保护外观的形式，而对于不影响外观的内部，为结构加固而可以进行一定的改造。这一保护方针实际上与日本 19 世纪末修缮时普遍采取的方针一致，即保存外观形式，对不影响外观之处进行结构加固[②]。20 世纪 30 年代之前的韩国建筑遗产修缮，学术研究上由于日本对韩国木结构建筑理解不深，结构上由于韩国建筑与日本建筑不同，没有"野小屋"，无法采取将野小屋构件改为钢铁材料等加固措施，因此对韩国建筑遗产的结构加固只采取了用混凝土加固台基，或用铁箍加固木构件等方法。然而，到了 20 世纪 30 年代，日本对韩国建筑遗产的调查和修缮经验逐渐积累，同时朝鲜总督府有了小川敬吉和杉山信三[③] 等经验相对丰富的建筑专家，对韩国建筑的结构加固采取了更加积极的方法，这时候出现了采用日本式野小屋的结构加固方法。

在韩国 20 世纪前 10 年昌德宫和德寿宫内新建办公类建筑时，日本施工承包商将野小屋结构应用于一些建筑上，如昌德宫仁政殿东行阁（图 4.12）。而在具有保护价值的文化财建筑中使用野小屋结构的，笔者目前所知的最早案例是 1932 年水原华城华西门修缮。在 1932 年

---

① 阪谷良之进（1883～1941 年），当时为日本文部省技师。
② 代表的有 1891 年东大寺大佛殿的修缮。
③ 当时小川敬吉从 1916 年开始在朝鲜总督府做韩国建筑及遗物调查和保护相关工作，经验十分丰富。杉山信三 1934 年在日本法隆寺国宝保存工事的现场事务所工作了约一年，在 1935 年来韩国在朝鲜总督府工作。

《华西门修缮工事仕样书》中有记载："新加母屋、野棰、屋跟板等"，这些构件是组成日本野小屋的构件名称。对华西门屋顶内部新加野小屋，在当时设计图上也有明确地表示（图4.13）。在重檐庑殿顶的大尺

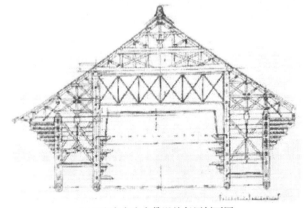

(a)日本东大寺大佛殿的复原剖面图

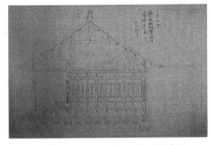

(b)昌德宫仁政殿东行阁剖面设计图

(c)1998年仁政殿东行阁拆迁时屋顶照

图4.12　日本东大寺大佛殿与昌德宫仁政殿东行阁屋顶剖面图和照片

（来源：(a)参考文献［172］；(b)参考文献［173］；(c)参考文献［174］）

(a)华西门修缮工事仕样书

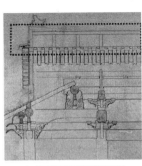

(b)华西门屋顶横剖面图

(c)华西门屋顶纵剖面图

图4.13　水原华城华西门修缮相关记录和图纸

（来源：(a)参考文献［175］；(b、c)参考文献［202］）

度文化财建筑中使用野小屋的首例，是1936年水原华城长安门的修缮［详见第三章"二"中"（一）"，图3.35］。

第二，追求早期形式的复原及形式的统一。这一时期的修缮中，对判断为后代添加的构件大多进行了拆除，如悬山顶建筑的两侧山面上加设的博风板和铺砖地面上再铺设的木地板等。1937年礼山修德寺大雄殿的修缮中，根据博风板上的题记和地面考古调查结果，将两侧博风板拆除，原计划是拆除后代铺设的木地板、复原铺砖地面，后因接受僧人的使用要求没有实施。

同时，根据调查发现的早期形式痕迹，尽量采取了复原措施。例如，在修德寺大雄殿修缮中，对判断为朝鲜时代后期被改造的东北角斗栱和西北角斗栱，根据其他转角斗栱进行了形式复原，对形式不一致的门窗进行了复原（图4.14）。在1936年春川清平寺极乐殿的修缮中，在屋顶灰背内的积心木中发现了早期的椽木，根据发现的椽木长度，将4.325尺的出檐改为5.254尺。在清平寺回转门修缮中，根据木柱上的痕迹复原了墙面（图4.15）。

(a)修德寺大雄殿西北角斗栱1937年修缮中照片　　(b)西北角斗栱现状照片

图4.14　修德寺大雄殿西北角斗栱修缮前后比较

（来源：（a）参考文献［176］；（b）笔者自摄）

这些现状变更，不同于《古迹及遗物保存规则》时期为了加强结构安全而进行的现状变更，是以20多年积累的韩国建筑研究成果为基础，根据修缮现场的详细调查，为了形式复原而进行的现状变更。这一时期对一些重要建筑的现状变更的决定是经过了"朝鲜宝物古迹名胜天然纪念物保存会"委员的个别咨询的。此时"形式"被提出为主要保护对象，说明当时日本对韩国建筑"形式"有了一定深度的了解，因此可以"保护"形式、甚至可以"复原"早期形式。

(a)清平寺极乐殿修缮中发现的旧橡木

(b)清平寺极乐殿历史照片

(c)清平寺回转门修缮前

(d)清平寺回转门2001年照片

图 4.15　春川清平寺极乐殿和回转门修缮相关照片

（来源：（a、c）参考文献［177］91,103；（b）参考文献［178］；（d）参考文献［179］）

（三）解放后诸法令存续时期——保存现状

1. 与原则或方针相关的记录

　　从 1945 年韩国解放后到 20 世纪 60 年代上半叶建立韩国文化遗产保护制度，这一过渡时段是对韩国保护原则的形成具有重要意义的时期。而这一时期留下的文化遗产保护原则相关资料很少。笔者所知较早的资料有：1948 年政府成立后 1949 年总统谈话中涉及"对于古代建筑……保维①现状，如果要进行修缮，应不改变建造思想、形式……"[180]。后来由于 1950 年至 1953 年的韩国战争中许多文化财遭到了破坏，文化财政策中最紧迫的问题是"对战乱破坏或年久失修而有污损的文化财，尽早进行全面补修复旧"[58]408。1952 年的"南大门灾害复旧工事"是具有代表性的战后抢险加固工程。

　　20 世纪 50 年代至 60 年代初，有以下保护修缮方针相关记录：

---

　　① "保维"一词可以解释为"保护维持"。

1956 年进行的无为寺极乐殿修理中，"修理工事的基本方针为，除了后代对形式所做的改变，尽量保持建筑原状"；1956 年 12 月召开的"国宝古迹名胜天然纪念物保存会第八次总会"中谈到，"无为寺壁画难以修理复旧，因此应揭取后保存现状"；1961 年进行的南大门重修工事，"方针以复原工程着手之前的建筑形式为原则"。总之，这一时期，作为保护原则提到了"保维现状"、"保持建筑原状"、"保存现状"、"复原工程着手之前形式"。

需要注意的是，对文化财保护相关术语的理解在各时期有所不同。特别是正在探讨建立文化财保护相关制度和方针的 20 世纪 50 年代和 60 年代初，保护相关词汇的使用有些混乱。为了准确理解上述保护工程中提到的"现状"、"原状"、"保存"、"复原"等词，需要分析这些词在当时社会如何理解。这对于准确分析这一时期的文化财保护原则也具有十分重要的意义。

2. 现状、原状、复原、复旧的解释

根据"国宝古迹名胜天然纪念物保存会"1952 年至 1959 年的会议记录[37]、"文化财保存委员会"1961 年会议记录① 以及这一时期出版的修缮相关报告来分析这一时期文化财保护相关词语的含义可知，"现状"用于"保维现状"、"保存现状"、"现状变更"等，其含义比较明确，是指现在的状况。而"原状"用于"按原状迁移"、"（对倒塌的石刻造像和发掘后遗址）复旧原状"等，主要是指因迁移、发掘或破坏等行为而被改变之前的状况。少数用作与修缮中现状变更的"现状"相对的意思，使用"原状"来指变更之前状况②。另外，韩国现在普遍用来表示早期形式的一词"原形"在这段时期的记录中几乎没有出现，而为了表示早期形式，除了少数使用上述的"原状"之外，还有"古式"或"古格"等，不过这些词也都很少使用。

关于修缮行为相关术语，"保存"、"保维"、"保持"作为保护行为的统称使用之外，还有"修理"、"复旧"、"复原"等，其中其含

---

① 国际记录院所藏 1961 年文化财保存委员会第一份课会议记录有，从 2 月 23 日第一回会议至 12 月 14 日第十二回会议记录。

② 在金载元，林泉，尹武炳.无为寺极乐殿修理工事报告书.首尔：[出版者不详]，1958，"现状变更"中有"对后代改造的部分中需要复旧的……复旧原状如下"。

义与现在有所不同的是"复原"。"复原"用于"（对因战争被破坏无存的建筑）复原"、"（对石质建筑）解体复原"、"（对被破坏的石碑碎片）复原"等，主要是指对因被解体或被破坏的石质文化财进行重新组装，或是指对消失无存的木结构建筑进行重建。与现状变更相联系，有少数用作恢复某一时期的形式，如"（通过现状变更，古式）复原"。另外，"复旧"是指将自然原因或人为原因而发生的破损，恢复到破损之前的状况而进行的行为，如"灾后复旧"、"战后复旧"等。

韩国解放后一直到 20 世纪 60 年代初，在保护政策或修缮方针中，普遍使用"保维现状"、"保持建筑原状"、"保存现状"等，而尚没有出现公认为表示早期形式的术语，可以说—这时期文化财保护修缮的主要原则是对现状的保存维持，而不是对早期形式的复原。按照保存现状的原则，这一时期的修缮尽量保持了修缮之前的形式，对破损构件采取了更换、替补等措施。1961 年崇礼门修缮是具有代表性的案例。在崇礼门修缮中发现了始建时期崇礼门屋顶不是现在的重檐庑殿顶而是重檐歇山顶的可能，不过由于缺乏足够的设计依据，而且修缮主要方针确定为"复原解体之前的形式"，没有改为歇山顶[124] 36 （图 4.16）。

(a)崇礼门1961年修缮前　　　　　　　　(b)修缮后

图 4.16　首尔崇礼门 1961 年修缮前后照片

（来源：参考文献［124］第 26 图，第 2 图）

（四）自《文化财保护法》制定至 20 世纪 90 年代中期——保存原形

20 世纪 60 年代初韩国文化财保护逐步形成制度体系，1961 年成立文化财管理局，1962 年制定《文化财保护法》。《文化财保护法》

第一条规定其制定目的是："本法旨在通过保护与利用文化财，以提高国民文化，并为人类文化发展做出贡献"，而没有对保护原则作出规定。然而，文化财保护工作的主要原则——保存现状，到20世纪60年代初出现了重大转折。笔者认为，导致这一转折的主要工程，是从1961年7月到1964年6月花3年时间进行的"石窟庵修理工事"。

石窟庵是韩国最具代表性的佛教石窟寺院，20世纪20年代石窟庵已经成为文化旅游的重要景点之一，因此1913年修缮后出现的石窟庵破坏问题一直受到公众的关注。1961年石窟庵修缮时，文化财保存委员会为了决定修缮方向而召开的多次会议，对"原状"、"原形"、"复原"的定义逐渐发生变化，这对后来韩国文化财保护原则的确定产生了很大影响。

1. 作为早期形式开始普遍使用"原形"

经过石窟庵在1913年用混凝土全部覆盖的修缮后，由于洞窟内渗水和过湿，造成石刻表面滋生大量青苔且严重风化，从解放后1947年开始多次进行了专家调查，根据调查结果，1961年编制了设计方案。根据1961年设计示方书，"本修缮以不毁损或改变现在石窟庵的原状为主要事项"[171]246，可知，修缮原则为保存现状，在此"原状"是指修缮中不应该被改造的现状，即将修缮行为开始时的形状定为修缮基准。

这一时期文化财保存委员会的会议记录中开始逐渐出现"原形"一词。不过，这时候的"原形"用作类似于"原状"的含义。例如，1961年2月与5月文化财保存委员会会议，对江陵临瀛馆山门与江陵文庙大成殿的修缮结果的评估中提到"从原状发生了变更"、"失去了原形"、"将腐朽的三根椽木，按照原形进行更换"等[181,182]；当年9月会议，对观龙寺大雄殿修缮中提到"与原形同一的形式手法"[183]；当年11月会议，对金山寺弥勒殿屋顶修缮中提到"不要变更原形"[184]；1962年10月文化财委员会①会议，对青松寺址三层石塔修缮中提到

---

① 关于文化财保存委员会与文化财委员会，文化财保存委员会是在1960年11月成立后至1961年活动的过渡性咨询机构。文化财委员会是1962年4月根据《文化财保护法》正式成立的机构，替换了文化财保存委员会。详见"本书第二章第二节'（二）'"。

"不损伤或变更原形"，对江陵乌竹轩彩色工程中提到"按原状修缮"等[185]。此处，"原形"与"原状"均指修缮中不应变更的现有形式，而不是指通过变更要复原的早期形式。

然而，随着石窟庵风土层的去除和周边石构件的发掘，当发现了一些1913年修缮时被忽略的、可能原来组成石窟庵的一些重要石构件后，1962年开始以石窟庵前室内八部像的位置为主要对象，对石窟庵的早期形式及其复原展开讨论。1963年1月29日文化财委员会的第一分课委员会第一次会议中提到："关于石窟庵石窟工事的设计变更，设计方正在对弯曲的八部像移位展开的问题进行设计，不过由于最近发现的重要证据表明原形就是弯曲的，因此三月初旬委员会现场调查后再行决定"[186]。经过接近一年的讨论，到1963年10月12日第一分课委员会第十六次会议，根据考古调查结果最后决定将八部像展开。在文化财委员会石窟庵相关会议过程中，"原形"首次作为早期形式的含义进行使用，并被记录下来（图4.17）。

解放后至20世纪60年代初，以抢险加固为主要修缮内容，当时只需要指代修缮前状况的词语，因此主要使用"原状"或"现状"。但是，经过石窟庵修缮中的考古发掘和学术分析，有了与现状不同的早期形式的研究成果，需要更加明确地表示这些成果的词汇，因此"原形"开始被用来指已消失不存而要恢复的早期形式。反过来说，"原形"作为早期形式开始使用，表明韩国文化财开始有了历史考证研究与考古调查相结合的学术成果。

在石窟庵修缮后的一段时间，"原形"与"原状"同样，有时仍然作为"因迁移、发掘、破坏或修缮等行为而被改变之前的形式"的含义使用。但是，与"原状"不同，"原形"已经包括了"早期形式"的含义，而且作为早期形式来使用"原形"的情况越来越多，到20世纪60年后期"原形"普遍使用为早期形式。不过，由于"原形"的含义没有通过法律或权威性文章做出过明确界定，现在"原形"不仅有"早期形式"的含义，也同时存在"现有形式"的含义，有时会产生歧义。近期韩国受到国际保护理论的影响，从真实性与完整性概念出发，对早期形式以及包括历代改造痕迹的形式都开始赋予更多价值。因此，基于"原形"的解释研究，需要明确相关术语的界定（表4.5）。

(a)1913年修缮前
石窟庵全景

(b)1915年竣工后
石窟庵全景

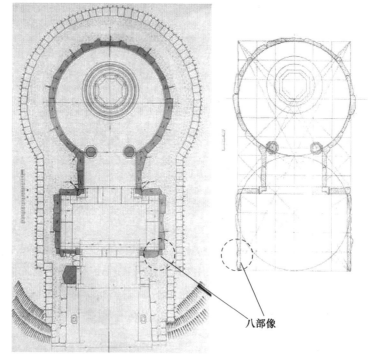

(c)1915年竣工
平面图

(d)1966年石窟
庵修缮后平面图

八部像

图4.17　1913年和1966年石窟庵修缮相关照片与图纸

（来源：（a、b、c）参考文献［169］556-557；（d）参考文献［187］）

表 4.5　20 世纪 50 年代以后现状、原状与原形含义的变化（来源：自绘）

	现状	原状	原形
50 年代至 60 年代初	现在的 状况	• 主要含义：现在的状况 • 次要含义：因迁移、发掘、破坏或修缮等行为而被改变之前的状况 • 其他含义：现在不存在的早期状况	"古式"、"古格"
60 年代 前半期左右	现在的 状况	• 因迁移、发掘、破坏或修缮等行为而被改变之前的状况	• 主要含义：因迁移、发掘、破坏或修缮等行为而被改变之前的形式 • 次要含义：现在不存在的早期形式
60 年代 后半期以后	现在的 状况	• 因迁移、发掘、破坏或修缮等行为而被改变之前的状况	• 主要含义：现在不存在的早期形式 • 次要含义：因迁移、发掘、破坏或修缮等行为而被改变之前的形式

2. "复原"含义的扩大

如前所述，解放后至 20 世纪 60 年代初，"复原"主要是指对被解体或被破坏的石质文化财进行重新组装，或是指对消失无存的木结构建筑进行重建。在现状变更中，偶尔也用作"恢复某时期形式"的含义，而此处"复原"只是对局部采取的一项措施。与此不同，石窟庵修缮中"复原"是作为整体工程的方针来使用。

石窟庵修缮中"复原"一词的使用，在 1962 年 1 月编制的"第二指针书"上开始出现，1962 年 7 月编制的"第四指针书"中首次出现"复原考察"专栏，而 1963 年 6 月的"第七指针书"中项目题目从"石窟庵补修工事"调整为"石窟庵复原工事"。由此可见，石窟庵修缮工程的性质从"补修"开始，而经过考古发掘发现多件推测为 1913 年修缮时被埋藏的旧构件，工程性质改为"复原"。在此过程中，"复原"的含义从重新组装、重建或一项措施，扩大到根据考证来进行的整体恢复工程。另外，由于"复原"必须决定复原目标的时期或形式，为了指出该时期或形式使用了"原形"，并逐渐普遍使用。总之，"原形"与"复原"各自作为目标与方针，对于明确两个词语的含义，互相产生了影响（表 4.6）。

表 4.6　20 世纪 50 年代以后复原含义的变化（来源：自绘）

	复原的含义
50 年代至 60 年代初	对被解体或破损的石质文化财进行重新组装 对消失无存的木结构建筑进行重建 在现状变更中根据考证将局部构件恢复到早期形式

续表

	复原的含义
60 年代 前半期以后	对解体或破损的石质文化财进行重新组装 对消失无存的木结构建筑进行重建 在现状变更中根据考证将局部构件恢复到早期形式 根据考证整体恢复早期形式

3. 修缮原则——保存原形，实际修缮方针——复原原形

20 世纪 60 年代中叶以后，与韩国文化遗产保护相关的学术文章开始发表，其中涉及保护原则或方针的有史学家李弘稙在《什么叫文化财》（1965）中写到“在文化财保存中，以古代技术忠实复原”[188]和史学家洪以燮在《韩国文化中儒教影响》（1966）中写到“对现存建筑的诸构件，使其原形与现代社会尽可能并存，……通过建筑样式史或精神史的研究，追求复原保护”[189]。在这些文章中，均强调原形的复原保护。这一时期基于建筑研究成果的积累以及“原形”、“复原”等词语使用的普及，“复原原形”成为文化财保护的方针。

而在文化财行政上，“保存原形”一词作为文化财保护的总则和目标，在 20 世纪 60 年代末得到了认可。1969 年文化财管理局郑在鑂在《文化财管理行政的基本方向》中写到“文化财相关行政的基本目标在于保存和继承原形”[190]。“保存原形”在 20 世纪 70 年代的使用逐渐增加，到 80 年代作为文化财保护基本原则普遍使用。但是此处，“保存”是指“复原保护”，因此可以说实际方针仍然是“复原原形”。在 1983 年由文化财管理局编制的《文化财补修技术教材》中的《文化财原形保存》一文中有“关于修理方针，木结构文化财修理的第一意义在于保存原形，保存原形可以说是文化财保护政策的重要思想。而保存原形不是指现状的保存。……积极保存文化财建筑的原形部分，最理想的是尽可能恢复并保存始建时期的样子。……在具备条件的情况下，恢复原形是一个目标”[191]的描述。1984 年《文化财管理实务便览》的“文化财管理的基本方向”一节中写道“所有文化财应保存原形，这是文化财管理的大命题。……文化财保存事业，通过严格的考证寻找原形，应该按其原形实施”，并在“文化财补修整治的意义”一节中提到“文化财应该维持并保存原形价值。……文化财补修整治，一般是指对风化或毁损的文化财进行调查和测绘，并按传统做法进行修缮、复原（或重建），对周边环境进行整治，以预防破坏”[192]。根据复原

原形的方针，对单体建筑进行的代表性修缮工程有 1969 年安东凤停寺极乐殿修缮工程。通过该工程，凤停寺极乐殿复原为高丽时代样式。

20 世纪 60 年代保护行政以国家指定的单体文化财的修缮为主，而到 60 年代后期逐渐转向护国先贤遗迹的整治，其整治不仅包括被毁的遗址地的保护和环境整治，还包括不少建筑的重建。在此过程中以复原原形为方针的整治落实到许多地方文化财。代表的工程有显忠祠圣域化事业（1966～1967）、庆州佛国寺复原工事（1969～1973）、陶山书院重修事业（1969～1970）、七百耳冢补修净化事业（1970～1971）、水原华城复原补修净化事业（1974～1979）、江华战绩地补修净化事业（1976～1977）、乌竹轩净化事业（1975～1976）（图 4.18）。到 20 世纪 80 年代遗址地相关政策改为"史迹公园保存"，保护遗址地而尽量不进行复原，例如庆州月城、公州公山城、扶余扶苏山城等[193]。

(a)七百义冢

(b)显忠祠

(c)江华战绩地

(d)宜宁忠翼祠

图 4.18　20 世纪 70 年代护国先贤遗迹整治

（来源：（a、c）参考文献 [143] 22,42；（b、d）参考文献 [194] 102,116）

与复原原形的实际方针相结合，20 世纪 60 年代韩国文化财修缮形成了先局部落架、后根据残损及早期形式的学术调查决定修缮措施的方法。也就是说，从立项到竣工的过程中，不在编制设计方案阶段中具体决定修缮措施，设计方案阶段只确定大概设计和施工方案，而工程开始并局部落架后，根据现场调查到的破坏情况与早期痕迹，重新确定整体修缮措施与落架范围。根据修缮对象的价值，有时需要逐步局部落架，决定下一步调查和落架范围，如此几次落架和调查之后才能得到最后措施。这种方法是通过总结了一些重要修缮工程失控的教训 [1] 以及石窟庵修缮中的尝试而确立的。其目的在于通过解体调查，准确了解破损情况，采取具有针对性和操作性的加固措施，同时如有找出早期形式的痕迹可以作为复原依据。1988 年金提金山寺弥勒殿修理工事中，可以看见根据与局部落架同步进行的调查结果、修缮范围一步一步扩大并决定结构加固措施的过程。

复原原形修缮方针的优点在于对修缮现场要求严格的学术调查，这为建筑历史研究提供了学术依据。但是，存在如下缺点：第一，由于"原形"概念还没有充分的理论研究和界定，有时候比较容易发现并做复原的后代重建形式被主张为原形，导致复原程度过多，往往发生几种不同时期的形式复原共存的现象，结果保护对象变得模糊；第二，"原形"局限于对物质外形的价值判断，材料或技术等非物质的意义相对被忽视；第三，修缮开始后，为了查明原形，落架范围容易超越修缮所需范围，造成不必要的干预。

4. 国际保护理论的介绍与对复原原形方针的批判

对复原原形方针的批判，始于 20 世纪 70 年代国际保护理论引入之后。1974 年 5 月法国考古学家格罗里耶（B. P. Groslier）为了对韩国文化财保护提供咨询而访韩，对于文化财保护原则，他强调"尽量不要干预，原物不动，……除了根据古技术使用古材进行复原之外，不要更多的复原，……文化财修缮，应明确区分原有的与新加的"[195]。1981 年李泰宁在《文化财保存哲学的发展与补修的道德规范》中介绍了菲利波（Philippot P.）的意见，"重建或复原是一种人为破坏。这是希望重现历史的具有浪漫色彩的错觉，是在与过去历史环境截然不同的今天、相信勉强保存下来的传统技术仍然能够表现出真正的传统价

---

① 代表的有 1960 年江陵临瀛馆山门与江陵文庙大成殿修缮。这些项目过后，文化财保存委员会制定了对国家指定文化财的修缮派遣监督官管理工程的制度，从此形成了监督官与中央文化财委员会之间随时沟通、文化财委员会通过监督官上报可以及时控制现场的制度体系。

值的错觉"[17]。1983年张庆浩在《外国文化财保护》中对20世纪70年代韩国文化财修缮批判为"尚未建立文化财保护的方法论和哲学，只遵从了重建与再生的原则"[196]。

基于对复原原形的批评，一些学者提出了保存现状的方针。1989年尹洪璐在《文化财补修保存的传统技法》中提出"文化财保存应遵循维持现状、只为防止破坏而最少干预的保存现状原则"[197]。1984年郑在鑴在《文化财保存的基本方向》中写到"文化财保存应该有如下基本原则：一、不变更现状原则；二、以维持并延续文化价值为主的管理和补修……"[198]。到20世纪90年代这类观点逐渐普及。

（五）20世纪90年代中期至今——"维持原形"

1988年韩国加入《保护世界文化和自然遗产公约》，意味着韩国接受以《威尼斯宪章》为基础的国际保护原则，1995年韩国三项文化财首次列为世界遗产，其保护和管理应遵循世界遗产相关规定。然而，1995年韩国全面实施"地方自治制"，地方政府开始将地方所在文化财作为旅游资源进行积极复原开发。可以说，20世纪70年代以护国精神教育为目的、由中央政府主导的护国先贤遗迹补修净化事业，经过80年代史迹保护事业，到90年代转换为以开发旅游资源并提高地方经济水平为目的的、由地方政府主导的史迹复原整治事业。2004年《关于古都保存的特别法》的制定，更加推动了以地方所在古都为中心、与古都保护相关的文化财修缮、环境整治及复原等工程的开展。例如，"庆州历史城市事业"，内容包括月净桥、月城、皇龙寺等的复原整治工程。

在这样的背景下，韩国开始通过制定或修改保护相关文件来赋予保护原则权威性。1997年《文化遗产宪章》的公布可以说是开始。《文化遗产宪章》是1997年韩国实施"文化遗产年"时、接受联合国教科文组织韩国支部的建议、由韩国文化观光部和97文化遗产年组织委员会来制定公布的宪章，其第一条明确了"文化遗产应该保护原样"。

后来1999年1月29日《文化财保护法》修订，第二条之二新设了"文化财保护、管理和利用以维持原形为基本原则"的条款，在法律层次上明示了"维持原形"的保护原则。2005年《文化财修理标准示方书》（1974年制定）的修订，也新增了"文化财修理遵循下列事项，并以维持原形为原则"条款。

2009年制定公布的《关于历史建筑物与遗址的修理、复原及管理的一般原则》（以下简称《一般原则》），可以说是这一时期韩国文化财保护为了明确和普及保护原则而采取的种种措施的一个总结。《一般原则》第四条规定，"保存遗址，以维持原形为原则，如果需要采取保存措施，修复宜优先于复原，修理宜优先于修复"；第八条规定，"一、遗址的修理、加固或修复，以保护为目的在不可避免的情况之下才可以采取，并应该最少程度实施。二、对缺失部分的修理、加固或修复，应该与整体协调，替换材或补充材应该具有可识别性"；第十一条，"一、复原应该具备充分和直接的依据，在确定可以恢复对象的历史、文化价值的情况之下，方可实施。二、遗址的复原应该在不破坏地上和地下遗构的范围之内实施"（表4.7）。

表4.7 《关于历史建筑物与遗址的修理、复原及管理的一般原则》（2009）内容结构（来源：自绘）

序言	（保存的必要、制定背景、制定目的）
第一章　总则	第一条（目的）
	第二条（术语的定义）
	第三条（遗迹的保存）
	第四条（保存的阶段）
	第五条（真实性与完整性）
	第六条（学术研究与记录）
第二章　修理	第七条（历代痕迹的尊重）
	第八条（修理原则）
	第九条（可逆性）
	第十条（传统技术与材料的使用）
第三章　复原	第十一条（复原原则）
	第十二条（复原控制）
	第十三条（移建控制）
第四章　管理	第十四条（国家及地方自治团体的角色）
	第十五条（所有者与管理者的角色）
	第十六条（勘察）
	第十七条（修理、复原信息的管理）
	第十八条（防灾设施）
	第十九条（相关设施的设置）
	第二十条（游览环境的管理）
	第二十一条（其他事项）

《一般原则》是一份接受国际保护原则而在韩国制定的综合原则。《一般原则》接受了从《威尼斯宪章》到《关于真实性的奈良文件》的国际保护理论中所确立的真实性和完整性概念，结合韩国文化财保护情况编制而成，明确表达了韩国的保护原则。特别是，《一般原则》对修理、补强、修复等修缮工程相关术语按照其干预程度，进行了明确界定，并提出根据最少干预原则尽量采取合适措施。另外，针对复原和迁移等重大干预行为，在第三章中单独重点提出了一些原则。

《一般原则》是针对近期韩国地方政府对指定为"史迹"的文化财进行整治的过程中所发生的复原、重建、开发等问题，由韩国文化财厅"史迹课"提议，经过韩国古迹遗址保护协会（ICOMOS Korea）、韩国考古学会、韩国建筑历史学会和韩国传统造景学会的相关专家的讨论及文化财委员会的审议而制定的。由于其主要对象是"史迹"内的历史建筑和遗址，因此将《一般原则》用于包括无形文化财在内的多种类型的文化财，存在局限。另外，由于《一般原则》对各条款没有具体阐释，对于保护工作中的具体判断难以起到实际指导作用。[199]

关于实际工程中的措施原则，近期韩国制定的一些保护相关规范性文件中有所规定，包括《文化财修理规范》（2000年制定）、《文化财修理标准示方书》（2005年修订）和《关于文化财修理等的业务指针》（2010年制定）。将这些文件与1999年ICOMOS通过的《历史性木结构建筑的保护原则（Principles for the Preservation of Historic Timber Structures）》相比较，可以了解韩国文化财保护原则的特点。由于这些文件的制定目的不同，其内容范围也有所不同，有的主要涉及整体保护行为，有的只涉及具体修缮工程。因此，以普遍原则相关内容为主，进行了比较分析（表4.8）。通过比较可以发现：

第一，所有文件共同涉及到的原则有四项："传统技术"、"协调性"、"最少干预"、"记录和公开"。其中，关于协调性，在《历史性木结构建筑的保护原则》只提及新旧构件的色彩协调，而在韩国相关文件中均规定了包括色彩、材料、肌理在内的整体协调，可知韩国文化财修缮成果十分重视整体的协调。"古色处理"作为韩国典型的一种协调相关措施，在文化财修缮中普遍采用，各文件对此也有十分详细的施工要求。

第二，"尊重各时期痕迹"原则在韩国相关文件中都有涉及。这反映了20世纪90年代韩国保护思想的变化，对于20世纪60年代后一直作为实际原则的"复原原形"采取批评态度，并提出"保存现状"原则。

第三，"形式"作为修缮标准或保护对象，在韩国相关文件中与"传统技术"、"材料"等因素被同时提到。其中"形式"作为最重要因素，一般在第一条被列举。

整体来说，在近期韩国文化财保护原则相关文件中，都明示了"尊重各时期痕迹"的原则，肯定了文化财所包含的各时期多样价值，并对其予以保护。不过，修缮仍十分重视"形式"的保护，并对修缮结果有较高的整体协调要求，而在很多情况下协调容易被理解为形式的统一。综上所述，韩国建筑文化财修缮仍然存在以形式、外观价值为主的保护认识。

表 4.8　韩国文化财修理相关原则与国际保护原则比较（来源：自绘）

时间	韩国				ICOMOS
	2000（制定）	2005（修订）	2009（制定）	2010（制定）	1999（通过）
文件名	文化财修理规范	文化财修理标准示方书	关于历史建筑物与遗址的修理、复原及管理的一般原则	关于文化财修理等的业务指针	历史性木结构建筑的保护原则
基本原则	9. 所有干预遵循保存原形原则	1. 文化财修理……以维持原形为原则	第四条 1. 遗址保存以维持原形为原则……	第三条. 文化财修理遵循如下基本原则。1. 文化财修理不得改造或歪曲文化财原形或毁损价值	
真实性、完整性			第五条 1. 所有保护行为不得损坏其真实性，也不得改变或歪曲遗址的价值。构成遗址价值的所有因素，作为一体应该具有完整性，并与周边及整体环境保持协调		4. 保存和保护的主要目的在于保持文化遗产的历史真实性和完整性

	韩国				ICOMOS
形式	1.不改变原有形式	1.1 按照已有形式进行修理		第三条 6.文化财修理不仅维持外形，还要维持原有的结构形式	
传统技术	3.按照传统技法进行修理	1.2 按照已有技法进行修理	第十条.遗址的修理、加固或修复，以采用传统技术并使用与已有的同种材料为原则	第二十二条 1.重要指定文化财的修理在材料的加工、组装、工作方法、工具等方面以按照已有形式和做法进行为原则	5.所有建议的措施应该优先考虑：a）遵循传统方式…… 9.所采用的工艺及建造技术，包括所用的修理工具或机械，尽可能与原先所用的一致
材料			第十条.遗址的修理、加固或修复，以采用传统技术并使用与已有的同种材料为原则	第十九条4.在材料供应满足条件的情况下，对被替换的构件选用与原有的同样树种或同样肌理的石材	9.……在替换构件时，新构件或构件的新增部分应该使用同样树种或在适当的情况下以更高级的树种制造
协调性	5.……保持文化财的特点，保持整体协调	6.3.需要采取干预的时候，其色彩、肌理、外观及做工方面互相协调	第八条2.对缺失部分的修理、加固及修复，应该与整体协调…	第十九条2.对缺失部分的补充，原则上与整体协调	10.……在不损害或贬低木构件表面的范围内，为协调新旧构件的色彩，可以采用恰当的传统方法或经过充分检验的现代方法
可识别性			第八条2.……为了识别，对替换材或补充材做标记	第三条8.为了识别，对被替换的构件做标记	10.新构件或构件的新增部分应区别于现存部分； 11.为了以后的识别，通过雕刻、木材商烧制标记或其他方法标记新构件或构件的新增部分

	韩国				ICOMOS
最少干预	8.以保护为目的的干预，在不可避免的情况之下才可以采取，并最少程度进行	5.修理遵循最少干预	第八条 1.遗址的修理、加固及修复，为了保护在不可避免的情况之下才可以采取，并应该最少程度实施	第三条 5.文化财修理遵循最少干预，具有可逆性	6.对历史性木结构的最少干预是一种理想
可逆性		6.1.选用可以恢复到采取措施之前的状态的科学保护措施	第九条.对缺失部分的修理、加固及修复，若未来有文献或遗址的新发现……或新技术的开发，可以修改或还原之前状态，具有可逆性	第三条 5.文化财修理遵循最少干预，具有可逆性	5.所有建议的措施应该优先考虑：b)在技术可能的情况下可逆
尊重各时期痕迹	5.不得删除各时期的艺术或历史痕迹，……	4.对过去修理的证据和痕迹，均要记录保存，不得毁损、变更或取舍	第七条.遗址的修理、加固及修复，应该尊重保存下来的所有时期的痕迹	第十五条.文化财修理中选择时代标准的时候，应该尊重并保持对文化财建造有贡献的所有时代的要素	
记录和公开	6.对修理之前的状况和材料，以及其修理程序和所采取措施，做详细的记录；	3.对修理之前的状况和材料，以及其修理程序和所采取措施，做详细的记录	第六条 2.对遗址的学术研究成果和修理、复原的所有过程进行记录，并以公开为原则	第四条.文化财修理的程序包括事前调查、设计、到施工，依次进行，以对所有修理过程留下记录为原则；	1.……在采取措施之前，应仔细记录结构及其组件的状况和措施所用材料

	韩国				ICOMOS
记录和公开	7.记录保存所有历史证据，不得破损、改造或丢失			第二十七条.对指定古文化财的修理，从着工到竣工的现场调查、工序、施工方法及样式、更换构件、材料使用量和试验结果等整个工程均应留下记录，并编制文化财修理报告书	……应将所有相关记录收集、编目、安全存放并恰当地使之易于获取……

这些韩国文化财保护原则相关文件中，《文化财修理规范》和《文化财修理标准示方书》、《关于文化财修理等的业务指针》是针对修缮工程的具体原则，缺乏包括管理和利用的整体保护行为相关原则。关于《一般原则》，由于其主要对象是"史迹"等历史建筑和遗址，将它应用于多种类型的文化财保护是否合适存在疑问。另外，2010年制定的《近代建筑物文化财修理标准示方书》[200]，原则规定了"近代建筑物文化财的修理以维持原形为基本原则"，而近期对此有不少专家质疑严格的维持原形原则是否适合于近代建筑物。总之，为了引导保护行为，韩国需要制定各种文化财的保护原则，不是作为绝对的标准，而是作为一种判断依据。

三、本 章 小 结

本章为了了解韩国文化财保护中的价值认识，分析了保护相关法律中价值认识的扩大、传统讨论中对韩国建筑价值的认识、保护与开发的矛盾中对景观价值的认识以及近期对国际理论中价值和真实性的关注等问题。

关于保护相关法律，从《古迹及遗物保护规则》中概括性的"保存价值"，到《朝鲜宝物古迹名胜天然纪念物保存令》历史价值、艺术价值、学术价值的具体分类，再到《文化财保护法》中景观价值的加入，文化财价值的范围逐渐扩大。关于传统讨论，在韩国文化财保护过程中，20世纪60年代发生的一场传统讨论对价值认识和文化财保护产生了很大影响。该讨论是从文学领域开始，提出了广受关注的"传统断裂论",并蔓延到建筑领域,对韩国建筑的传统是什么、韩国传统建筑具有什么价值等问题进行了探讨,推动了解放后韩国建筑史学的发展和韩国建筑的调查研究,对建立以"恢复"、"复原"为主的建筑文化财修缮产生了影响。文物保护与开发建设之间的矛盾,是现代化过程中普遍遇到的问题之一,而开发造成的文化危机感使韩国社会逐步认识到乡土文化财和文化景观的价值。

最后,韩国对文化财的价值、真实性及保护原则等保护理论的相关研究,近期才系统开展。在韩国,真实性研究与制定韩国文化财保护原则的社会要求相结合,推动了学界对"原形"、"维持原形"等重要概念的系统研究。"真实性"的研究将以外形之历史价值为主的评估体系,转向对物质和非物质及历代层次等多样信息赋予平等视角的评估体系,为制定韩国文化财保护原则提供一种新的角度。

关于保护原则,《古迹及遗物保存规则》时期文化财保护的主要原则可以说是"结构加固",此处"现状"主要是指结构安全方面,为了结构加固在多处使用了混凝土,为了预防结构不稳定还采取了现状变更。1933 年《朝鲜宝物古迹名胜天然纪念物保存令》制定后保护原则出现了变化,"结构加固"调整为"保存形式",结构加固以不影响外观为前提。在这时期"形式"被作为主要保护对象,说明当时日本相关专家对韩国建筑"形式"已经有了一定的了解,因此修缮关注于"保护"形式、甚至是"复原"早期形式。

韩国解放后一直到 20 世纪 60 年代初,文化财保护修缮的主要原则是对现状的保存维持,而不是对早期形式的复原。按照"保存现状"原则,这一时期修缮尽量保持修缮之前的形式,对破损构件进行了更换、替补。"保存现状"原则在 1961 年石窟庵修缮过程中出现了重大转折,在文化财保存委员会几次为了决定修缮方向而召开的会议当中,可以看到"原形"、"复原"的含义逐渐发生变化,"原形"一词开始用于表达早期形式。"原形"与"复原"分别作为目标与措施,对后来的韩国文化财保护修缮的主要方针产生了很大影响。而在这一时期文化财行政上"保存原形"一词作为文化财保护的原则得到了认可,但是在此"保存"主要是指"复原保护",因此可以说这一时期修缮的方针是"复原原形"。

对复原原形方针的批判,从 20 世纪 70 年代国际保护理论引入韩国后逐渐开始。1995 年韩国文化财首次列为世界遗产,保护原则、措施、监测等对韩国文化财保护制度产生了影响，这使得 1999 年《文化财保护法》修订中新设了"维持原形"原则条款，开始在法律层次上明示保护原则。2009 年制定的《关于历史建筑物与遗址的修理、复原及管理的一般原则》是一份接受国际保护原则而在韩国制定的原则文件，接受了真实性和完整性概念，而且除"维持原形"的基本原则之外，还规定了最少干预、可识别性、尊重各时期痕迹等具体原则。然而，原则不是作为绝对的标准，而是作为引导文化财合理保护的一种判断标准，需要重新认识，这也为制定韩国保护原则提供了理由。

第五章

结　论

一、韩国建筑文化财保护发展分期

根据本文对韩国建筑文化财保护相关制度、理论与案例所进行的研究分析，将其发展历程划分为四个分期：形成期、调整期、建立发展期、完善期。

（一）20 世纪初～1945 年：形成期

韩国 20 世纪初大韩帝国末期，将遗址和遗物作为公共财的认识开始萌发，而现代意义上的文化财保护是从日帝强占期起由日本人开始引入韩国的。这一时期的文化财保护以 1933 年《朝鲜宝物古迹名胜天然纪念物保存令》制定为准，可以再划分为两个阶段：摸索阶段和形成阶段（表 5.1、表 5.2）。

1. 20 世纪初～1933 年：摸索阶段

1910 年韩日并合条约后，日本文化财修缮经验通过日本工匠和学者传入韩国。这一时期朝鲜总督府制定了《古迹及遗物保存规则》，并成立"古迹调查委员会"，这些体系的主要目的在于保障陵墓和遗址发掘调查工作并合法收集出土遗物，而不在于文化财的保护。该时期进行的建筑修缮工程虽然并不多，但是对江陵临瀛馆、浮石寺无量寿殿及石窟庵等重要建筑文化财进行了落架大修。修缮以"尽量维持保存现状，并防止将来损害的增大"为基本方针，以结构安全为主的"结构加固"成为这一时期文化财保护的基本原则。然而，为实现结构安全而采取的现状变更，有时也造成了建筑形式的改变。

表 5.1　韩国建筑文化财保护发展分期与保护制度相关大事（来源：自绘）

时间轴： 1890　1900　1910　1920　1930　1940　1950　1960　1970　1980　1990　2000

保护分期（上层）： 形成期　调整期　建立发展期　完善期
保护阶段（下层）： 摸索阶段　形成阶段　建立阶段　发展阶段

时代背景：
- 朝鲜时代（1392-1897）　大韩帝国时期（1897-1910）
- 1894 甲午改革
- 日帝强占期（1910-1945）
- 1910 朝日合并条约
- 1931.9.18 事变
- 1937 卢沟桥事变
- 美军政期（1945-1948）
- 1945 韩国解放
- 1948 大韩民国政府成立
- 1950 韩国战争
- 1961 军事政变
- 大韩民国（1948- ）
- 1979 维新体制结束
- 1988 首尔奥运会
- 1995 首次列入世遗

保护法律：
- 1902 国内寺刹现行细则
- 1910 乡校财产管理规定
- 1911 寺刹令
- 1916 古迹及遗物保存规则
- 1933 朝鲜宝物古迹名胜天然纪念物保存令
- 1950 旧王官财产分法
- 1962 文化财保护法
- 2010 文化财保护法的分法

保护机构：
- 1894 寺利局
- 1910 朝鲜总督府学务局
- 1916 古迹调查委员会
- 1946 文教部教化局
- 1955 国宝古迹名胜天然纪念物保存会
- 1961 文化财管理局
- 1961 文化财保存委员会
- 1962 文化财委员会
- 1999 文化财厅

文化财指定：
- 1933 宝物古迹名胜天然纪念物保存令
- 1934-1943 据《朝鲜古迹名胜天然纪念物保存令》天然纪念物的指定
- 1955 "宝物"价值的重新评估与改称为"国宝"
- 1962 据《文化财保护法》的文化财指定

表 5.2　韩国建筑文化财保护发展各阶段的保护特征（来源：自绘）

		时代背景	主要保护目的	主要保护原则	主要保护方针
形成期（20世纪初~1945年）	摸索阶段（20世纪初~1933年）	日帝强占期；由日本人主导；皇国史观	维持殖民统治	结构加固	抢救性修缮
	形成阶段（1933~1945年）	日帝强占期；由日本人主导；皇国史观	维持殖民统治	保存形式	复原
调整期（1945~1962年）		解放、韩国战争、韩国政府成立；由建筑史学第一代主导；民族史观	灾后重建	保存现状	抢救性修缮
建立发展期（1962年~20世纪90年代中期）	建立阶段（1962~20世纪70年代）	军事政变、维新体制；建筑文化财修缮的小高潮；护国先贤遗迹补修净化事业；建筑史学第二代的进入	恢复民族文化	保存原形	复原
	发展阶段（20世纪80年代~90年代中期）	518民主运动、首尔奥运会；史迹公园保存；由建筑史学第二代主导		保存原形/保存现状	复原/尊重各时代痕迹等
完善期（20世纪90年代中期至今）		地方自治制、金融危机；列入世界遗产；建筑史学第三代进入	发展民族文化	维持原形	复原/尊重各时代痕迹等

2. 1933~1945年：形成阶段

以韩国建筑的研究成果和修缮经验为基础，这一时期朝鲜总督府初步形成了韩国文化财保护的体系，主要包括：在法律和机构上，制定《朝鲜宝物古迹名胜天然纪念物保存令》、成立"朝鲜总督府宝物古迹名胜天然纪念物保存会"、指定公布保护对象；在修缮工程上，形成了修缮前编制修缮方案和预算、修缮后提交修缮报告的体系；在工程管理上，对重要项目派遣监督员，对现状变更问题须通过保存会的咨询再决定。基于这些保护体系，20世纪30年代后半叶开展了很多韩国建筑文化财的修缮工程。这一时期，修缮工程"以保存形式手法为绝对方针"，"保存形式"成为基本原则，由此保护的主要对象从"现状"改为"形式"。因此，这一时期所采取的现状变更，其目的不仅在于结构加固，更在于早期"形式"的复原。

总之，日帝强占期进行的建筑文化财保护，在韩国开创了现代意义上的建筑文化财保护和修缮。这一时期，不仅不少建筑得到了修缮，其保护制度也对解放后韩国文化财保护制度的建立产生了很大影响。然而，日帝强占期的文化财保护政策是基于日本皇国史观而制定的，政策基本目的在于维持殖民统治，修缮工程由日本人控制、而韩国人被排除在外，这些做法都带有明显的时代局限性。

（二）1945～1962 年：调整期

1945 年韩国解放后，美军政对文化财保护法律临时采取了沿用政策。该政策经过 1948 年大韩民国政府成立和 1950 年韩国战争，一直到 1962 年《文化财保护法》制定后才被废止。这一过渡期间内，韩国文化财保护所面临的主要问题是消除殖民文化政策，摸索并建立适合韩国自身的文化财保护体系。这一时期，韩国对文化财保护制度进行了整体调整，所采取的具体措施可以分为：废止、调整、沿用、新设。废止的有：《朝鲜宝物古迹名胜天然纪念物保存令》《寺刹令》[1]、基于日本皇国史观的文化财价值评估标准以及一些宝物、史迹的指定；调整的有：不再将皇室文化财与其他文化财进行分开管理，而是在法律上和行政机构上将其合并管理；沿用的有：以指定文化财为主的重点保护主义、包括天然物在内的广义文化财概念、保护相关委员会制度；新设的有：无形文化财的保护。这些措施为 1962 年文化财保护法律的制定、保护对象指定、保护机构建设等保护制度的全面建设等奠定了基础。

这一时期的文化财保护由日帝强占期接受近代教育的解放后第一代韩国人来主导，他们也成为韩国建筑史学第一代学者。韩国传统工匠也恢复了地位，并开始参与文化财保护工程现场。这一时期文化财保护政策主要目的在于灾后重建，工作重点在于对经过日帝强占期和韩国战争而年久失修或被破坏的文化财进行抢救性修缮。在韩国建筑历史研究尚不充分、修缮经验也尚不成熟的情况之下，这一时期的修缮主要原则定为"保存现状"。

（三）1962 年～20 世纪 90 年代中期：建立发展期

经过 20 世纪 40 年代和 50 年代文化财保护制度的整体调整，1962

---

① 关于《寺刹令》，从 20 世纪 20 年代起以韩国学者和宗教相关者为主一直要求了废止该法，解放后 1947 年 8 月 10 日被废止。

年《文化财保护法》公布，并成立"文化财委员会"和"文化财管理局"，并于 1969 年新设"文化财研究室"，在 20 世纪 60 年代初韩国开始进入经济快速发展时期之际，韩国基本健全了文化财保护制度。另外，1963 年制定的《文化财管理特别会计法》，保障了修缮的财政来源，开启了 20 世纪 60 年代后半叶建筑文化财修缮的小高潮。后来，随着文化财修缮经验和建筑史研究的积累以及国际保护研究的引入，从 20 世纪 70 年代到 90 年代，文化财保护对象扩大，保护水平提高，韩国文化财保护有了很大的发展。

这一时期的文化财保护以 20 年代 70 年代末政权变化所带来的文化财政策变化为准，可以再分为两个阶段：建立阶段和发展阶段。

1. 1962 年～20 世纪 70 年代：建立阶段

20 世纪 60 年代初，韩国建立了整体保护制度，并成为以后韩国文化财保护发展的基础。1970 年，增设"地方文化财"的指定保护，保护不再局限于具有代表意义的重要文化财，而是转向为包括乡土文化财在内的综合保护。在工程管理方面，1974 年编制了《文化财修理标准示方书》，来规范保护工程。然而，这一时期在国家再建设的旗帜之下，国家进行了大规模开发，当文化财保护和经济开发之间发生矛盾时，决策往往以开发为先。

这一时期重点进行的"护国先贤遗迹补修净化事业"，使日帝强占期被遗忘的一些爱国或重要历史人物相关遗址的价值得到了重新认识。另外，对凤停寺极乐殿等具有很高价值的"国宝"或"宝物"级单体建筑进行了落架大修。

20 世纪 60 年代初，建筑研究和文化财保护领域中，解放前后受到教育的建筑史学第二代学者开始进入，参与了在建筑文化财修缮小高潮时进行的许多修缮工程。学术上，《考古美术》和《文化财》等学术杂志创刊，给建筑历史和文化财保护相关研究者提供了发表成果和共享研究的平台。随着修缮经验和相关研究成果的积累，20 世纪 70 年代起韩国建筑样式发展史的研究成果陆续发表出来，对 60 年代和 70 年代的韩国建筑史研究进行了总结。关于保护原则，经过 20 世纪 60 年代初石窟庵的考古研究和复原性修缮，保护重点从"现状"逐渐转向"形式"，以早期形式的复原保护为主的"保存原形"成为主要保护原则。

2. 20 世纪 80～90 年代中期：发展阶段

　　20 世纪 80 年代初，作为《文化财保护法》制定实施二十年的反思，韩国制定和修改了《文化财保护法》和相关法律，对以开发为主的文化政策进行了一些调整。这一时期，文化财保护概念从"点"扩大到"面"，1984 年以保护传统建筑群为目标制定了《传统建造物保存法》，并对《文化财保护法施行规则》中的相关规定进行调整，强调了文化财整体环境的保护。

　　对遗址的保护，20 世纪 60 年代和 70 年代以爱国精神教育为主要目的的"护国先贤遗迹补修净化事业"，到 20 世纪 80 年代改为"史迹公园保存"，采取了保存遗址地、尽量不进行大规模开发和复原的政策。另外，宫殿建筑保护也得到了社会关注，1984 年编制《朝鲜王宫的复原净化及管理改善》方案，开始对五大宫进行发掘调查和局部复原以及环境整治。这一时期对单体木结构建筑的修缮以重要建筑为主要对象，继续进行全部或局部落架大修。建筑史研究和文化财保护工作由建筑史学第二代学者主导，研究领域扩大，发表论文数量也大幅度增加[201]。关于保护原则，随着国际保护理论的引入和对"复原"的批评，与国际保护领域有交流的一些专家学者提出了"保存现状"原则，得到了一定的肯定，但整体来说保护原则仍以"保存原形"为主。

　　总之，自 1962 年至 20 世纪 90 年代中期，韩国建立了文化财保护制度，经过许多重要修缮工程实践和理论探讨，保护对象范围扩大，保护水平提高，韩国建筑文化财保护特别是保护实践有了很大发展。这一时期，基于传统断裂论思想，恢复民族文化成为文化财保护政策的主要目的，强调了"传统"、"原形"和"复原"。因此，"保存原形"作为文化财保护原则得到了公认，保护方针调整为"复原原形"。

（四）20 世纪 90 年代中期至今：完善期

　　1995 年，韩国三项文化财首次列入世界遗产名录，在保护和管理世界遗产的过程中，国际保护理论和世界遗产保护管理体系对韩国文化财保护产生了很大影响。在保护制度方面，通过相关法律修订，明确了保护原则，并规定了国家指定文化财保护规划的个别编制制度和定期监测制度。在保护理论方面，真实性和完整性概念为文化财价值认识提供了新框架。韩国文化财列入为世界遗产，对提高文化财保护的社会意识起到了重要作用。1999 年"文化财管理局"升格为"文化财厅",2010 年对《文化财保护法》进行全面修订和分法,并加强了文化财的保护和管理,这些反映了社会对文化财的重视。

1995 年,韩国全面实施地方自治制。随之,文化财保护事业从 20 世纪 80 年代由中央主导的遗址公园保存事业,转换为由地方政府主导的史迹复原整治事业。地方政府的史迹复原整治事业提高了地方文化财资源的利用度,但是由于一些工程没有以严谨的考古研究为前提,导致了历史文化资源枯竭的新问题。

关于保护原则,1999 年《文化财保护法》的修订,在法律层面上明示了"维持原形"原则。另外,相关规范性文件的修改或新制定,规定了尊重各时期痕迹、最少干预、可识别性、记录和公开等原则。2009 年《关于历史建筑物与遗址的修理、复原及管理的一般原则》,则吸收了国际保护理论,为韩国文化财保护提供了行业规则。

20 世纪 90 年代以后,韩国建筑历史和保护研究领域的研究者数量大幅增加,价值和真实性等保护理论的研究也逐渐增加。目前,保护理论研究与制定保护原则的社会需求相互结合,"原形"和"维持原形"等重要概念的研究逐步深入。总之,韩国通过与国际保护机构的交流,对保护制度进行调整,保护理论研究进一步深入,从而完善保护体系和提升保护力量。

二、韩国建筑文化财保护研究总结

本书以韩国近代到现在的木结构建筑文化财为主要研究对象,从保护制度、工程案例及保护理论等方面,梳理了韩国建筑文化财保护的历程,研究了韩国建筑文化财保护的发展变化及其特点,总结了发展分期。

日帝强占期文化财相关制度,采取了广义的文化财概念和重点保护主义,制定保护法律,设置专管机构,进行指定保护,形成了保护体系。这些体系对解放后韩国建立文化财保护体系产生了很大影响。解放后的韩国文化财保护面临的重要工作,是从日帝强占期历史观脱离出来,基于民族历史观,重新认识韩国文化财价值,建立符合韩国的文化财保护体系。因此,在 20 世纪 60 年代以史学、哲学、艺术学等方面的研究结合而建立的民族历史观为基础,对文化财价值重新进行了评估,根据评估结果,调整文化财相关行政机构,调查文化财并重新指定保护对象等，对整个文化财制度的进行了调整，而这些制度基本保持至今。

日帝强占期进行的建筑文化财修缮，在韩国开创了具有现代意义的建筑文化财修缮。这一时期有不少建筑文化财得到修缮。然而，基于皇国史观殖民政策之下选择的修缮对象，以及排除韩国人参与修缮的修缮策略，带有明显的时代局限性。解放后，韩国建筑史学界为了摆脱基于皇国史观的建筑史认识、了解韩国建筑本身的发展历史，做出了种种努力。经过 20 世纪 60 年代关于梳理韩国传统建筑术语、恢复韩国传统工匠地位、进行现代保护教育等方面的努力，韩国建筑文化财修缮逐渐形成了体系。

关于韩国文化财保护过程中的价值认识，本文对保护相关法律中的价值认识、传统讨论中韩国建筑价值的认识、保护与开发的矛盾中的景观价值的认识以及近期对国际理论中价值和真实性的关注等方面进行了分析。另外，关于保护原则的变化，日帝强占期保护原则从"结构加固"转换为"保存形式"；解放后经过石窟庵的修缮"保存原形"作为文化财保护的原则得到了认可，在此"保存"主要是指"复原"；到 20 世纪 90 年代开始参与国际保护活动之后，韩国逐步接受了真实性和完整性概念，复原为主的保护原则正在变化。

总而言之，韩国建筑文化财保护历程是以大韩帝国和日帝强占期保护制度与修缮经验为基础，经过解放后对日帝强占期保护思想与制度的批评和调整，逐步建立韩国自己保护体系的过程。在此过程中找回自我意志是解放后韩国社会推动文化财保护发展的主要动力。日帝强占期，韩国社会在被歪曲的历史观之下失去了自我意志与自尊感，这些失落感在学术上表现出为传统断裂论。解放后基于民族史观，找回自我、恢复传统的思想推动了韩国建筑文化财保护的发展。而近期在国际化的背景下，韩国建筑文化财保护面向了新的保护环境，在国际化的保护环境中如何发展的问题成为推动韩国建筑文化财保护发展的新动力之一。

将视角放大，考察中国、日本等东亚国家和地区文化遗产保护的发展，可以发现 20 世纪 30 年代东亚地区在文化遗产的价值认识与保护原则上出现相似的发展变化现象。由于韩国现代意义上的文化财保护是在日帝强占期由日本人主导开展的，因此在文化财保护制度、修缮方针及修缮技术等方面，韩国与日本有很多相同之处。日本于 1898 年《古社寺保存法》制定后采取了对不露明部分进行积极的结构加固、拆去后代添加构件的修缮方针，而从 20 世纪 20 年代起开始根据后代改造痕迹来进行复原，到 1934 年通过法隆寺昭和大修理，日本基本建立了建筑复原的方法和技术。[80] 321

韩国于 1933 年由朝鲜总督府制定《朝鲜宝物古迹名胜天然纪念物保存令》后，基于对多样建筑类型之保护价值的认识，开始指定保护对象，以"结构加固"为主的修缮方针开始转为"保存形式"，开展了建筑形式的复原。这应该与 20 世纪 30 年代日本建立复原修缮方法有着密不可分的关系。

中国 1935 年公布的《暂定古物范围及种类大纲》反映了多样建筑类型的保护价值的认识[22] 38。从梁思成保护思想看这一时期中国建筑遗产修缮方式，笔者认为，20 世纪 30 年代前半叶保护修缮以"修"为主，而到了 30 年代后半期则开始出现"复原"修缮。这种变化，一方面是基于 30 年代前半叶中国营造学社所进行的古建筑实地考察以及所积累的中国建筑史学术成果，另一方面也不能排除当时日本建筑修缮方式的影响，例如 1932 年，《营造学社汇刊》上刊载了关野贞《日本古代建筑物之保存》一文，并被梁思成评之为"研究中国建筑保护问题之绝好参考资料"。

另外，经过第二次世界大战和一段时间的动荡，20 世纪 70 年代初在韩国和中国分别出现了对两国现存最古老的木结构建筑按照始建时期原形进行全面复原的工程尝试：韩国凤停寺极乐殿修缮（1969～1975 年）和中国南禅寺大殿修缮（1974～1975 年）。与 20 世纪 30 年代的复原修缮不同，这一时期的复原修缮是韩国与中国在不同的学术成果、修缮经验和不同的社会背景中被提出而落实的。

通过这些现象可以发现，东亚地区建筑文化遗产保护在一定程度上存在类似的变化过程。这些变化过程中有些可能是互相交流的结果，有些可能只是随着现代学科发展在不同地区同时出现的相似现象。无论其原因如何，从国际文化遗产保护运动的角度看来，东亚地区的文化遗产保护发展历程具有一定的共同点，这可以看作东亚地区文化遗产保护发展的特点之一。基于这些认识，将来可以进一步明确东亚地区文化遗产保护的综合特色，从而探索其未来的发展方向。

三、本研究的学术创新之处

本研究的学术创新之处主要有以下三个方面：

（1）对韩国建筑文化财保护发展历程首次进行全面的梳理。本文从建筑文化财保护史的角度，对自日帝强占期与解放至今的韩国建筑文化财保护历程、在制度与理论方面进行了全面梳理，并对各时期的典型保护工程案例进行了分析。另外，联系韩国政治、社会、国际关系等文化财保护环境的变化，阐明制度、理论与案例上个别事实之间的逻辑关系及整体建筑文化财保护发展变化的脉络，初步构建韩国建筑文化财保护史，填补韩国建筑文化财保护史研究的空白。

（2）对韩国建筑文化财保护相关资料的发掘和分析。本研究对于相关机构所藏的日帝强占期与解放至今的大量韩国建筑文化财保护档案资料和记录进行了查阅，发现了韩国学界尚未涉及的很多历史资料并进行分析，较为完整地梳理出韩国建筑文化财保护发展变化的脉络，为进一步研究提供了必要的参考。

（3）对韩国建筑文化财价值认识和原则变化首次进行学术分析。本文揭示了韩国建筑文化财保护中价值的认识过程，并首次梳理了保护原则及其含义的发展变化过程。论文不是将韩国建筑文化财保护看作一项独立的文化活动，而是将其置于韩国政治与文化背景中进行剖析，综合解释价值认识和原则变化的背后推动力，从而取得了一定的韩国建筑文化财保护理论研究成果。

四、需进一步开展的研究工作

由于对韩国文化财保护历程中的许多环节还没有基础研究，本研究只是一个开始。以本研究为基础，希望进一步开展以下三个方面的研究：

（1）韩国建筑文化财保护工程措施及利用的发展变化研究。从传统技术与传统材料的继承到现代技术与新材料的尝试，韩国在长期的保护工作中形成了符合韩国国情的修缮措施和利用方式。但是，对韩国建筑修缮工程中的具体措施，目前缺乏系统性的梳理研究。另外，广义的文化财保护工作不仅包括调查、修缮和管理，还包括其合理利用，近期韩国文化财相关行政和研究重点，从文化财发掘和调查逐渐向文化财利用方面转换。在保护制度与理论研究成果上，对工程措施及利用的发展变化进行研究，可以梳理出更为综合且完整的韩国建筑文化财保护发展历程。

（2）韩国文化财保护相关重要人物的学术研究。应该对日帝强占期在韩国活动的文化财保护相关日本学者和专家以及解放后主导韩国文化财保护的韩国学者和专家的学术思想与成果进行研究。特别是，20世纪50年代至70年代，许多保护工作的现场细节由于种种原因没有留下详细报告，应尽快对解放后韩国文化财保护的第一代重要人物进行访谈，留下韩国文化保护相关口传记录，补充相关档案。

（3）韩国文化财保护在国际保护中的定位研究。韩国文化财保护正式参与国际保护活动只有20多年的时间，而在国际保护理论与实践的影响之下，韩国在亚洲地区木结构遗产保护、传统村落保护及非物质遗产保护等方面都有了不少成果。结合本论文研究成果，需要进一步研究韩国文化财保护与国际保护活动的关系，明确韩国文化财保护在国际保护中的定位。

参 考 文 献

（韩国人作者名，除了确认其汉字的，均写韩文的英文标准拼音）

[1] Jeong Su-jin. 文化财保护制度的传统谈论. 文化财, 2014, 47(3): 177

[2] 忠北大学法学研究所. 韩国文化财保护法的发展过程与整备方向. 首尔：文化
财厅, 2002:83

[3] 吴世卓. 文化财保护法原论. 首尔：周留城, 2005

[4] 姜贤. 日帝强占期建筑文化财保存研究[博士学位论文]. 首尔：首尔大学，2005

[5] 李顺子. 日帝强占期古迹调查事业研究[博士学业论文]. 首尔：淑明女子大
学, 2007

[6] 赵贤贞. 韩国建造物文化财保存史研究——以1910年以后修缮的木结构建筑为
主[硕士学位论文]. 龙仁：明知大学, 2004

[7] 苑利. 韩国文化遗产保护运动的历史与基本特征. 民间文化论坛, 2004（6）

[8] 申荣勋. 日政期文化财保存事业录//张起仁论文集刊行委员会. 张起仁先生花甲
纪念论文集. 首尔：张起仁论文集刊行委员会, 1976

[9] 金在国. 日帝强占期对高丽时代建筑物保存研究[博士学位论文]. 首尔：弘益
大学, 2007

[10] Kim Min-suk. 关于在殖民地朝鲜对历史建造物保存与修理工事研究——以修
德寺大雄殿为中心[博士学位论文]. 东京：早稻田大学, 2008

[11] Kim Min-suk. 从《清交》看20世纪30年代至40年代韩国建造物文化财的保存
与修理. 建筑历史研究, 2014, 23(4)

[12] 金汉昇. 木造建筑文化财保存方法研究[硕士学位论文]. 首尔：东国大学, 1998

[13] 赵贤贞, 金王稙. 从佛教建筑文化财来看保存工程演变研究. 建筑历史研究,
2007,16(3)

[14] Jang Yun-jin. 从国际保护原则看木造建造物文化财保存工事案例研究[硕士学
位论文]. 龙仁：明知大学, 2011

[15]   崔钟德，Bak So-hyeon. 对于自2000年至2003年景福宫勤政殿修理方向产生影响的因素和修理特点研究. 大韩建筑学会论文集计划系, 2010,26(1)

[16]   张庆浩. 建造物文化财的补修复原方向. 文化财, 1977,11

[17]   李泰宁. 文化财保存科学的发展与补修伦理规范[J/OL]. 文化财, 1981, 14 [2014-6-7] http://portal.nrich.go.kr/kor/originalUsrList.do?menuIdx=680& bunya_cd=2825&report_cd=2827

[18]   金奉建. 文化财补修理论. 文化财, 1992, 25

[19]   Lee Su-jeong. 从发展变化的现代保护理论的角度看保存原形原则. 庆州文化研究, 2003,6:218

[20]   Lee Su-jeong. 试论文化遗产保护原则制定中的价值定义及方法论. 文化财, 2011,44(4)

[21]   国立中央博物馆. 光复以前博物馆资料目录集. 首尔：国立中央博物馆, 1997

[22]   李贞娥. 梁思成与关野贞对中国与朝鲜古代建筑的调查与保护比较研究. 中国建筑史论汇刊, 2015

[23]   文化财保护法[DB/OL]. (1962) [2014-1-08] http://www.law.go.kr/lsSc.do?menuId=0&subMenu=2&query=%EB%AC%B8%ED%99%94%EC%9E%AC%EB%B3%B4%ED%98%B8%EB%B2%95#undefined

[24]   文化财保护委员会. 文化财保存委员会第一份课第四回会议录报告件(1961-05-24): 江陵客舍门及文庙大成殿补修现状调查报告件. 1961. [2015-6-25] 韩国国家记录院申请复印档案阅览

[25]   日省录[DB/OL]. 1894（朝鲜高宗三十一年）[2014-03-06]http://db.itkc.or.kr/index.jsp?bizName=MI&url=/itkcdb/text/bookListIframe.jsp?bizName=MI&jwId=000&NodeId=mi_k-0001&setid=422038

[26]   文化财厅. 文化财厅五十年史. 大田:文化财厅, 2011:33

[27]   古迹调查委员会. 古迹调查委员会议案[R/OL]. 1916-1932 [20140815-20150425]国立中央博物馆http://modern-history.museum.go.kr/program_2014/coldocu/search_list1.jsp?searchSelect=all&YearSelect=0&Mcity=0&Mtown=allTown&keyWord=%EA%B3%A0%EC%A0%81%EC%A1%B0%EC%82%AC%EC%9C%84%EC%9B%90%ED%9A%8C&x=0&y=0

[28]   古迹调查委员会. 第一回古迹调查委员会[R/OL] 1916（大正五年）[20140903]国立中央博物馆 http://modern-history.museum.go.kr/program_2014/coldocu/

page_view02.jsp?majorDiv=&AddPoint=&MID_CD_c=&DOCOBJ_NM= 2773&AddDocubjPoint=2773&AddDocubjNm=제1회 고적조사위원 회&AddGroupPoint=129&AddGroupNm=고적조사위원회 - 제1회~제12회

[29] 古迹调查委员会. 古迹调查委员会职员表［R/OL］. 1926(大正十五 年)［20140903］ 国立中央博物馆http://modern-history.museum.go.kr/ program_2014/coldocu/page_view02.jsp?DOCOBJ_NM=2765&AddPoint=&Ad dDocubjPoint=2765&AddDocubjNm=고적조사위원회 직원표 - 다이쇼（大正） 15년, 쇼와(昭和) 3년&AddGroupPoint=2765&AddGroupNm=고적조사위원회 직원표 - 다이쇼（大正） 15년, 쇼와（昭和） 3년

[30] 文化财管理局. 朝鲜总督府及文教部发行文化财关系资料集. 首尔: 文教部, 1992:60-61

[31] 郑在鑘. 文化财委员会略史［J/OL］. 文化财, 1985, 18［2014-02-26］. http:// portal. nrich.go.kr/kor/originalUsrList.do?menuIdx=680&bunya_cd=2825&report_ cd=2827

[32] 杉山信三. 韩国建筑保存工事回顾//韩国文化财保存技术振兴协会. 韩国建筑 文化财保存考：日政期资料集成1. 首尔：大源文化社, 1992:81

[33] 朝鲜总督府宝物古迹天然纪念物保存会. 第一回保存会总会咨问物件［R/OL］ 1934(昭和九年)［20141022］ 国立中央博物馆 http://modern-history.museum. go.kr/program_2014/coldocu/search_list1.jsp?menuID=001&keyWord=%EB%B3 %B4%EB%AC%BC%EA%B3%A0%EC%A0%81%EB%AA%85%EC%8A%B 9%EC%B2%9C%EC%97%B0%EA%B8%B0%EB%85%90%EB%AC%BC+%E C%A7%80%EC%A0%95&searchSelect=all&MajorChi=&YearSelect=0&yearke y=&getyear=&Mcity=0&Mtown=allTown&pageSize=10&currentPage=1

[34] 东亚日报：组织宝物古迹等的保存会［N/OL］ 1946-04-12［20150819］ http:// newslibrary.naver.com/viewer/index.nhn?articleId=1946041200209202008&edit No=1&printCount=1&publishDate=1946-04-12&officeId=00020&pageNo=2&pr intNo=6946&publishType=00020

[35] 东亚日报：被破落的国宝［N/OL］ 1947-07-12［20150819］ http://newslibrary. naver.com/viewer/index.nhn?articleId=1947071200209202002&editNo=1&print Count=1&publishDate=1947-07-12&officeId=00020&pageNo=2&printNo=7329 &publishType=00020

[36] 京乡新闻：保存会决议派国宝指定对[N/OL] 1956-06-04［2015-08-19］http://newslibrary.naver.com/viewer/index.nhn?articleId=1956060400329203017&editNo=1&printCount=1&publishDate=1956-06-04&officeId=00032&pageNo=3&printNo=3266&publishType=00020

[37] 文化财管理局, 1952~1959文化财委员会会议录. 首尔：文化财管理局, 1992:63

[38] 韩国美术史学会. 考古美术新闻. 考古美术, 1961.2:80

[39] 韩国美术史学会. 考古美术新闻. 考古美术, 1961(8)-1961(12)

[40] Kim Hong-yeol. 文化财委员会的运行改善方案研究[硕士学位论文]. 大田:韩南大学, 2003:161

[41] 八木奘三郎. 韩国探险日记. 史学界.东京：1902, 4(4)

[42] 关野贞. 韩国建筑调查报告. 东京: 东京帝国大学, 1904. 姜奉镇, 译. 1版. 韩国的建筑与艺术. 首尔：产业图书出版社, 1990:8

[43] 高桥洁. 關野貞を中心とした朝鮮古蹟調査行程: 1909年（明治42年）~1915年（大正4年）. 考古学史研究, 2001, 9:31-43

[44] 藤田亮策. 朝鲜古文化财的保存. 朝鲜学报. 天理:朝鲜学报, 1951,1:249

[45] 国立中央博物馆馆藏朝鲜总督府公文书（编号F046-007-001-002）

[46] 国立中央博物馆馆藏朝鲜总督府公文书（编号F046-007-002-002）

[47] 国立中央博物馆馆藏朝鲜总督府公文书（编号F046-005-001-001）

[48] 朝鲜总督府.大正三年九月 朝鲜古迹调查略报告. 京城：朝鲜总督府, 1914:1

[49] 西山武彦. "韩国建筑调查报告"の谜//西山武彦, 伊丹润. 韩国の建筑と艺术: 覆刻 韩国建筑调查报告.东京：韩国の建筑と艺术刊行会, 1988

[50] 韩三建, 青井哲夫,布野修司. 1902年から1910年までの關野貞による韓國建築調查について: 日本建築学会大会学术讲演梗概集.1994

[51] 高裕燮. 美术与美术评论//又玄高裕燮全集编纂委员会. 又玄高裕燮全集·卷8. 首尔：悦话堂, 2013: 26.

[52] 藤田亮策. 朝鲜学论考. 奈良：藤田先生纪念事业会, 1963:79.

[53] 太田秀春. 日本对"殖民地"朝鲜的古迹调查和城廓政策[硕士学位论文]. 首尔：首尔大学, 2002:7

[54] 东亚日报：国宝广泛再调查防止古迹荒废[N/OL] 1948-10-10［20140613］http://newslibrary.naver.com/viewer/index.nhn?articleId=1948101000209202016&editNo=1&printCount=1&publishDate=1948-10-10&officeId=00020&pageNo=

2&printNo=7717&publishType=00020

[55] 京乡新闻：关于古迹保存于修理事业的李总统谈话[N/OL] 1949-12-02 [20150130] http://newslibrary.naver.com/viewer/index.nhn?articleId=194912020 0329202006&editNo=1&printCount=1&publishDate=1949-12-02&officeId=0003 2&pageNo=2&printNo=1012&publishType=00020

[56] 京乡新闻：哀苦的文化财 训民正音坂木被被消失[N/OL] 1952-11-01 [20150130] http://newslibrary.naver.com/viewer/index.nhn?articleId=1952111200329202001 &editNo=1&printCount=1&publishDate=1952-11-12&officeId=00032&pageNo= 2&printNo=1971&publishType=00020

[57] 京乡新闻：文化财保护问题[N/OL] 1955-01-31 [20150130] http://newslibrary. naver.com/viewer/index.nhn?articleId=1955013100329201005&editNo=1&print Count=1&publishDate=1955-01-31&officeId=00032&pageNo=1&printNo=2777 &publishType=00020

[58] 首尔特别市教育会.大韩教育年鉴 1953. 首尔：首尔特别市教育会, 1955:411

[59] 京乡新闻：指向文化财保护[N/OL] 1955-10-20 [20140201] http://newslibrary. naver.com/viewer/index.nhn?articleId=1955102000329203011&editNo=1&print Count=1&publishDate=1955-10-20&officeId=00032&pageNo=3&printNo=3039 &publishType=00020

[60] 首尔特别市教育会.大韩教育年鉴 1955. 首尔：首尔特别市教育会, 1956:350

[61] 京乡新闻:保存会决议派国宝指定对[N/OL] 1956-06-04 [20150819] http:// newslibrary.naver.com/viewer/index.nhn?articleId=1956060400329203017&edit No=1&printCount=1&publishDate=1956-06-04&officeId=00032&pageNo=3&pr intNo=3266&publishType=00020

[62] 东亚日报：为文化财发掘编制长期计划[N/OL]1965-03-23 [20150201] http:// newslibrary.naver.com/viewer/index.nhn?articleId=1965032300209207016&edit No=2&printCount=1&publishDate=1965-03-23&officeId=00020&pageNo=7&pr intNo=13358&publishType=00020

[63] 文化公报部.非指定文化财目录.首尔：文化公报部, 1969: 1

[64] 文化财公报部文化财管理局. 地方指定文化财目录. 首尔：文化财管理局, 1974:5.

[65] 文化财公报部文化财管理局. 地方指定文化财目录. 首尔：文化财管理局,

1978:5.

[66] 东亚日报：文艺中兴五个年几乎第一年度文公部投入50个亿［N/OL］1974-02-02［20150205］http://newslibrary.naver.com/viewer/index.nhn?articleId=1974020200209205001&editNo=2&printCount=1&publishDate=1974-02-02&officeId=00020&pageNo=5&printNo=16104&publishType=00020

[67] 京乡新闻：文公部今年政策方向［N/OL］1977-01-31［20150202］http://newslibrary.naver.com/viewer/index.nhn?articleId=1977013100329205008&editNo=2&printCount=1&publishDate=1977-01-31&officeId=00032&pageNo=5&printNo=9644&publishType=00020

[68] 京乡新闻：评价教授团对文化政策的综合分析.文化行政需要自律化［N/OL］1980-03-10［20150202］http://newslibrary.naver.com/viewer/index.nhn?articleId=1980031000329205004&editNo=2&printCount=1&publishDate=1980-03-10&officeId=00032&pageNo=5&printNo=10597&publishType=00020

[69] 韩国学文献研究所.朝鲜总督府官报·105卷,109-110卷,118卷,124卷,127卷,134卷,139卷.首尔：亚细亚文化社,1985

[70] 大韩每日新报：废止客舍［N/OL］1909-11-26［20150302］http://gonews.kinds.or.kr/OLD_NEWS_IMG3/DMD/DMD19091126u00_02.pdf

[71] 大韩每日新报：以五圜给民间［N/OL］1910-04-05［20150302］http://gonews.kinds.or.kr/OLD_NEWS_IMG3/DMD/DMD19091126u00_02.pdf

[72] 三成建筑史事务所,三景E&C.景福宫变迁史（上）：景福宫变迁过程及地形分析学术调查研究.大田：文化财厅,2007:72

[73] 朝鲜总督府.朝鲜总督府告示第四百三十号.国立中央博物馆所馆,1934

[74] 东亚日报:宝物古迹天然纪念物［N/OL］1938-11-26［20150819］http://newslibrary.naver.com/viewer/index.nhn?articleId=1938112600209202015&editNo=2&printCount=1&publishDate=1938-11-26&officeId=00020&pageNo=2&printNo=6200&publishType=00020

[75] 吴世卓.日帝的文化财政策——以制度为中心//文化财管理局.日帝的文化财政策评价研讨会.首尔：文化财管理局,1996

[76] 东亚日报：保护！我们的国宝.召开天然纪念保存会议［N/OL］1946-06-23［20150312］http://newslibrary.naver.com/viewer/index.nhn?articleId=1946062300209202019&editNo=1&printCount=1&publishDate=1946-06-23&officeId=0002

0&pageNo=2&printNo=7017&publishType=00020

[77] 文化财管理局. 文化财委员会会议录[J/OL]. 文化财, 1965, 1 [2015-05-15] http://portal.nrich.go.kr/kor/originalUsrView.do?menuIdx=680&info_idx=1&bunya_cd=2825&report_cd=2827

[78] 文化财管理局. 文化财委员会会议录. 文化财, 1966,2

[79] 京乡新闻：日帝指定文化财的重新评价. 客观性讨论[N/OL] 1996-02-25 [20150219] http://newslibrary.naver.com/viewer/index.nhn?articleId=1996022500329113006&editNo=40&printCount=1&publishDate=1996-02-25&officeId=00032&pageNo=13&printNo=15692&publishType=00010

[80] 清水重敦. 韩日建造物保存修理的黎明//国立文化财研究所, 日本奈良文化财研究所. 韩日文化财论文集1. 大田：瀷貊出版社, 2007:327.

[81] 朝鲜总督府学务局. 关于宝物等的保存工事[R/OL]. 1943 [2015-08-20] 国立中央博物馆 http://modern-history.museum.go.kr/program_2014/coldocu/popup_imageview.jsp?seq=18056&filefolder=&ImageDiv=SEQ&AddDocuPoint=18056&AddDocubjPoint=&AddDocubjNm=보물 등 보존공사 관련 요항&AddGroupPoint=18056&AddGroupNm=보물 등 보존공사 관련 요항

[82] Kim Min-suk. 植民地朝鮮における歴史的建造物の保存と修理工事に關する研究[博士学位论文]. 东京: 早稲田大学, 2008:158, 附录-小川敬吉资料 73.

[83] 每日新报：宝物古迹保存以寺刹中心主义[N/OL] 1935-06-09 [20150820] http://gonews.kinds.or.kr/OLD_NEWS_IMG3/MIN/MIN19350609v00_05.pdf

[84] 文化财管理局. 文化财补修实绩: 1963-1973. 首尔：文化财管理局. 1974

[85] 文化财管理局. 文化财补修实绩-故宫及陵园：1962～1974. 首尔：文化财管理局, 1975

[86] 郑在鑴. 文化财保存管理的实绩与展望[J/OL]. 文化财, 1965, 1 [2015-05-15]. http://portal.nrich.go.kr/kor/originalUsrList.do?menuIdx=680&bunya_cd=2825&report_cd=2827

[87] 文化财管理局. 81年度文化财补修实绩. 首尔：文化财管理局, 1987

[88] 文化财管理局. 83年度文化财补修实绩. 首尔：文化财管理局, 1987

[89] 文化财管理局. 84年度文化财补修实绩. 首尔：文化财管理局, 1987

[90] 文化财管理局. 85年度文化财补修实绩. 首尔：文化财管理局, 1987

[91] 文化财管理局. 86年度文化财补修实绩. 首尔：文化财管理局, 1988

[92] 文化财管理局.87年度文化财补修实绩.首尔：文化财管理局,1990

[93] 国立文化财研究所建筑文化财研究室.建筑文化财解体修理资料集·寺刹建筑篇.大田：国立文化财研究所,2010

[94] 国立文化财研究所建筑文化财研究室.建筑文化财解体修理资料集·宫阙官衙陵墓其他建筑.大田：国立文化财研究所.2011

[95] 韩国美术史学会.考古美术.1960-1965

[96] 文化财管理局.文化财补修整备实绩: 1963-1983.首尔：文化财管理局,1984

[97] 高裕燮.韩国建筑美术史初稿（1920年）.首尔：大源社,1999

[98] 朝鲜总督府.朝鲜古迹图谱·十一.东京：大塚巧艺社,1931:1491-1492

[99] Jeon Bong-hee, Ju Sang-hun, Jang Pil-gu.日帝时期建筑图面解题Ⅱ.大田：国家记录院,2009:56,57

[100] 无镇综合建筑师事务所.江陵客舍门实测修理报告书.大田：文化财厅,江陵市厅,2004:140

[101] 金东贤.韩国建筑研究史:职员教育教材87-4辑.首尔：文化财管理局,1987:20

[102] 文化财管理局文化财研究所.韩国的古建筑：韩国建筑史研究资料第5号.首尔：文化财管理局,1982:116.

[103] 国立中央博物馆所藏朝鲜总督府公文书编号F149-001-017-001

[104] 朝鲜总督府.江陵客舍门测绘图[R/OL].1943［2015-08-20］ 国立中央博物馆 http://modern-history.museum.go.kr/program_2014/coldocu/popup_imageview.jsp?seq=21349&filefolder=&ImageDiv=SEQ&AddDocuPoint=21349&AddDocubjPoint=&AddDocubjNm=[도면] 강릉 객사문 실측도&AddGroupPoint=21349&AddGroupNm=[도면] 강릉 객사문 실측도

[105] 国立中央博物馆所藏朝鲜总督府公文书编号F149-001-015-001

[106] 朝鲜总督府.朝鲜古迹调查略报告.京城：朝鲜总督府,1914（大正三年):55

[107] 小川敬吉.故小川敬吉氏搜集资料：浮石寺保存工事施业功程//杉山信三.韩国古建筑の保存：浮石寺·成仏寺修理工事报告.京都：韓国古建築の保存刊行会,1996

[108] 朝鲜总督府.朝鲜古迹图谱·六.朝鲜总督官方总务局,1918:710

[109] 朝鲜总督府.佛国寺与石窟庵.京都：朝鲜总督府,1938

[110] 国立文化财研究所,庆州市.佛国寺多宝塔修理报告书.大田：国立文化财研

究所, 庆州市, 2011

[111] 朝鲜总督府. 自昭和九年（1934年）至昭和十一年（1936年）度保存费关系. 国立中央博物馆所藏, 1936

[112] 修德寺权域圣宝馆. 修德寺权域圣宝馆所藏大雄殿修理工事关联书类缀一览表//修德寺权域圣宝馆. 至心归命礼：修德寺千年之美. 礼山：修德寺权域圣宝馆, 2008:226-227

[113] 德崇丛林修德寺. 修德寺大雄殿——1937年保存修理工事的记录. 礼山: 德崇丛林修德寺, 2003: 106

[114] 修德寺权域圣宝馆. 至心归命礼：修德寺千年之美. 礼山：修德寺权域圣宝馆, 2008:215

[115] 文化财管理局. 韩国古建筑4. 首尔：文化财管理局, 1979

[116] Kim Min-suk. 小川敬吉与1930年修德寺大雄殿修理工事//修德寺权域圣宝馆. 至心归命礼：修德寺千年之美. 礼山：修德寺权域圣宝馆, 2008:297

[117] 文明大. 无为寺极乐殿阿弥陀后佛壁画试考. 考古美术, 1979,129:122-125

[118] 朝鲜总督府. 朝鲜古迹图谱·十三. 东京：青云堂, 1933:1879

[119] 金载元, 林泉, 尹武炳. 无为寺极乐殿修理工事报告书. 首尔：1958:42

[120] 金东旭. 柱心包、多包, 从何时开始使用? 建筑历史研究. 2008,17(5):134

[121] 三成建筑师事务所. 崇礼门精密实测调查报告书. 首尔：首尔特别市中区, 2006:65

[122] 三成建筑师事务所, 韩国建筑历史学会. 崇礼门火灾收拾构件调查报告. 大田：国立文化财研究所, 2009:72-85

[123] 文化财厅. 崇礼门记忆、消失与明天. 大田：文化财厅, 2009:17

[124] 首尔特别市教育委员会. 首尔南大门重修报告书. 首尔：首尔特别市教育委员会, 1966:34

[125] 金正基. 南大门通信（五）. 考古美术, 1962,29

[126] 文化财管理局文化财研究所. 凤停寺极乐殿修理报告书. 首尔：文化财管理局, 1992:61

[127] 文化财管理局. 报告资料:凤停寺极乐殿解体调查结果. 首尔：文化财管理局, 1972

[128] 国立文化财研究院 http://portal.nrich.go.kr/kor/inventoryUsrPopup.do?a_number=389&med_kind=DWR

[129] 朱南哲. 韩国现存最古的木造建筑凤停寺极乐殿的本形研究. 大韩建筑学会论文集 计划系, 2012,28(9):174-175

[130] Lee Su-jeong. 文化财保存中的真实性概念的属性及其变化探讨. 文化财, 2012,45(4):136

[131] 文化财厅, 金提市. 金山寺弥勒殿修理报告书. 金提：金提市, 2000:72

[132] 渡边彰. 金山寺观迹图谱. 金提：金山寺，1928

[133] 朱南哲. 韩国建筑美. 首尔：一志社, 1983:285

[134] Seohan建筑文化研究所. 金山寺实测调查报告书. 首尔：文化公报部文化财管理局, 1987:70

[135] 文化财厅, 金提市. 金山寺弥勒殿修理报告书. 金提：金提市, 2000:58

[136] 文化财厅昌德宫管理所. 昌德宫芙蓉亭解体实测修理报告书. 首尔：文化财厅, 2012:302

[137] 国立中央博物馆所藏朝鲜总督府公文书（编号F149-001-006-001）

[138] 姜贤. 保存原则与韩国建筑文化财保存//文化财厅. 为文化遗产保存原则制定的研究:(1)基础研究. 大田：文化财厅, 2011:43

[139] Jeong Su-jin. 文化财保护制度的传统谈论. 文化财, 2014, 47(3): 175

[140] Yeo Ji-seon. 韩国近代诗中传统论与传统收容洋相研究[博士学位论文], 首尔：建国大学, 2004:326

[141] Sin Du-won. 战后批评中对传统论议的试论. 民族文学史研究所. 民族文学史研究, 1996,9:258

[142] 综合博物馆鸟瞰图. 国家记录院档案管理编号为CET0060814

[143] 文化公报部. 护国先贤遗迹. 首尔：文化公报部, 1978:123

[144] Lee Gyeong-seong. 传统与创造：以综合博物馆设计为中心. 空间社. Space=空间, 1967(2): 30

[145] 教育部. 关于公报部民族文化中心建立的意见：以综合博物馆建立为中心. 1965. [2015-5-20] 韩国国家记录院申请复印档案阅览

[146] 大韩建筑学会. 大韩建筑学会志总目次：1947-1975//大韩建筑学会志, 1975,16(66)

[147] 李仁荣. 国史要论. 首尔：民教社,1950

[148] 金元龙. 朝鲜美术史. 首尔：汎文社, 1968:4

[149] 尹张燮. 韩国建筑史叙说. 大韩建筑学会志, 1972, 47(8):4

[150] 郑寅国. 韩国建筑样式论. 首尔：一知设, 1974

[151] 陈洪燮. 韩国艺术的传统与传承. Space=空间, 1966(2):78

[152] 金星综合建筑师研究所, 历史建筑技术研究所. 社稷坛复原整备计划. 大田: 文化财厅, 2014:55

[153] 社稷坛复原整备计划. 国家记录院档案管理编号为DA0122570

[154] 京乡新闻：七宫被拆［N/OL］1968-02-16［2015-08-19］http://newslibrary. naver.com/viewer/index.nhn?articleId=1968021600329203014&editNo=2&print Count=1&publishDate=1968-02-16&officeId=00032&pageNo=3&printNo=687 7&publishType=00020

[155] 文化财厅. 七宫的沿革与修理工事报告书. 首尔：文化财厅, 2000:18

[156] 文化财厅. 德寿宫复原整备基本规划. 大田：文化财厅, 2005:182

[157] 京乡新闻：文公部建议保护传统风俗并保持良好的草屋［N/OL］1972-06-27 ［2015-08-19］http://newslibrary.naver.com/viewer/index.nhn?articleId=1972062 700329207026&editNo=2&printCount=1&publishDate=1972-06-27&officeId=0 0032&pageNo=7&printNo=8228&publishType=00020

[158] An Chang-mo. 1960年代韩国建筑的传统意识与现代性. 建筑历史研究. 2003,12(4):138

[159] Han Beom-deok. 史迹公园的造成. 文化财, 1984.17

[160] 李相海. 建筑历史文化环境的保存和复原中的课题. 文化财, 1993.26

[161] Choe Jae-ung. 釜山左水营城址的真实性恢复方案. 文化财, 2011,44(1)

[162] 金星综合建筑师事务所. 敦义门复原妥当性调查及基本规划. 首尔：首尔特别市. 2010:22

[163] A Riegl. The modern cult of monuments: its character and its origin. 崔炳和 译. 首尔：记文堂, 2013

[164] Kim Min-suk. 关于真实性的奈良文件对日本文化财保存的影响. 韩国建筑历史学会春季学术大会论文. 2013

[165] Lee Su-jeong. 为了制订符合韩国的保存伦理规范//国立文化财研究所. 文化遗产保存原则与合理判断国际学术研讨会. 2010:193

[166] Fielden B, Jokilehto J. Management guidelines for World Cultural Heritage Sites. Unesco, 1998:16

[167] 文化财厅. 文化财利用指南. 大田：文化财厅, 2007:27

参
考
文
献

[168] 古迹调查委员会. 古迹保存工事施行标准[R/OL]. 1916 [2015-08-20] 国立中央博物馆 http://modern-history.museum.go.kr/program_2014/coldocu_img/ F058-011-004/F058-011-004-001.jpg

[169] 朝鲜总督府. 朝鲜古迹图谱·五. 东京：青云堂, 1917:558

[170] 弥勒寺址石塔补修整备事业团. 弥勒寺址石塔解体调查报告书I. 大田：国立文化财研究所, 2003:15

[171] 文教部文化财管理局.石窟庵修理工事报告书.首尔：文化财管理局, 1967:22

[172] Jang Pil-gu. 20世纪前半期朝鲜王室的变化与昌德宫建筑活动的性质[博士学位论文].首尔：首尔大学, 2014:104

[173] 韩国学中央研究院. 近代建筑图面集·图面篇. 城南：韩国学中央研究院, 2009:36

[174] 文化财厅.昌德宫仁政殿行阁重建工事报告书.大田：文化财厅, 1999:51

[175] 朝鲜总督府.华西门修缮工事仕样书.国立中央博物馆所藏, 1932

[176] 杉山信三.关于修德寺大雄殿的一形式//韩国文化财保存技术振兴协会.韩国建筑文化财保存考：日政期资料集成1.首尔：大源文化社, 1992:127

[177] 杉山信三, 板谷定一.春川清平寺极乐殿及回转门现状变更理由书//韩国文化财保存技术振兴协会.韩国建筑文化财保存考：日政期资料集成1.首尔：大源文化社, 1992: 91

[178] 朝鲜总督府.朝鲜古迹图谱·十二.东京：1932:1702

[179] 三丰技术建筑师事务所.清平寺回转门修理实测报告书.春川：春川市, 2002: 5

[180] 京乡新闻:关于古迹保存于修理事业的李总统谈话[N/OL] 1949-12-02 [20150130] http://newslibrary.naver.com/viewer/index.nhn?articleId=1949120200329202006&editNo=1&printCount=1&publishDate=1949-12-02&officeId=00032&pageNo=2&printNo=1012&publishType=00020

[181] 文化财保存委员会. 文化财保存委员会第一份课委员会第一回会议录报告件. 1961-02-23. [2015-6-16]韩国国家记录院申请复印档案阅览

[182] 文化财保存委员会. 文化财保存委员会第一份课委员会第四回会议录报告件. 1961-05-24. [2015-6-16]韩国国家记录院申请复印档案阅览

[183] 文化财保存委员会. 文化财保存委员会第一份课委员会第八回会议附议案. 1961-09-04. [2015-6-16]

[184] 文化财保存委员会. 文化财保存委员会第一份课委员会第十一回会议附议

案. 1961-11-28.［2015-6-16］

[185] 文化财管理局. 文化财委员会会议录: 第一份课委员会第十四次会议[J/OL]. 文化财, 1965:60, 1［2015-05-15］http://portal.nrich.go.kr/kor/originalUsrView. do?menuIdx=680&info_idx=1&bunya_cd=2825&report_cd=2827

[186] 文化财管理局. 文化财委员会会议录: 第一份课委员会第一次会议[J/OL]. 文化财, 1965:4, 1［2015-05-15］http://portal.nrich.go.kr/kor/originalUsrView. do?menuIdx=680&info_idx=1&bunya_cd=2825&report_cd=2827

[187] 申荣勋. 石窟庵建筑营造计划. 考古美术, 1966,7(7):211

[188] 李弘稙. 什么叫文化财. 文化财, 1965,1(1):4

[189] 洪以燮. 韩国文化中儒教影响. 文化财,1966,2(2)

[190] 郑在鑂. 文化财管理行政的基本方向[J/OL]. 文化财, 1969, 4［2014-12-08］. http://portal.nrich.go.kr/kor/originalUsrList.do?menuIdx=680&bunya_cd=2825&report_cd=2827

[191] 珉东贤. 文化财原形保存//文化财管理局. 文化财补修技术教材. 首尔：文化财管理局, 1983:10-12

[192] 文化财管理局. 文化财管理实务便览. 首尔：文化财管理局, 1984:48,110

[193] Han Beom-deok. 史迹公园的造成. 文化财, 1984.17

[194] 文化公报部. 护国先贤遗迹. 首尔: 文化公报部, 1979

[195] 张庆浩. 法国考古学研究所长 Dr. Bernard Philippe Groslier访韩记录: 随行记录1974. 文化财, 1974,8(8):3-15

[196] 张庆浩. 外国文化财保护//文化财管理局. 文化财补修技术教材. 首尔：1983:29-30

[197] Yun Hong-ro. 文化财补修保存的传统技法//文化财管理局. 文化财补修技术教材. 首尔：文化财管理局, 1989:279

[198] 郑在鑂. 文化财保存的基本方向[J/OL]. 文化财, 1984, 17［2015-05-15］. http://portal.nrich.go.kr/kor/originalUsrList.do?menuIdx=680&bunya_cd=2825&report_cd=2827

[199] 文化财厅. 为文化遗产保存原则制定的研究:(1)基础研究. 大田：文化财厅, 2011:137

[200] 文化财厅近代文化财课. 近代建筑物文化财修理标准示方书. 大田：文化财厅近代文化财课, 2010

［201］　金东旭. 建筑史学第一世代的遗产//韩国建筑历史学会. 光复70年建筑史学70年. 首尔：韩国建筑历史学会, 2015:11

［202］　水原华城博物馆所藏图纸

韩国建筑文化财保护历程

附录 A

韩国建筑文化财保护相关大事表

时间（年）	社会政治相关重要事件	文化财保护相关重要事件
1894	甲午改革	改革内务官制，设置寺祠局，开始对地方寺刹调查
1896	建设"独立门"	
1897	国号改为"大韩帝国"	
1902		7 月国内寺刹现行细则 7 月 5 日～9 月 4 日关野贞进行韩国古迹调查
1906	2 月 日本在首尔建立朝鲜统监府	
1907		7 月 30 日关于城墙处理委员会的件（内阁令第 1 号）
1909		9 月 19 日～12 月 27 日关野贞进行韩国古迹调查
1910	8 月 22 日 韩日并合条约	4 月 28 日乡校财产管理规定（学府令第 2 号） 9 月 22 日～12 月 7 日关野贞进行韩国古迹调查
1911		2 月 14 日关于寺刹宝物目录牒调制的件 9 月 1 日寺刹令 (朝鲜总督府令第 7 号) 9 月 13 日～11 月 5 日关野贞进行韩国古迹调查 10 月 10 日关于史迹调查资料搜集的件 11 月 29 日关于古碑、石塔、石佛、其他石材雕刻及建设物保存管理的件
1912		9 月 18 日～12 月 12 日关野贞进行韩国古迹调查
1913		1 月 25 日关于土木工事执行时古坟发掘的措施的件 9 月～12 月 4 日关野贞进行韩国古迹调查
1914		3 月 19 日关于寺刹殿堂等建筑的件 9 月 3 日～11 月关野贞进行韩国古迹调查
1915		8 月 16 日神社寺院规则（朝鲜总督府令第 82 号） 5 月～7 月 24 日关野贞进行韩国古迹调查 《朝鲜古迹图谱·一》出版

时间（年）	社会政治相关重要事件	文化财保护相关重要事件
1916		7月4日古迹及遗物保存规则（朝鲜总督府令第52号） 8月古迹调查五年计划开始（至1920年）
1919	3月1日抗日独立运动	
1920		6月29日乡校财产管理规定（朝鲜总督府训令第91号）
1933		8月9日朝鲜宝物古迹名胜天然纪念物保存令（朝鲜总督府制令第6号） 12月15日朝鲜总督府宝物古迹名胜天然纪念物保存会议事规则（朝鲜总督府训令第43号）
1934		5月1日朝鲜总督府宝物古迹名胜天然纪念物保存会第一回总会，指定252件宝物
1936		8月11日寺院规则（朝鲜总督府令第81号）、神社规则（朝鲜总督府令第76号）
1937	［中国］七七事变	
1945	8月15日韩国解放 11月2日美军政法令第21号 法律、诸命令的存续	建立朝鲜建筑技术团（大韩建筑学会的前身），发刊《朝鲜建筑》 10月重新成立"宝物古迹名胜天然纪念物保存会" 11月8日，"李王职"改为"旧王宫事务厅"
1948	8月15日韩国，宣布成立大韩民国政府 9月9日朝鲜，宣布成立朝鲜民主主义人民共和国政府	
1950	6月25日韩国战争	1月26日大韩建筑学会创立总会 3月16日政府将国宝古迹名胜天然纪念物保护法律方案提交国会 4月21日～26日文教部实施国宝古迹名胜天然纪念物爱护周 6月14日韩国加入联合国教科文组织 4月8日旧王宫财产处分法
1952		12月19日成立"国宝古迹名胜天然纪念物临时保存委员会" 南大门抢险加固工程（紧急补修工事）
1953	7月27日韩国战争休战协议契约	8月7日公布《文化保护法》

续表

时间（年）	社会政治相关重要事件	文化财保护相关重要事件
1954		1月30日成立联合国教科文组织韩国委员会 成立韩国建筑学会
1955		2月17日设文教部文化局文化保存课 6月1日国宝古迹名胜天然纪念物临时保存委员会决定，对指定文化财进行实地考察 6月8日"旧王宫事务厅"改为"旧皇室财产事务总局" 6月28日成立"国宝古迹名胜天然纪念物保存会" 9月23日旧皇室财产法 10月20日文教部发表对全国指定文化财事态调查计划 11月4日国宝古迹名胜天然纪念物保存会开会 出版《美术考古学用语集》
1956		2月14日第三回国宝古迹名胜天然纪念物保存会 6月1日第六回国宝古迹名胜天然纪念物保存会
1957		成立韩国建筑作家协会（韩国建筑家协会的前身）
1959		5月国会议事堂设计竞赛公告 6月2日第二十五回国宝古迹名胜天然纪念物保存会
1959		南山国会议事堂设计竞赛
1960	4月19日义举 4月26日李承晚总统下台 8月23日张勉内阁成立	11月10日制定《文化财保存委员会规定》 成立"文化财保存委员会"
1961	5月16日军事政变 7月3日朴正熙就任国家再建最高会议议长	7月20日南大门落架大修工程（解体修理工事） 10月2日"文教部 文化局 文化保存课"与"旧皇室财产事务总局"合并，新设"文化财管理局" 10月2日废止旧皇室财产管理实务总局，新设文化财管理局 12月1日社稷坛正门迁移工程
1962	1月13日经济开发第一次五个年计划启动（1962~1966） 3月16日《政治活动净化法》公布	1月10日制定《文化财保护法》 1月20日《建筑法》制定 3月1日显忠祠整治 3月27日《文化财委员会规定》（阁令第577号） 4月15日文化财委员会成立 6月26日《文化财保护法施行令》（阁令第843号） 12月20日首次指定国宝

时间（年）	社会政治相关重要事件	文化财保护相关重要事件
1963	12月17日朴正熙就任第五代总统	1月21日宝物、史迹指定 1月"南大门复原工事"竣工 10月14日《国土建设综合计划法》制定
1964		1964~1968年第一次文化财补修计划 2月15日《文化财保护法施行规则》（文教部令第135号） 7月1日"庆州石窟庵复原工事"竣工
1965	6月22日韩日协定调印	1月8日文化财管理局公告国立综合博物馆设计竞赛 10月23日大韩建筑师协会成立 12月文化财管理局《文化财》杂志创刊
1966	7月29日经济开发第二次五个年计划发表 8月10日水资源综合开发10年计划（1966~1975）	正式启动显忠祠净化事业（至1975年） 11月《空间》杂志创刊 12月15日《建筑工事标准示方书》出版
1967	经济开发第二次五个年计划启动（1967~1971）	5月31日国会议事堂设计竞赛公告 8月19日东亚日报：扶余博物馆建筑外观倭色论争
1968	文化公报部成立 12月5日制定《国民教育宣章》	7月国会议事堂起工 7月22日韩国加入ICCROM 11月开始"全国寺刹文化财及非指定文化财事态调查"朝鲜时代李舜臣将军的遗物——《乱中日记》被盗 文化财管理局实施对民俗的综合调查（至1981年） 《韩国民俗综合报告书》发行（全12卷）
1969	京仁高速道路开通	5月29日显忠祠圣域化指定 11月光华门复原 11月5日"文化财管理局"内新设"文化财研究室（现"国立文化财研究所"）
1970	7月7日京釜高速道路开通 10月7日首尔市都市基本计划，综合评审 12月17日四大江流域综合开发计划确定	1970《文化爱保护法》修订："文化财委员会"的议事行为，从"议决"调整为"审议"；《文化财保护法》修改中新加了"地方文化财"的指定保护相关条款 12月31日《指定文化财修理技术者、技能者及修理业者的登录规定》 德寿宫大汉门移建

时间（年）	社会政治相关重要事件	文化财保护相关重要事件
1971	5 月新农村运动开始 9 月 8 日国土综合开发 10 年计划确定公布（4 大圈、8 中圈体系） 12 月 6 日朴正熙总统宣布国家非常戒严	7 月 8 日百济武宁王陵发现、开始发掘 8 月树立了"全国不动产文化财地表调查 5 年计划 9 月国立扶余博物馆开馆 文化财研究所进行民家调查
1972	12 月 27 日宪法修改，公布维新宪法 经济开发第三次五个年计划启动（1972～1976） 国土综合开发计划	3 月 10 日庆州观光综合开发计划确定 5 月 29 日世界最早的金书活字印刷本《直指心经》发现 韩国文化人类学会（文化财管理局后援）主导进行了良洞的民俗调查
1973		佛国寺复原工事、花郎之家竣工 开始出版《韩国建筑史研究资料——韩国古建筑》系列
1974	首尔地下铁 1 号线开通 9 月反对维新体制的学生示威激化 文艺中兴 5 年计划	3 月 文化财修理标准示方书 5 月 法国考古学者 Bernard Philippe Groslier 访韩 郑寅国《韩国建筑样式论》出版
1975		《观光基本法》制定
1976	6 月 28 日光州圈地域开发第一阶段事业起工（1980 年竣工）	
1977	10 月 14 日荣山江坝竣工 10 月 28 日东多功能坝竣工 12 月 22 日出口总额达到 100 亿美元 经济开发第四次五个年计划启动（1977～1981）	济州城邑、民俗资料保护区的指定 文化财补修三个年事业（至 1979 年）
1978		牙山外岩村指定为民俗资料
1979	8 月 3 日首都圈广域开发计划 10 月 26 日朴正熙总统被杀 12 月 28 日光州圈地域开发第二阶段事业起工（1984 年竣工）	5 月 独立门解体迁移 12 月 14 日庆州选定为 UNESCO 世界十大遗址

时间（年）	社会政治相关重要事件	文化财保护相关重要事件
1980	5月18日光州民众抗争	文化财管理局对全国的村落和传统家屋进行调查 济州城邑民俗村、安东河回村指定为民俗资料
1981	9月30日第84届IOC总会宣布首尔获得1988年奥林匹克运动会举办权	
1982	12月31日公布《首都圈整治规划法》 经济开发第五次五个年计划启动（1982～1986）	
1983		6月乐安邑城指定为史迹第302号
1984	6月27日88高速公路开通（自光州至大邱） 2月4日政府决定在大田、晋州、春川、水原、济州、庆北（未定）建设综合文艺会馆 11月发布首尔市2000年代首都总体规划	安东河回村、济州城邑民俗村、月城良洞村指定调整为重要民俗资料 12月31日制定《传统建造物保存法》（1999年1月21日废止）
1986	10月在首尔开第10届亚运会	8月21日国立中央博物馆（旧朝鲜总督府）开馆
1987		《传统寺刹保护法》制定 城邑民俗村保护区域的缩小调整
1988	9月在首尔开第24届奥林匹克运动会	传统建造物保存地区指定：高城旺谷村指定为传统建造物保存地区第1号，牙山外岩村指定为传统建造物保存地区第2号
1990	3月13日建设部开始第3次国土开发规划	4月景福宫发掘调查开始 12月编制首尔嘉会洞（北村）韩屋保存地区整治规划方案的方针
1991		5月景福宫复原工事起工 6月15日韩国建筑历史学会成立 8月弥勒寺址东塔复原工事
1993		2月17日国立民俗博物馆开馆 8月9日金泳三总统指令拆除旧朝鲜总督府建筑
1994		6月14日首尔市将南山周边150万平土地指定为建设高度控制地区 12月29日首次发现百济时代木结构建筑构件

时间（年）	社会政治相关重要事件	文化财保护相关重要事件
1995		3月14日16个学会发表反对高铁通过庆州规划的声明 5月31日国立中央博物馆国际设计竞赛 8月15日光复50周年，开始拆除旧朝鲜总督府 11月30日举办"为了阻止拆除现国立中央博物馆的讨论会" 11月韩国最早的钢铁结构水色桥被拆除 12月6日佛国寺、石窟庵、海印寺高丽藏经板、宗庙被列入世界遗产名录 12月28日 日帝强占期被搬到日本的景福宫资善堂被归还
1997	亚洲金融危机	12月8日文化遗产宪章
1999		1月《文化财保护法》修订：明示保护原则 5月24日文化财管理局升格为"文化财厅"
2004		3月5日关于古都保存的特别法
2008		2月10日崇礼门火灾
2009		9月《关于历史建造物与遗址的修理、复原及管理的一般原则》
2010		2月4日《关于埋藏文化财保护及调查的法律》 2月4日《关于文化财修理等的法律》

附录 B
关野贞对韩国建筑文化财的评估表

调查年	市道	地名	等级	调查建筑	数量
1909	首尔	京城	甲	南大门；景福宫前门；文庙大成殿；昌庆宫弘化门；昌庆宫明政门；昌庆宫明政殿及庑廊；昌德宫敦化门；昌德宫仁政殿	8
			乙	成均馆明伦堂；社稷；宗庙；昌德宫仁政门；昌德宫通明殿；昌德宫乐善斋；昌德宫承华楼；昌德宫其他诸前门殿门；东庙	9
			丙	景慕宫；东大门；南庙；北庙	4
1909	开城	开城	甲	南大门	1
			乙	崇阳书院；太平馆	2
			丙	开城成均馆；开城关王庙	2
			丁	开城西小门	1
1909	黄海	黄州	乙	成佛寺极乐殿；成佛寺应真殿	2
			丙	成佛寺清风楼；成佛寺冥府殿；成佛寺僧房亭；黄州文庙；黄州客舍	5
			丁	黄州镇卫对；黄州郡守衙门；黄州钟阁	3
1909	平南	安州	乙	内城北门；百祥楼门	2
			丙	安州城北门；文庙	2
			丁	客舍南门；客舍安弘馆	2
1909	忠南	公州	乙	甲寺大雄殿	1
			丙	甲寺正门	1
			丁	新元寺大雄殿；新元寺山神阁；新元寺十王殿；甲寺寂灭堂；甲寺振海堂；甲寺捌相殿	6
1909	庆南	金海	乙	客舍盆城馆	1

调查年	市道	地名	等级	调查建筑	数量
1909	平北	义州	甲	南门	1
			丙	粮秣仓库；统军亭	2
			丁	集胜堂；关帝庙；文庙	3
1909	庆北	庆州	乙	客舍东京馆左右翼；柏栗寺大雄殿；乡校大成殿东庑；诸陵庙；崇德殿；佛国寺大雄殿；佛国寺为祝殿；乡校明伦堂	8
			丁	柏栗寺凤栖楼	1
1909		江华岛	乙	传灯寺药师殿；传灯寺大雄殿	2
			丙	邑城南门；乡校明伦堂；大庙大成殿；传灯寺藏史阁	4
			丁	传灯寺对潮楼；传灯寺讲说堂；传灯寺冥府殿	3
1909	庆北	大邱	乙	文庙	1
			丙	望乡楼；观风楼	2
			丁	宣化堂；内三门	2
1909	平壤	平壤	甲	普通门；崇仁殿	2
			乙	浮碧楼；大同门	2
			丙	钟阁；大庙大成殿；乡校明伦堂；五询亭；练光亭；崇灵殿；大同馆；箕子陵	8
			丁	崇仁殿两三门；武烈祠；乙密台；关帝庙	4
1909	庆南	梁山	乙	通道寺第一门；通道寺梵钟阁；通道寺观音殿；通道寺大雄殿；通道寺应真殿；通道寺不二门	6
			丙	通道寺大光明殿；通道寺藏经阁门；通道寺天王门；通道寺万岁殿；通道寺影子殿；通道寺极乐殿；通道寺冥府殿；通道寺药师殿；通道寺世尊碑阁；通道寺龙华殿；通道寺灵山殿；通道寺藏经阁	12
1909	庆南	梁山	丁	雁鹅堂；郡衙	2
1909	庆北	永川	丙	朝阳南楼；清凉堂；岭阳馆；文庙	4
			丁	养武堂	1
1909	京畿	光州	丙	崇烈殿；西将台；光州行宫；枕戈亭	4
1909	釜山	釜山	乙	梵鱼寺普济楼；梵鱼寺大雄殿；梵鱼寺曹溪门	3
			丙	梵鱼寺灌浴堂；梵鱼寺天王门；梵鱼寺弥勒殿；梵鱼寺毗卢殿；梵鱼寺罗汉殿；梵鱼寺不二门；梵鱼寺捌相殿；梵鱼寺冥府殿	8

调查年	市道	地名	等级	调查建筑	数量
1909	釜山	釜山	丁	梵鱼寺金鱼庵	1
1909	京畿	水原	乙	水原城郭全部	1
			丁	文庙	1
1909	平北	妙香山	乙	普贤寺大雄殿；普贤寺万岁楼；普贤寺曹溪门	3
			丙	安心寺佛殿；普贤寺大雄殿前的东西庑；普贤寺天王门；普贤寺解脱门；普贤寺祝圣殿；普贤寺演教楼；普贤寺观音殿；普贤寺极乐殿；普贤寺灵山殿；普贤寺酬忠祠；普贤寺真常殿；普贤寺大藏殿；普贤寺寻剑堂；普贤寺冥府殿；普贤寺万寿阁；普贤寺水月堂	16
			丁	上院庵佛殿；上院庵七星阁；佛影庵佛殿；普贤寺云汉阁	4
1909	平北	宁边	乙	南门；天柱寺普光殿；天柱寺天柱楼	3
			丙	客舍；文庙；栖云寺大雄殿	3
			丁	栖云寺应真殿	1
1910	全南	海南	乙	城南门海晏楼	1
			丙	客舍；海南大兴寺神法堂大光明殿；大兴寺解脱门；大兴寺千佛寺殿；大兴寺大雄殿；大兴寺沈结楼；大兴寺龙船殿	7
			丁	清神庵；千佛寺殿的前殿；神法堂炉香室；神法堂宝莲阁；千佛寺外三门；千佛寺圣香阁；千佛寺太礼斋；千佛寺龙船殿内三门；大兴寺洗真堂；大兴寺应真殿；大兴寺白云堂；大兴寺大香阁；大兴寺无量寿阁；表忠寺灵阁；表忠寺义重堂；表忠寺讲礼斋；表忠寺正堂；表忠寺碑阁；表忠寺明义斋；表忠寺礼斋门	20
1910	全北	移山	丁	客舍及三门	1
1910	庆南	陕川	丙	海印寺弘济庵本堂	1
1910	开城	开城	乙	文庙大正殿	1
1910	庆南	陕川	乙	海印寺红霞门；海印寺大寂光殿；海印寺经板藏库二座及七星阁和应真殿	3
			丙	海印寺景洪殿	1
			丁	海印寺九光殿；海印寺祖师堂；海印寺解行堂；海印寺冥府殿	4
1910	全北	金提	乙	金山寺金刚门；金山寺大藏殿；金山寺大寂光殿；金山寺弥勒殿	4

调查年	市道	地名	等级	调查建筑	数量
1910	全北	金提	丁	金山寺舍利阁；金山寺七星阁；金山寺松台庵；金山寺冥府殿；金山寺山神阁	5
1910	全北	群山	丙	隐寂寺大雄殿	1
			丁	隐寂寺香炉殿；隐寂寺极乐殿；禅宗按本堂；禅宗按山神阁	4
1910	庆南	晋州	乙	客舍；乡校明伦堂；矗石楼；大庙大成殿及东西庑	4
			丙	客舍内三门；文庙南门；客舍外三门；乡校南门风化楼	4
1910	庆南	晋州	乙	青谷寺大雄殿	1
			丙	青谷寺业镜殿；青谷寺罗汉殿	2
			丁	青谷寺银香殿；青谷寺寂寞堂；青谷寺说禅堂；青谷寺七星阁；青谷寺唤鹤楼	5
1910	全北	全州	乙	庆基殿殿门；庆基殿外三门；庆基殿正殿；庆基殿东西庑；庆基殿内三门及东西庑	5
			丙	旧道厅宣化堂；庆基殿别殿；城北门；城南门（丰南门）；肇庆殿正殿；文庙万化楼；归信寺大寂光殿；旧道厅布政殿；肇庆殿外三门；肇庆殿东西庑；肇庆殿内三门东西庑	8
			丁	乡校明伦堂东西庑；城西门；文庙大成殿东西庑；南固寺；南固山城北门；南固山城南将台；归信寺冥府殿；归信寺罗汉殿；乡校三门；南固寺观音殿	10
1910	忠北	俗离山	乙	法住寺三尊佛殿；法住寺大雄殿；法住寺天王门；法住寺捌相殿	4
			丁	法住寺雨花楼；法住寺上鹤堂；法住寺极乐殿；法住寺能仁殿；法住寺拈花堂	5
1910	忠北	沃川	乙	客舍沃川馆	1
			丙	沃厅正门；文庙大正殿	2
			丁	文庙东西庑；文庙明伦馆；军厅舍	3
1910	全南	谷城玉果	丙	客舍；文庙大成殿	2
			丁	乡校明伦堂；文庙三门	2
1910	庆北	高灵	乙	客舍；客舍伽伽馆；文庙大成殿	3
			丁	军厅舍；乡校明伦堂；乡祠堂；文庙内三门；乡校外三门	5

调查年	市道	地名	等级	调查建筑	数量
1910	全南	谷城	丙	客舍；乡校明伦堂；文庙大成殿	3
1910	全南	光州	丙	证心寺大雄殿；证心寺翠柏楼；客舍光山馆；拱北楼；文庙大成殿	5
			丁	证心寺极乐殿；证心寺五百殿五百殿；证心寺会僧堂；客舍正门皇华楼；乡校明伦堂；拱北门	6
1910	庆南	河东	乙	双溪寺大雄殿；双溪寺金堂；双溪寺捌相殿	3
			丙	双溪寺青鹤楼；双溪寺一柱门；双溪寺华严殿；双溪寺金刚门；双溪寺国师庵本殿；双溪寺寂寞堂；双溪寺天王门；双溪寺冥府殿；双溪寺罗汉殿	9
			丁	双溪寺观音殿；双溪寺大雄殿前东西庑；双溪寺然来堂；双溪寺西方丈；双溪寺□点斋；双溪寺捌相殿前左庑；双溪寺东方丈；双溪寺瞻星阁；双溪寺八泳楼	9
1910	忠北	报恩	丙	文庙明伦堂	1
			丁	军厅舍正门；文庙大成殿	2
1910	庆北	星州	乙	关王庙；客舍星山馆；文庙大成殿及东西庑	3
			丙	桧渊书院讲堂	1
			丁	军厅舍及正门；文庙明伦堂；桧渊书院庙	3
1910	全南	昌平	丙	客舍龙州馆	1
			丁	军厅舍正门；军厅舍	2
1910	全北	南原	丙	瀛州阁；关王庙；客舍龙城馆；郡厅；乌鹊桥；广寒楼；文庙大成殿；客舍外三门；客舍内三门	9
			丁	军厅舍；郡厅内三门；乡校明伦堂	3
1910	庆南	咸安	丙	文庙大成殿	1
			丁	客舍；军厅舍；乡校明伦堂	3
1910	首尔	京城	乙	庆熙宫崇政殿；东大门	2
			丙	庆熙宫会祥殿；庆熙宫兴至堂	2
			丁	僧伽寺极乐殿；太古寺大雄殿；光熙门；惠化门	4
1910	全南	求礼	丙	客舍风城馆	1
			丁	军厅舍；军厅舍正门	2
1910	全南	罗州	丙	客舍锦城馆；郡厅正门；乡校明伦堂；城东门；城南门；文庙启圣祠；文庙大成殿；客舍正门望华楼	8
			丁	客舍内三门；军厅舍；城北门；城西门	4
1910	全南	灵岩	乙	道甲寺解脱门	1

调查年	市道	地名	等级	调查建筑	数量
1910	全南	灵岩	丙	道甲寺大雄殿	1
			丁	道甲寺弥勒堂；道甲寺冥府殿	2
1910	庆南	昌宁灵山	乙	文庙大成殿	1
			丙	客舍；乡校明伦堂；文庙三门	3
			丁	军厅舍；乡校外三门	2
1910	全南	求礼	乙	华严寺一柱门；华严寺觉皇殿；华严寺大雄殿	3
			丙	华严寺天王门；华严寺圆通殿	2
			丁	华严寺浮屠庵见性堂；华严寺金刚门；华严寺凝香阁；华严寺寂寞堂；华严寺三殿；华严寺德藏殿；华严寺普济楼；华严寺本殿；华严寺万月堂；华严寺冥府殿；华严寺罗汉殿	11
1911	京畿	高阳	丙	碧蹄馆	1
1911	京畿	江东	乙	客舍门	1
			丙	客舍秋兴馆	1
			丁	郡厅中厅阁；文庙大成殿；文庙东西庑；文庙明伦堂	4
1911	黄海	烽山	丙	客舍正厅；乡校明伦堂；文庙大成殿	3
			丁	文庙外三门；文庙东西庑；文庙内三门；客舍门	4
1911	庆北	大邱	乙	桐华寺极乐殿；桐华寺凤凰门；桐华寺大秋殿	3
			丙	桐华寺须摩提殿；桐华寺凤栖楼；桐华寺九龙台；桐华寺毗卢庵毗卢殿；桐华寺拥护门	5
			丁	桐华寺慈隐堂；桐华寺金堂；桐华寺七星殿；桐华寺天台阁；桐华寺百忍堂浮屠殿；桐华寺金堂庵圣七殿；桐华寺降生院；桐华寺凝香阁；桐华寺寻剑堂；桐华寺斗月寮；桐华寺山灵阁；桐华寺灵山殿；桐华寺莲经殿	13
			乙	玉山书院御书阁；玉山书院敏求斋；玉山书院亦乐门；玉山书院无边楼；玉山书院暗修斋；玉山书院养真庵；玉山书院独乐堂；玉山书院体仁庙；玉山书院碑阁	9
			丙	玉山书院求仁堂	1
1911	平南	成川	乙	客舍东明馆；客舍正门；客舍降仙楼	3
			丙	访仙门；精进寺香枫阁；精进寺普光殿；文庙大成殿	4

调查年	市道	地名	等级	调查建筑	数量
1911	平南	成川	丁	郡厅内仙阁；精进寺祝圣殿；精进寺万寿门；文庙东西斋；文庙东西庑；文庙明伦堂；文庙门；客舍中门；客舍东西庑；郡厅雨花门；精进寺僧堂	11
1911	平南	龙冈	丙	客舍；黄龙城南门	2
1912	京畿	江西	丙	客舍	1
1912	江原	春川	丙	文庙大成殿；乡校明伦堂	2
			丁	文庙东西庑；文庙中门；乡校外门；乡校东西斋；昭阳亭；客舍	6
1912	江原	春川	甲	清平寺极乐殿	1
			丙	南门	1
			丁	僧堂	1
1912	江原	杨口	丙	乡校明伦堂；客舍	2
			丁	文庙大成殿；文庙东西庑；乡校楼门；郡厅淳风楼	4
1912	江原	金刚山	乙	长安寺大雄殿；长安寺四圣殿	2
			丙	长安寺万水亭；长安寺神仙楼	2
			丁	长安寺云住门；长安寺梵王楼；长安寺篆烟阁；长安寺极乐殿；长安寺钟阁；长安寺龙舡殿；长安寺龙舡殿前门；长安寺冥府殿；长安寺毗卢殿；长安寺华严殿；长安寺默然轩；长安寺海光殿；长安寺养心轩；长安寺东别宅；长安寺海光殿西庑	15
1912	江原	金刚山	丙	表训寺般若宝殿；表训寺极乐殿；表训寺龙般殿	3
			丁	表训寺龙船殿御香门；表训寺凌波楼；表训寺相随门；表训寺说禅堂；表训寺极乐寮；表训寺七星阁；表训寺冥府殿；表训寺凝香阁；表训寺显圣殿；表训寺应真殿；表训寺关风延宾馆；表训寺清德斋及奠祀厅；表训寺白华庵酬忠影阁	13
1912	江原	金刚山	丙	正阳寺药师殿；正阳寺般若殿	2
			丁	正阳寺歇惺楼；正阳寺灵山殿；正阳寺无说殿	3
1912	江原	金刚摩诃衍	丁	僧堂二座	1
1912	江原	金刚山	乙	榆岾寺龙仁殿	1
			丙	榆岾寺灵山殿；榆岾寺十王殿；榆岾寺龙舡殿	3

调查年	市道	地名	等级	调查建筑	数量
1912	江原	金刚山	丁	榆岾寺龙舡殿御香门；榆岾寺山映楼；榆岾寺护持门；榆岾寺莲花社；榆岾寺水月堂；榆岾寺龙金楼；榆岾寺月氏王祠；榆岾寺三圣阁；榆岾寺慈妙庵；榆岾寺宝陀殿；榆岾寺大香阁；榆岾寺宝陀香阁；榆岾寺酬忠祠；榆岾寺华林阁；榆岾寺义化堂；榆岾寺泛钟阁；榆岾寺兴盛庵	17
1912	江原	金刚山	乙	神溪寺大雄殿	1
			丙	神溪寺极乐殿	1
			丁	神溪寺龙船殿；神溪寺龙船殿御香门；神溪寺罗汉殿；神溪寺七星阁；神溪寺龙华殿；神溪寺东僧堂；神溪寺普光庵	7
1912	江原	高城	丙	文庙大成殿	1
			丁	文庙东西庑；乡校明伦堂；乡校楼门；客舍	4
1912	江原	高城	乙	乾凤寺大雄殿	1
			丙	凤栖楼；捌相殿；普济楼香阁及真影阁	3
			丁	万日禅院；普眼院；冥府殿；观音殿；四圣殿；一炉香室；御室阁；山灵阁；钟阁；凝香阁；乐西庵；独圣阁；极乐院	13
1912	江原	襄阳	乙	洛山寺圆通宝殿	1
			丙	洛山寺天王门；洛山寺灵山殿；洛山寺龙舡殿	3
			丁	洛山寺曹溪门；洛山寺南楼；洛山寺钟阁；洛山寺凝香殿；洛山寺说禅堂；洛山寺大成门	6
1912	江原	襄阳	丙	客舍大平楼	1
			丁	中堂及左翼；前门	2
1912	江原	江陵	甲	乌竹轩	1
			乙	客舍大门；客舍中门	2
			丙	客舍临瀛馆；文庙大成殿；乡校明伦堂；普贤寺大雄殿	4
			丁	文庙东西庑；乡校东西庑；普贤寺罗汉殿	3
1912	江原	五台山	乙	月精寺七佛宝殿	1
			丁	月精寺湧金楼；月精寺东西僧堂；月精寺龙船殿；月精寺应真殿；月精寺光明殿；月精寺真影阁	6
1912	江原	五台山	丙	上院寺大雄殿	1

调查年	市道	地名	等级	调查建筑	数量
1912	江原	五台山	丁	上院寺灵山殿；上院寺山祭阁；上院寺莫上御楼及东西僧堂	3
1912	江原	五台山史库	乙	史阁；璿源宝阁	2
			丁	灵鉴寺本堂；灵鉴寺客室	2
1912	江原	平昌	丁	文庙大成殿；乡校明伦堂；乡校风化楼	3
1912	江原	原州	丙	文庙大成殿；文庙东西庑；镇卫对营舍运震轩；客舍	4
			丁	文庙东西庑；乡校东西庑；镇卫对营舍宜威楼	3
1912	京畿	骊州	乙	神勒寺极乐殿（大雄殿）；神勒寺祖师堂	2
			丁	神勒寺九龙楼；神勒寺正门；神勒寺东僧堂；神勒寺西僧堂；神勒寺观音堂；神勒寺冥府殿；神勒寺七星阁；神勒寺丹霞阁	8
1912	京畿	骊州	丁	文庙大成殿；文庙东西庑；乡校明伦堂；乡校东西斋；江汉祠祠堂；江汉瞻柏堂；江汉碑阁	7
1912	忠北	忠州	乙	德周寺极乐殿	1
			丙	文庙大成殿及东西庑；乡校明伦堂；德周寺灵德室	3
			丁	客舍中原馆；忠烈祠祠堂；忠烈祠讲堂；忠烈祠碑阁；邑南药师殿佛殿；德周寺应真殿	6
1912	庆北	丰基	丙	文庙大成殿及东西庑；乡校明伦堂及东西斋	2
			丁	毗卢寺寂光殿	1
1912	庆北	顺兴	乙	昭修书院讲堂；昭修书院文成公庙	2
			丙	草庵寺极乐殿	1
1912	庆北	太白山	甲	浮石寺无量寿殿	1
			乙	浮石寺祖师堂；浮石寺凝香阁	2
			丙	浮石寺梵钟阁；浮石寺安养门；浮石寺醉玄庵	3
			丁	浮石寺祝华殿；浮石寺祝华殿前门；浮石寺应真殿；浮石寺应真殿西僧房	4
1912	庆北	春阳（奉化郡）	乙	太白山史库璿源阁；太白山史库实录阁	2
			丁	太白山史库曝洒阁；太白山史库近天馆	2
1912	庆北	礼安	乙	陶山书院	1
1912	庆北	安东	乙	文庙大成殿；大师庙正殿；映湖楼	3

调查年	市道	地名	等级	调查建筑	数量
1912	庆北	安东	丙	文庙东西庑；乡校明伦堂；大师庙崇报堂；济南楼；宣化堂；望湖楼；镇南门；西岳寺极乐殿；法龙寺大雄殿	9
			丁	永寿楼；爱莲堂；府司；客舍；客舍大门；西岳寺说禅堂；西岳寺寻剑堂；关王庙正殿及附属建筑	8
1912	京畿	阳平	乙	龙门寺大雄殿	1
			丙	龙门寺一柱门；龙门寺普光明殿；龙门寺极乐殿	3
			丁	龙门寺回转门；龙门寺海云楼；龙门寺东西僧堂；龙门寺凝香阁；龙门寺十笏方丈；龙门寺冥府殿；龙门寺东香阁；龙门寺应真殿；龙门寺慈云楼	9
1912	庆北	尚州咸昌	丙	文庙大成殿；乡校明伦堂	2
			丁	乡校东西斋	1
1912	庆北	尚州	丙	客舍商山馆；客舍镇南楼；邑城南门弘治门；文庙大成殿	4
			丁	客舍中门；邑城西门镇商门；文庙东西庑；乡校伦堂；忠臣义士坛碑阁	5
1912	庆北	义城	丙	孤云寺冥府殿；孤云寺极乐殿；孤云寺雨花楼；孤云寺驾云楼；孤云寺天王门	5
			丁	孤云寺摩尼殿；孤云寺曹溪门；孤云寺大香阁；孤云寺廷寿殿及门；孤云寺我渠门；孤云寺蔚营先生奉安阁；御帖奉安阁；双修庵古今堂；云水庵；孤云大庵；莲池庵	11
1912	庆北	义城	丙	文庙大成殿；乡校明伦堂；乡校光风楼；客舍九成馆；客舍闻韶楼	5
			丁	客舍中门；客舍大门	2
1912	庆北	义兴（军威）	丙	文庙大成殿；乡校明伦堂；乡校光风楼；客舍龟山楼	4
1912	庆北	军威	丙	华山麟角寺大雄殿；麟角寺极乐殿；麟角寺冥府殿；麟角寺讲说楼	4
1912	庆北	新宁（永川）	丙	环碧亭；文庙大成殿；乡校明伦堂	3
			丁	花阳楼；客舍花山馆	2
1912	庆北	（永川）	丙	银海寺大雄殿；银海寺宝华楼	2

调查年	市道	地名	等级	调查建筑	数量
1912	庆北	（永川）	丁	银海寺拥护门；银海寺单栖阁	2
合计					759

来源：根据李顺子.日帝强占期古迹调查事业研究［博士学业论文］.首尔：淑明女子大学，2007:31-38；朝鲜总督府.大正三年九月 朝鲜古迹调查略报告.朝鲜总督府，1914，笔者重新梳理

附录 C
韩国"国宝"中木结构建筑名录

编号	名称	所在地	被指定日	建筑类型
1	首尔崇礼门	首尔 中区	1962.12.20	城郭
13	康津无为寺极乐宝殿	全南 康津郡	1962.12.20	寺刹
14	永川银海寺居祖庵灵山殿	庆北 永川市	1962.12.20	寺刹
15	安东凤停寺极乐殿	庆北 安东市	1962.12.20	寺刹
18	荣州浮石寺无量寿殿	庆北 荣州市	1962.12.20	寺刹
19	荣州浮石寺祖师堂	庆北 荣州市	1962.12.20	寺刹
49	礼山修德寺大雄殿	忠南 礼山郡	1962.12.20	寺刹
50	灵岩道甲寺解脱门	全南 灵岩郡	1962.12.20	寺刹
51	江陵临瀛馆三门	江原 江陵市	1962.12.20	衙署
52	陕川海印寺藏经板殿	庆南 陕川郡	1962.12.20	寺刹
55	报恩法住寺捌相殿	忠北 报恩郡	1962.12.20	寺刹
56	顺天松广寺国师殿	全南 顺天市	1962.12.20	寺刹
62	金提金山寺弥勒殿	全北 金提市	1962.12.20	寺刹
67	求礼华严寺觉皇殿	全南 求礼郡	1962.12.20	寺刹
223	首尔景福宫勤政殿	首尔 钟楼区	1985.1.18	宫殿
224	首尔景福宫庆会楼	首尔 钟楼区	1985.1.18	宫殿
225	首尔昌德宫仁政殿	首尔 钟楼区	1985.1.18	宫殿
226	首尔昌庆宫明政殿	首尔 钟楼区	1985.1.18	宫殿
227	首尔宗庙正殿	首尔 钟楼区	1985.1.18	祠庙
290	梁山通道寺大雄殿及金刚戒坛	庆南 梁山市	1997.1.1	寺刹
304	丽水全罗左水营镇南馆	全南 丽水市	2001.4.17	衙署
305	统营三道水军统制营洗兵馆	庆南 统营市	2002.10.14	衙署
311	安东凤停寺大雄殿	庆北 安东市	2009.6.30	寺刹
316	完州花岩寺极乐殿	全北 完州郡	2011.11.28	寺刹

注：该统计 2014 年 9 月 30 日指定为止。来源：韩国文化财厅网 http://www.cha.go.kr

附录 D
韩国"宝物"中木结构建筑名录

编号	名称	所在地	被指定日	建筑类型
1	首尔兴仁之门	首尔 钟楼区	1963.1.21	城郭
55	凤停寺大雄殿	庆北 安东市	1963.1.21	（调为国宝）
141	首尔文庙及成均馆（大成殿、东西庑、明伦堂、三门）	首尔 钟楼区	1963.1.21	教育
142	首尔 东庙	首尔 钟楼区	1963.1.21	祠庙
143	开心寺大雄殿	忠南 瑞山市 开心寺	1963.1.21	寺刹
144	通道寺大雄殿	庆南 通道寺	1963.1.21	（调为国宝）
145	龙门寺大藏殿	庆北 礼泉群 龙门寺	1963.1.21	寺刹
146	观龙寺药师殿	庆南 昌宁郡 观龙寺	1963.1.21	寺刹
147	密阳岭南楼	庆南 密阳市	1963.1.21	衙署
161	净水寺法堂	仁川 江华郡 净水寺	1963.1.21	寺刹
162	长谷寺上大雄殿	忠南 青阳郡 长谷寺	1963.1.21	寺刹
163	双峰寺大雄殿	全南 双峰寺	1963.1.21	（火灾烧毁）
164	清平寺回转门	江原 春川市 清平寺	1963.1.21	寺刹
165	江陵乌竹轩	江原 江陵市	1963.1.21	其他 - 民居
177	首尔社稷坛正门	首尔 钟楼区	1963.1.21	祠庙
178	传灯寺大雄殿	仁川 江华郡 传灯寺	1963.1.21	寺刹
179	传灯寺药师殿	仁川 江华郡 传灯寺	1963.1.21	寺刹
180	神勒寺祖师堂	京畿 骊州郡 神勒寺	1963.1.21	寺刹
181	长谷寺下大雄殿	忠南 青阳郡 长谷寺	1963.1.21	寺刹
182	安东临清阁	庆北 安东市	1963.1.21	其他 - 民居
183	江陵海云亭	江原 江陵市	1963.1.21	其他 - 民居

编号	名称	所在地	被指定日	建筑类型
209	怀德同春堂	大田 大德区	1963.1.21	其他 - 民居
210	陶山书院典教堂	庆北 安东市	1963.1.21	教育
211	陶山书院尚德祠及正门及四周土墙	庆北 安东市	1963.1.21	祠庙
212	观龙寺大雄殿	庆南 昌宁郡 观龙寺	1963.1.21	寺刹
213	三陟竹西楼	江原 三陟市	1963.1.21	其他 - 楼亭
214	江陵文庙大成殿	江原 江陵市 乡校财团	1963.1.21	祠庙
242	开目寺圆通殿	庆北 安东市 开目寺	1963.1.21	寺刹
263	松广寺下舍堂	全南 顺天市 松广寺	1963.1.21	寺刹
272	长水乡校大成殿	全北 长水郡	1963.1.21	祠庙
281	广寒楼	全北 南原市	1963.1.21	其他 - 楼亭
289	披香亭	全北 井邑市	1963.1.21	其他 - 楼亭
290	仙云寺大雄殿	全北 高敞郡 仙云寺	1963.1.21	寺刹
291	来苏寺大雄宝殿	全北 扶安郡 来苏寺	1963.1.21	寺刹
292	开岩寺大雄殿	全北 扶安郡 开岩寺	1963.1.21	寺刹
293	洗兵馆	庆南 统营市	1963.1.21	（调为国宝）
299	华严寺大雄殿	全南 求礼郡 华严寺	1963.1.21	寺刹
302	松广寺药师殿	全南 顺天市 松广寺	1963.1.21	寺刹
303	松广寺灵山殿	全南 顺天市 松广寺	1963.1.21	寺刹
306	安东养真堂	庆北 安东市	1963.1.21	其他 - 民居
308	丰南门	全北 全州市	1963.1.21	城郭
322	观德亭	济州 济州市	1963.1.21	衙署
324	丽水镇南馆	全南 丽水市	1963.1.21	（调为国宝）
356	无量寺极乐殿	忠南 扶余郡 无量寺	1963.1.21	寺刹
374	栗谷寺大雄殿	庆南 山清郡 栗谷寺	1963.1.21	寺刹
383	敦化门	首尔 钟楼区 昌德宫	1963.1.21	宫殿
384	弘化门	首尔 钟楼区 昌庆宫	1963.1.21	宫殿
385	昌庆宫明政门及行阁	首尔 钟楼区 昌庆宫	1963.1.21	宫殿
394	罗州乡校大成殿	全南 罗州市	1963.9.2	祠庙
396	兴国寺大雄殿	全南 丽水市 兴国寺	1963.9.2	寺刹
399	洪城高山寺大雄殿	忠南 洪城郡 高山寺	1963.9.2	寺刹
402	八达门	京畿 水原市	1964.9.3	城郭

编号	名称	所在地	被指定日	建筑类型
403	华西门	京畿 水原市	1964.9.3	城郭
408	双溪寺大雄殿	忠南 论山市 双溪寺	1964.9.3	寺刹
411	无忝堂	庆北 庆州市	1964.9.3	其他 - 民居
412	香坛	庆北 庆州市	1964.9.3	其他 - 民居
413	独乐堂	庆北 庆州市	1964.9.3	其他 - 民居
414	忠孝堂	庆北 安东市	1964.9.3	其他 - 民居
434	梵鱼寺大雄殿	釜山 金井区 梵鱼寺	1966.2.8	寺刹
442	观稼堂	庆北 庆州市	1966.2.8	其他 - 民居
448	凤停寺华严讲堂	庆北 安东市 凤停寺	1967.6.23	寺刹
449	凤停寺古今堂	庆北 安东市 凤停寺	1967.6.23	寺刹
450	安东义城金氏宗宅	庆北 安东市	1967.6.23	其他 - 民居
457	礼泉权氏宗家别堂	庆北 礼泉群	1967.6.23	其他 - 民居
458	双溪寺寂寞堂	庆南 双溪寺	1967.6.23	（火灾烧毁）
475	安东苏湖轩	庆北 安东市	1967.6.23	其他 - 民居
476	金山寺大寂光殿	全北 金山寺	1968.12.19	（火灾烧毁）
500	双溪寺大雄殿	庆南 河东郡 双溪寺	1964.9.3	寺刹
521	崇烈堂	庆北 永川市	1970.7.23	祠庙
528	清风寒碧楼	忠北 堤川市	1970.7.23	衙署
553	礼安李氏忠孝堂	庆北 安东市	1970.7.23	其他 - 民居
554	太古亭	大邱 达城郡	1970.7.23	其他 - 楼亭
562	环城寺大雄殿	庆北 庆山市 环城寺	1971.12.23	寺刹
583	全州客舍	全北 全州市	1975.3.31	衙署
608	威凤寺普光明殿	全北 完州郡 威凤寺	1975.3.31	寺刹
616	永川乡校大成殿	庆北 永川市	1978.4.11	祠庙
662	花岩寺雨花楼	全北 完州郡 花岩寺	1980.6.11	寺刹
663	花岩寺极乐殿	全北 完州郡 花岩寺	1980.6.11	（调为国宝）
664	安心寺大雄殿	忠北 清原郡 安心寺	1980.6.11	寺刹
730	佛影寺应真殿	庆北 蔚珍郡 佛影寺	1981.7.15	寺刹
790	银海寺百兴庵极乐殿	庆北 永川市 银海寺	1984.7.5	寺刹
800	麻谷寺灵山殿	忠南 公州市 麻谷寺	1984.11.30	寺刹
801	麻谷寺大雄宝殿	忠南 公州市 麻谷寺	1984.11.30	寺刹
802	麻谷寺大光宝殿	忠南 公州市 麻谷寺	1984.11.30	寺刹

编号	名称	所在地	被指定日	建筑类型
803	仙云寺忏堂庵大雄殿	全北 高敞郡 仙云寺	1984.11.30	寺刹
804	定慧寺大雄殿	全南 顺天市 定慧寺	1984.11.30	寺刹
805	北地藏寺大雄殿	大邱 东区 北地藏寺	1984.11.30	寺刹
809	景福宫慈庆殿	首尔 钟楼区 景福宫	1985.1.8	宫殿
812	景福宫勤政门及行阁	首尔 钟楼区 景福宫	1985.1.8	宫殿
813	昌德宫仁政门	首尔 钟楼区 昌德宫	1985.1.8	宫殿
814	昌德宫宣政殿	首尔 钟楼区 昌德宫	1985.1.8	宫殿
815	昌德宫熙政堂	首尔 钟楼区 昌德宫	1985.1.8	宫殿
816	昌德宫大造殿	首尔 钟楼区 昌德宫	1985.1.8	宫殿
817	昌德宫旧璿源殿	首尔 钟楼区 昌德宫	1985.1.8	宫殿
818	昌庆宫通明殿	首尔 钟楼区 昌庆宫	1985.1.8	宫殿
819	德寿宫中和殿与中和门	首尔 中区 德寿宫	1985.1.8	宫殿
820	德寿宫咸宁殿	首尔 钟楼区 德寿宫	1985.1.8	宫殿
821	宗庙永宁殿	首尔 钟楼区 宗庙	1985.1.8	祠庙
823	石南寺灵山殿	京畿 利川市 石南寺	1985.1.8	寺刹
824	青龙寺大雄殿	京畿 安城市 青龙寺	1985.1.8	寺刹
825	崇林寺普光殿	全北 移山市 崇林寺	1985.1.8	寺刹
826	归信寺大寂光殿	全北 金提市 归信寺	1985.1.8	寺刹
827	金山寺大藏殿	全北 金提市 金山寺	1985.1.8	寺刹
830	佛甲寺大雄殿	全南 灵光郡 佛甲寺	1985.1.8	寺刹
832	圣穴寺罗汉殿	庆北 荣州市 圣穴寺	1985.1.8	寺刹
833	祇林寺大寂光殿	庆北 庆州市 祇林寺	1985.1.8	寺刹
834	大悲寺大雄殿	庆北 清道郡 大悲寺	1985.1.8	寺刹
835	云门寺大雄宝殿	庆北 清道郡 云门寺	1985.1.8	寺刹
836	大寂寺极乐殿	庆北 清道郡 大寂寺	1985.1.8	寺刹
915	法住寺大雄殿	忠北 报恩郡 法住寺	1987.3.9	寺刹
916	法住寺圆通宝殿	忠北 报恩郡 法住寺	1987.3.9	寺刹
947	美黄寺大雄殿	全南 海南郡 美黄寺	1988.4.1	寺刹
1120	梁山神兴寺大光殿	庆南 梁山市 神兴寺	1992.1.15	寺刹
1183	美黄寺应真堂	全南 海南郡 美黄寺	1993.11.19	寺刹
1201	佛影寺大雄宝殿	庆北 蔚珍郡 佛影寺	1994.5.2	寺刹
1243	完州松广寺大雄殿	全北完州郡松广寺	1996.5.29	寺刹

编号	名称	所在地	被指定日	建筑类型
1244	完州松广寺钟楼	全北 完州郡 松广寺	1996.5.29	寺刹
1307	楞伽寺大雄殿	全南 高兴郡 楞伽寺	2001.2.23	寺刹
1310	罗州佛会寺大雄殿	全南 罗州市 佛会寺	2001.4.17	寺刹
1311	顺天仙岩寺大雄殿	全南 顺天市 仙岩寺	2001.6.8	寺刹
1402	昭修书院文成公庙	庆北 荣州市	2004.4.6	祠庙
1403	昭修书院讲学堂	庆北 荣州市	2004.4.6	教育
1461	梵鱼寺曹溪门	釜山 金井区 梵鱼寺	2006.2.7	寺刹
1563	大邱桐华寺大雄殿	大邱 东区 桐华寺	2008.4.28	寺刹
1568	尚州养真堂	庆北 尚州市	2008.7.10	其他 - 民居
1569	遁岩书院凝道堂	忠南 论山市 遁岩书院	2008.7.10	教育
1570	青松大典寺普光殿	庆北 青松郡 大典寺	2008.7.28	寺刹
1574	闻庆凤岩寺极乐殿	庆北 闻庆市 凤岩寺	2008.9.3	寺刹
1575	星州乡校大成殿·明伦堂	庆北 星州郡 星州乡校	2008.9.3	教育
1576	金泉直指寺大雄殿	庆北 金提市 直指寺	2008.9.3	寺刹
1578	庆基殿正殿	全北 全州市	2008.12.1	祠庙
1727	庆州乡校大成殿	庆北 庆州市	2011.12.2	祠庙
1741	九里东九陵健元陵丁字阁	京畿九里市	2011.12.26	陵墓
1742	九里东九陵崇陵丁字阁	京畿九里市	2011.12.26	陵墓
1743	九里东九陵穆陵丁字阁	京畿九里市	2011.12.26	陵墓
1744	庆州佛国寺大雄殿	庆北 庆州市	2011.12.30	寺刹
1746	论山鲁冈书院讲堂	忠南 论山市	2011.12.30	教育
1759	景福宫四圣殿	首尔 钟楼区 景福宫	2012.3.2	宫殿
1760	景福宫修政殿	首尔 钟楼区 景福宫	2012.3.2	宫殿
1761	景福宫香远亭	首尔 钟楼区 景福宫	2012.3.2	宫殿
1763	昌德宫芙蓉殿	首尔 钟楼区 昌德宫	2012.3.2	宫殿
1764	昌德宫乐善斋	首尔 钟楼区 昌德宫	2012.3.2	宫殿
1769	昌德宫宙合楼	首尔 钟楼区 昌德宫	2012.7.16	宫殿
1770	昌德宫演庆堂	首尔 钟楼区 昌德宫	2012.7.16	宫殿
1771	机张长安寺大雄殿	釜山市 机张郡	2012.7.30	寺刹
1807	海南大兴寺千佛殿	全南 海南郡	2013.8.5	寺刹

编号	名称	所在地	被指定日	建筑类型
1825	义城晚翠堂	庆北 义城郡	2013.8.5	其他 - 民居
1826	梁山通道寺灵山殿	庆南 梁山市	2014.6.5	寺刹
1827	梁山通道寺大光明殿	庆南 梁山市	2014.6.5	寺刹
1831	义城大谷寺大雄殿	庆北 义城郡	2014.7.3	寺刹

注：该统计 2014 年 9 月 30 日指定为止（来源：韩国文化财厅网 http://www.cha.go.kr）

附录 E

韩国"国宝"和"宝物"木结构建筑文化财主要修缮表（1952～2001 年）

- "修缮类型"分为：复原、局部复原、结构补修、抢险加固、维持管理、环境整治。
- "修缮范围"除了维持管理、环境整治之外，对木结构进行的修缮进行了分类，分为：全部落架、阑额以上落架、斗栱以上落架、槫木以上落架、椽木以上落架、台基、屋面。
- 工费单位，除了另标的外，均为"千韩元"。
- 标"〔 〕"的为笔者据资料推测的。

修缮时间	修缮对象	工事名	修缮类型	修缮范围	工费
1952.11～1953.9	首尔崇礼门	南大门灾后恢复工事	抢险加固	椽木以上落架	144,700 元
1954.8～1954.11	首尔崇礼门	南大门丹青工事	维持管理	—	
1956.6～1956.12	无为寺极乐殿	无为寺极乐宝殿修理工事	结构补修	阑额以上落架	13,250 圜
1957 秋	净水寺法堂	（不详）	（不详）	〔槫木以上落架〕	
1958 秋	绍修书院讲堂	（不详）	（不详）	〔槫木以上落架〕	
1959.9～1960.5	江陵客舍门	江陵客舍门	结构补修	〔局部落架〕	410 圜
1959.11～1959.11	首尔崇礼门	南大门门扇修理	维持管理	—	
〔1960〕	道岬寺解脱门	（不详）	结构补修	〔局部落架〕	
〔1961.3〕	观龙寺药师殿	（不详）	结构补修	〔槫木以上落架〕	

修缮时间	修缮对象	工事名	修缮类型	修缮范围	工费
1961.7～1963.5	首尔崇礼门	南大门补修工事	局部复原	全部落架	19,371圜
1962.4～1962.4	景福宫庆会楼	景福宫庆会楼水池补修工事	环境整治	—	16
1962.4～1962.4	景福宫庆会楼	景福宫庆会楼匾额丹青工事	维持管理	—	8
1962.4～1962.4	景福宫庆会楼	景福宫庆会楼配电设施迁移工事	环境整治	—	6
1962.6～1962.7	宗庙正殿	宗庙 正殿及永宁殿功臣堂补修	结构补修	（不详）	509
1962.7～1962.8	景福宫庆会楼	景福宫庆会楼环境净化工事	环境整治	—	180
1962.11～1962.12	景福宫庆会楼	景福宫庆会楼路灯	环境整治	—	1,690
1962.11～1962.12	景福宫勤政殿	景福宫勤政殿行阁补修及复旧工事	结构补修	（不详）	2,618
［1962］	双峰寺大雄殿	（不详）	（不详）	（不详）	
1962	开心寺寻剑堂	（不详）	（不详）	（不详）	
1962	金山寺弥勒殿	（不详）	（不详）	（不详）	
1963	忠武洗兵馆	（不详）	（不详）	（不详）	
1963	凤停寺大雄殿	（不详）	（不详）	（不详）	
1963.5～1963.5	景福宫庆会楼	庆会楼周边喷水设施工事	环境整治	—	25
1963.7～1963.7	景福宫庆会楼	庆会楼照明修理工事	环境整治	—	16
1964.11～1964.12	景福宫庆会楼	景福宫庆会楼排水沟工事	环境整治	—	204
1965.9～1965.9	景福宫庆会楼	景福宫庆会楼照明更换工事	环境整治	—	312
1965.11～1966.9	丽水镇南馆	镇南馆围墙工事	环境整治	—	1,890

修缮时间	修缮对象	工事名	修缮类型	修缮范围	工费
［1965］	观龙寺大雄殿	（不详）	（不详）	（不详）	
［1965］	海印寺经板库及大藏经殿	（不详）	（不详）	（不详）	
1965	孟氏杏坛	（不详）	（不详）	（不详）	
1966.10～1966.12	江陵客舍门	江陵客舍门	结构补修	椽木以上落架	867
1966.10～1966.10	昌德宫仁正殿	昌德宫仁政殿行阁 抢险补修工事	抢险加固	（不详）	482
1966.12～1966.12	无为寺极乐殿	无为寺极乐殿	结构补修	椽木以上落架	709
1966.12～1967.2	华严寺觉皇殿	华严寺觉皇殿及大雄殿测绘	维持管理	—	1,000
1966.12～1967.7	华严寺觉皇殿	华严寺觉皇殿补修工事用瓦件制造	维持管理	—	2,892
1967.8～1967.8	统营洗兵馆	洗兵馆匾额、丹青及其他修理	维持管理	—	219
1968.5～1969.10	法住寺捌相殿	法住寺捌相殿解体复原	［结构补修］	［局部落架］	10,380
1968.9～1899.12	华严寺觉皇殿	华严寺觉皇殿屋瓦工事	维持管理	—	5,870
1968.10～1968.12	统营洗兵馆	忠武洗兵馆丹青工事	维持管理	—	600
［1968］	无量寺极乐殿	（不详）	（不详）	（不详）	
［1968］	开目寺圆通殿	（不详）	（不详）	（不详）	
1969.4～1969.6	华严寺觉皇殿	华严寺觉皇殿补修工事	结构补修	椽木以上落架	2,693
1969.6～1969.7	景福宫庆会楼	庆会楼喷水设施其他工事	环境整治	—	
1969.11～1969.12	浮石寺无量寿殿	浮石寺无量寿殿	环境整治		1,500

修缮时间	修缮对象	工事名	修缮类型	修缮范围	工费
1969.12～1969.12	银海寺居祖庵灵山殿	银海寺居祖庵灵山殿	维持管理	—	1,000
1970.7～1970.12	银海寺居祖庵灵山殿	银海寺居祖庵灵山殿	结构补修	全部落架	9,689
1970.9～1970.12	江陵客舍门	客舍门补修	环境整治	—	2,650
1971.4～1971.5	法住寺捌相殿	法住寺捌相殿火灾后复旧工事	抢险加固	（不详）	902
1971.5～1971.9	松广寺国师殿	松广寺国师殿	结构补修	椽木以上落架	3,529
1971.7～1971.9	浮石寺无量寿殿	浮石寺无量寿殿	结构补修	椽木以上落架	70,000
1971.11～1971.11	景福宫庆会楼	庆会楼周边路面铺装及其他工事	环境整治	—	3,130
1971.12～1971.12	海印寺藏经板殿	海印寺藏经板库补修工事	维持管理	—	590
1972.7～1975.11	凤停寺极乐殿	凤停寺极乐殿复原工事	局部复原	全部落架	6,500
1972.10～1972.10	景福宫庆会楼	庆会楼周边道路工事	环境整治	—	585
1972.10～1972.10	景福宫庆会楼	庆会楼备用电源工事	环境整治	—	299
1972.11～1972.11	景福宫庆会楼	庆会楼石质遗构清洗工事	维持管理	—	565
1972.12～1973.1	丽水镇南馆	镇南馆补修工事	维持管理	—	1,850
1973.2～1973.7	首尔崇礼门	南大门	维持管理	—	47,890
1973.6～1973.6	景福宫庆会楼	庆会楼照明工事	维持管理	—	930
1973.6～1973.7	首尔崇礼门	南大门防燃剂工事	维持管理	—	3,735
1973.6～1973.7	首尔崇礼门	南大门	维持管理	—	1,091
1973.6～1973.7	首尔崇礼门	首尔南大门	维持管理	—	5,320
1973.9～1973.11	统营洗兵馆	洗兵馆补修及周边整治	结构补修	［椽木以上落架］	10,287

修缮时间	修缮对象	工事名	修缮类型	修缮范围	工费
1973.10~1973.11	丽水镇南馆	丽水镇南馆丹青工事	维持管理	—	3,500
1973.11~1973.12	无为寺极乐殿	无为寺壁画展览馆	环境整治	—	10,000
1974.3~1974.4	昌德宫仁政殿	仁政殿门窗保护设施	维持管理	—	1,195
1974.4~1974.12	修德寺大雄殿	修德寺大雄殿	环境整治	—	970
1974.4~1974.5	景福宫庆会楼	庆会楼喷水设施	环境整治	—	626
1974.5~1974.6	景福宫庆会楼	庆会楼补修	维持管理	—	975
1974.10~1974.12	金山寺弥勒殿	金山寺弥勒殿假设工事等	结构补修	屋面	10,000
1974.10~1974.12	无为寺极乐殿	无为寺极乐殿	结构补修	[椽木以上落架]	2,948
1974.12~1974.12	首尔崇礼门	南大门	环境整治	—	737
1975.5~1975.10	金山寺弥勒殿	金山寺弥勒殿翻瓦工事等	结构补修	[椽木以上落架]	30,000
1975.6~1975.7	首尔崇礼门	首尔南大门	环境整治	—	897
1975.10~1976.1	道岬寺解脱门	道岬寺解脱门	结构补修	屋面	3,150
1975.11~1975.12	通度寺大雄殿及金刚戒坛	通度寺大雄殿	结构补修	台基	2,574
1976.4~1976.4	海印寺藏经板殿	八万大藏经板库防虫防燃剂工事	维持管理	—	5,600
1976.5~1976.6	首尔崇礼门	首尔南大门	环境整治	—	1,693
1976.10~1976.11	修德寺大雄殿	修德寺大雄殿	环境整治	—	2,000
1976.11~1976.12	丽水镇南馆	镇南馆补修	结构补修	（不详）	795
1976.12~1977.10	浮石寺祖师堂	浮石寺（祖师堂）	结构补修	屋面	5,085
1977.8~1977.10	首尔崇礼门	南大门	环境整治	—	8,736

修缮时间	修缮对象	工事名	修缮类型	修缮范围	工费
1977.9～1977.12	江陵客舍门	江陵客舍门	环境整治	—	1,799
1977.12～1978.5	银海寺居祖庵灵山殿	居祖庵灵山殿及云浮庵圆通殿	结构补修	屋面	6,000
1978.8～1978.9	海印寺藏经板殿	海印寺法宝殿补修工事	结构补修	椽木以上落架	5,500
1978.10～1979.2	统营洗兵馆	洗兵馆局部补修	环境整治	—	71,310
1978.12～1980.2	丽水镇南馆	镇南馆补修净化工事	环境整治	—	410,984
1978.12～1979.1	通度寺大雄殿及金刚戒坛	通度寺大雄殿	结构补修	台基	4,400
1978.12～1979.2	通度寺大雄殿及金刚戒坛	通度寺大雄殿	结构补修	台基	2,732
1978.12～1979.12	无为寺极乐殿	无为寺极乐殿	结构补修	椽木以上落架	64,976
1978.12～1979.12	无为寺极乐殿	无为寺极乐殿	环境整治	—	13,830
1979.11～1979.11	华严寺觉皇殿	华严寺觉皇殿防虫防燃剂工事	维持管理	—	9,900
1979.12～1979.12	统营洗兵馆	洗兵馆周边整治	环境整治	—	1,277
1980.8～1980.11	无为寺极乐殿	无为寺极乐殿	环境整治	—	24,695
1980.12～1981.5	无为寺极乐殿	无为寺极乐殿	局部复原		7,174
1981.2～1981.3	首尔崇礼门	首尔南大门	环境整治	—	693
1981.4～1981.4	宗庙正殿	宗庙	环境整治	—	1,188
1981.9～1981.12	丽水镇南馆	镇南馆补修	结构补修	［椽木以上落架］	64,400
1981.10～1981.11	首尔崇礼门	南大门	维持管理	—	1,650
1981.11～1982.6	通度寺大雄殿及金刚戒坛	通度寺大雄殿	结构补修	屋面	19,430
1981.12～1982.7	海印寺藏经板殿	海印寺藏经板殿消防水池工事等	环境整治	—	96,723

修缮时间	修缮对象	工事名	修缮类型	修缮范围	工费
1982.8～1982.12	统营洗兵馆	洗兵馆碑移建及周边整治	环境整治	—	12,980
1982.8～1982.12	统营洗兵馆	洗兵馆一柱门补修	环境整治	—	12,980
1982.9～1982.12	海印寺藏经板殿	八万大藏经板库台基补修	结构补修	台基	18,000
1982.9～1982.10	金山寺弥勒殿	金山寺弥勒殿木工事	结构补修	其他工事	6,124
1982.10～1982.12	凤停寺极乐殿	凤停寺极乐殿壁画保管库新建	环境整治	—	16,334
1982.11～1983.8	无为寺极乐殿	无为寺极乐殿	结构补修	[斗栱以上落架]	75,000
1982.11～1983.8	无为寺极乐殿	无为寺极乐殿	环境整治	—	
1982.12～1982.12	首尔崇礼门	首尔南大门	环境整治	—	154
1983.3～1983.3	首尔崇礼门	首尔南大门	环境整治	—	451
1983.4～1983.4	丽水镇南馆	丽水镇南馆周边景观	环境整治	—	3,780
1983.4～1983.8	江陵客舍门	江陵客舍门	结构补修	屋面、台基	5,858
1983.4～1983.6	统营洗兵馆	洗兵馆揭瓦修理及围墙补修	结构补修	屋面	26,170
1983.5～1983.5	首尔崇礼门	首尔南大门	环境整治	—	
1983.5～1983.10	华严寺觉皇殿	华严寺觉皇殿补修	结构补修	屋面	9,600
1983.6～1983.8	道岬寺解脱门	道岬寺解脱门补修	结构补修	屋面，台基	7,139
1983.9～1983.9	首尔崇礼门	首尔南大门	环境整治	—	1,463
1983.9～1983.11	修德寺大雄殿	修德寺大雄殿	环境整治	—	22,000
1983.11～1983.12	首尔崇礼门	首尔南大门补修	维持管理	—	4,645
1983.11～1983.12	无为寺极乐殿	无为寺极乐殿	环境整治	—	
1983.12～1984.6	华严寺觉皇殿	华严寺前佛殿补修	环境整治	—	40,000

修缮时间	修缮对象	工事名	修缮类型	修缮范围	工费
1983.12~1984.1	无为寺极乐殿	无为寺极乐殿	环境整治	—	1,900
1984.4~1984.11	浮石寺祖师堂壁画	浮石寺经板及祖师堂壁画	环境整治	—	30,000
1984.7~1984.11	海印寺高丽刻板	海印寺高丽刻板	结构补修	（不详）	15,000
1984.7~1984.12	银海寺居祖庵灵山殿	银海寺居祖庵	环境整治	—	30,000
1984.8~1984.12	修德寺大雄殿	修德寺大雄殿	环境整治	—	55,220
1984.9~1985.9	无为寺极乐殿	无为寺壁画保存	维持管理	—	42,000
1984.9~1984.11	法住寺捌相殿	法住寺捌相殿防虫防燃剂施工	维持管理	—	53,500
1984.9~1984.11	凤停寺极乐殿	凤停寺极乐殿	维持管理	—	53,500
1984.9~1984.11	浮石寺无量寿殿	浮石寺无量寿殿	维持管理	—	53,500
1984.9~1984.11	浮石寺祖师堂	浮石寺祖师堂	维持管理	—	53,500
1984.9~1984.11	通度寺大雄殿及金刚戒坛	通度寺大雄殿及金刚戒坛	维持管理	—	53,500
1984.10~1984.12	统营洗兵馆	洗兵馆	环境整治	—	6,000
1984.10~1984.10	浮石寺祖师堂	浮石寺祖师堂	维持管理	—	19,000
1984.10~1984.12	华严寺觉皇殿	华严寺新建厕所新建	环境整治	—	35,000
1984.11.15~	道岬寺解脱门	道岬寺解脱门防虫防燃剂施工	维持管理	—	46,000
1984.11~1985.4	华严寺觉皇殿	华严寺圆通殿木构件更换等	环境整治	—	51,000
1984.11~1985.7	凤停寺极乐殿	凤停寺消防栓	环境整治	—	52,000

修缮时间	修缮对象	工事名	修缮类型	修缮范围	工费
1985.3～1985.4	丽水镇南馆	镇南馆腐蚀木柱加固	维持管理	—	6,000
1985.5～1985.11	华严寺觉皇殿	华严寺万月堂复原	环境整治	—	130,000
1985.6～1985.9	金山寺弥勒殿	金山寺消防栓	环境整治	—	33,500,000
1985.6～1985.12	法住寺捌相殿	法住寺消防水箱等	环境整治	—	44,850
1985.6～1985.9	海印寺藏经板殿	海印寺消防栓	环境整治	—	17,039
1985.6～1985.12	浮石寺祖师堂壁画	浮石寺祖师堂壁画保护	维持管理	—	27,838
1985.10～1986.4	松广寺国师殿	松广寺国师殿	环境整治	—	71,428
1986.4～1986.6	首尔崇礼门	首尔南大门保护栏杆补修	环境整治	—	23,754
1986.5～1988.2	松广寺国师殿	松广寺国师殿	环境整治	—	44,285
1986.5～1986.6	首尔崇礼门	首尔南大门清洗	维持管理	—	79,600
1986.5～1986.7	江陵客舍门	江陵客舍门	维持管理	—	82,852
1986.6～1986.6	首尔崇礼门	首尔崇礼门照明	环境整治	—	27,797
1986.6～1986.6	首尔崇礼门	首尔南大门照明移建	环境整治	—	40,000
1986.6～1987.12	金山寺弥勒殿	金山寺测绘	维持管理	—	84,900
1986.7～1986.7	法住寺捌相殿	法住寺消防水箱等	环境整治	—	8,300
1986.7～1986.11	华严寺觉皇殿	华严寺集水井及蓄水池等	环境整治	—	38,940
1986.9～1986.12	修德寺大雄殿	修德寺大雄殿	环境整治	—	164,900

修缮时间	修缮对象	工事名	修缮类型	修缮范围	工费
1986.11～1987.5	海印寺藏经板殿	海印寺藏经板殿、法宝殿补修等	[结构补修]	（不详）	19,088
1986.11～1986.12	丽水镇南馆	镇南馆草地整治	环境整治	—	17,155
1987.7～1987.7	首尔崇礼门	照明	环境整治		726
1987.11～1989.2	松广寺国师殿	松广寺国师殿	环境整治	—	40,115
1988.4～1988.5	银海寺居祖庵灵山殿	银海寺居祖庵灵山殿翻瓦补修等	结构补修	屋面	24,220
1988.10～1993.12	金山寺弥勒殿	金山寺弥勒殿落架补修	[结构补修]	[斗栱以上落架，落架一些高柱]	213,683
1988.12～1989.8	道岬寺解脱门	道岬寺解脱门墙体补修等	结构补修	屋面等	75,400
1989.7～1989.7	首尔崇礼门	南大门 b 形说明牌移建及出入口涂色	环境整治	—	962
1989	全州客舍	全州客舍	（不详）	（不详）	
1990.5～1991.2	松广寺国师殿	松广寺国师殿	[结构补修]	（不详）	34,570
1990.10～1991.4	丽水镇南馆	丽水镇南馆望海楼复原	环境整治	—	140,000
1990.11～1991.1	统营洗兵馆	洗兵馆石台及地面工事	环境整治	—	54,700
1991.5～1991.7	无为寺极乐殿	无为寺极乐殿	环境整治	—	14,285
1992.8～1993.11	统营洗兵馆	洗兵馆管理所补修	环境整治	—	41,000
1992.9～1992.12	凤停寺极乐殿	凤停寺极乐殿	环境整治	—	153,300
1993.4～1993.10	金山寺弥勒殿	金山寺弥勒殿抹灰工事等	维持管理	—	136,527

修缮时间	修缮对象	工事名	修缮类型	修缮范围	工费
1993.11～1994.1	丽水镇南馆	丽水镇南馆抹灰工事	维持管理	—	20,500
1994.6～1994.11	浮石寺祖师堂壁画	浮石寺祖师堂壁画	环境整治	—	108,578
1994.6～1994.10	金山寺弥勒殿	金山寺弥勒殿丹青等	维持管理	—	66,100
1994.7～1994.9	统营洗兵馆	洗兵馆木地板更换补修	维持管理	—	39,420
1994.10～1995.1	丽水镇南馆	丽水镇南馆补修	维持管理	—	26,000
1995.4～1995.5	江陵客舍门	江陵客舍门	维持管理	—	8,000
1995.4～1995.7	道岬寺解脱门	道岬寺解脱门屋顶工事等	维持管理	—	9,273
1995.10～1995.12	无为寺极乐殿	无为寺极乐殿	环境整治	—	25,714
1995.10～1995.12	金山寺弥勒殿	金山寺弥勒殿围墙	环境整治	—	64,900
1995.11～1996.2	海印寺藏经板殿	海印寺藏经板殿修多罗藏屋面更换瓦件等	结构补修	屋面	85,700
1996.7～1997.1	法住寺捌相殿	法住寺捌相殿屋顶翻瓦补修	结构补修	屋面	234,800
1996.9～1997.1	浮石寺祖师堂	浮石寺祖师堂	结构补修	（不详）	71,919
1999.7～2002.6	凤停寺大雄殿	凤停寺大雄殿解体修理工事	结构补修	全部落架	320,852
2000.1～2000.7	首尔崇礼门	首尔崇礼门丹青补修	维持管理	—	69,419
2000.1～2000.1	金山寺弥勒殿	金山寺弥勒殿假设工事等	维持管理	—	—
2000.9～2004.12	江陵客舍门	江陵客舍门补修工事	局部复原	全部落架	656,249

修缮时间	修缮对象	工事名	修缮类型	修缮范围	工费
2000.12～2002.10	完州花岩寺极乐殿	完州花岩寺极乐殿补修工事	结构补修	全部落架	649,868
2001.9～2003.8	凤停寺极乐殿	凤停寺极乐殿补修工事	结构补修	全部落架	565,955

来源：文化财管理局. 文化财补修整备实绩：1963-1983. 首尔：文化财管理局，1984；文化财管理局. 1981 年度文化财补修实绩. 首尔：文化财管理局，1987；文化财管理局. 1982 年度文化财补修实绩. 首尔：文化财管理局，1987；文化财管理局. 1983 年度文化财补修实绩. 首尔：文化财管理局，1987；文化财管理局. 1984 年度文化财补修实绩. 首尔：文化财管理局，1987；文化财管理局. 1985 年度文化财补修实绩. 首尔：文化财管理局，1987；文化财管理局. 1986 年度文化财补修实绩. 首尔：文化财管理局，1988；文化财管理局. 1987 年度文化财补修实绩. 首尔：文化财管理局，1990；文化财管理局. 1988 年度文化财修理报告书·上下卷. 首尔：文化财管理局，1990；文化财管理局. 1989 年度文化财修理报告书·上下卷. 首尔：文化财管理局，1991；文化财管理局. 1990 年度文化财修理报告书·上下卷. 首尔：文化财管理局，1991；1990 年度文化财修理报告书·下卷（全北全南庆南济州篇）. 首尔：文化财管理局，1992；1991 年度文化财修理报告书·上卷（首尔釜山大邱广州全南篇）. 首尔：文化财管理局，1993；1992 年度文化财修理报告书·下卷（庆北庆南济州篇）. 首尔：文化财管理局，1994；1993 年度文化财修理报告书·上卷（首尔釜山大邱广州全南篇）. 首尔：文化财管理局，1995；1994 年度文化财修理报告书·下卷（庆北庆南济州篇）. 首尔：文化财管理局，1996；1995 年度文化财修理报告书·上卷（首尔釜山大邱广州全南篇）. 首尔：文化财管理局，1997；1996 年度文化财修理报告书·上卷（首尔釜山大邱广州全南篇）. 首尔：文化财管理局，1997；2000 年度文化财修理报告书·上卷（首尔釜山大邱广州全南篇）. 首尔：文化财厅，2004；2001 年度文化财修理报告书·国家指定文化财·上下卷. 大田：文化财厅，2004，以及各修缮项目报告书等

后　记

　　衷心感谢导师吕舟教授对我的关心和教诲。自从十多年前我作为一名留学生来到中国攻读硕士学位时，导师宽广的胸怀、高远的目光和睿智的思想，带给我人生的启迪，成为我治学、为人的坐标，我对此怀有深深的感激。

　　清华大学建筑学院王贵祥教授、贾珺教授、刘畅教授、张杰教授给我提供很多方面的支持与帮助，在此表示最衷心的感谢！感谢故宫博物院单霁翔教授对本书完善提出的宝贵意见。感谢韩国成均馆大学李相海教授对我研究工作给予的热心指导。十分感谢汉阳大学韩东洙教授十多年来对我研究的指导和鼓励。感谢师母曹宇女士多年来像家人一样给我的关怀。感谢文化遗产研究所的老朋友们在本书写作期间给我的关心和支持，特别感谢张荣、项瑾斐给予我不断的鼓励和支持，你们的关心和爱护让我在中国生活中倍感温暖。

　　最后要感谢我的丈夫白昭薰和家人对我多年来不变的爱。